MBA、MEM、MPAcc、MPA 等管理类联考与经济类联考综合能力

逻辑

历年真题精讲及考点精析

主编 都学课堂学术中心　副主编 饶思中

北京理工大学出版社
BEIJING INSTITUTE OF TECHNOLOGY PRESS

版权专有　侵权必究

图书在版编目（CIP）数据

MBA、MEM、MPAcc、MPA 等管理类联考与经济类联考综合能力逻辑历年真题精讲及考点精析 / 都学课堂学术中心主编 . — 北京：北京理工大学出版社，2019.5

ISBN 978 - 7 - 5682 - 7036 - 6

Ⅰ.① M…　Ⅱ.①都…　Ⅲ.①逻辑—研究生—入学考试—题解　Ⅳ.① B81-44

中国版本图书馆 CIP 数据核字（2019）第 088223 号

出版发行 / 北京理工大学出版社有限责任公司
社　　址 / 北京市海淀区中关村南大街 5 号
邮　　编 / 100081
电　　话 /（010）68914775（总编室）
　　　　　（010）82562903（教材售后服务热线）
　　　　　（010）68948351（其他图书服务热线）
网　　址 / http://www.bitpress.com.cn.
经　　销 / 全国各地新华书店
印　　刷 / 天津市蓟县宏图印务有限公司
开　　本 / 787 毫米 ×1092 毫米　1/16
印　　张 / 18.5　　　　　　　　　　　　　　　　责任编辑 / 申玉琴
字　　数 / 462 千字　　　　　　　　　　　　　　 文案编辑 / 申玉琴
版　　次 / 2019 年 5 月第 1 版　2019 年 5 月第 1 次印刷　　责任校对 / 周瑞红
定　　价 / 56.80 元　　　　　　　　　　　　　　责任印制 / 李志强

图书出现印装质量问题，请拨打售后服务热线，本社负责调换

都学课堂管理类联考学术委员会

数学委员　陈　剑　孙华明　刘　智　杜　扬　李　屹　王　宁
逻辑委员　饶思中　陈慕泽　刘强伟　张宏博　孙　勇　史先进
写作委员　刘连帆　王　诚　田　然　王　莹
英语委员　查国生　顾　越　杨红宇　唐名龙　薛　冰　韩　健
面试复试　张诗华　许焕琛　王　亮　杨　洁　杨桐林　蔺雪飞

满足全部需求的贴心备考学习服务

一、答疑和社群学习

真题精讲及考点精析系列开通多种方式互动,考生将享受微信备考社群服务,可以找到同路考友,分享院校信息,阅读考试素材,了解课程安排,解答学习疑问等。

真题小助手微信号:dxztjc(添加微信好友,用于交流)

备考学习微信公众号:都学课堂(添加微信服务号,可享受微试卷、背单词等服务)

备考 QQ 群:552779493

扫码关注微信公众号　　　　扫码直达真题教材小助手微信号

二、学习服务平台

都学课堂(https://www.doxue.com/)为本书提供学习服务平台,学习资料、备考方法、视频、直播、题库、动态信息一应俱全,也是考生备考时网络课程的最佳选择,可满足考生的全部需求,全程贴心服务。

前　言

市场上有很多管理类联考逻辑真题的书籍，为什么饶老师还要出这一本逻辑真题，并将其命名为"逻辑历年真题精讲及考点精析"呢？原因有三：

一、总结自己多年来的逻辑辅导经验

从1997年全国MBA联考开始，饶老师从事管理类联考逻辑辅导至今20多年，"风雨无阻"，从无间断。从江西财经大学走到北京大学、清华大学；从祖国南方的城市深圳、广州，历经郴州、岳阳、武汉、郑州、西安、洛阳，到祖国的首都北京，再到祖国的北部城市大连、沈阳、长春；从祖国东部的上海，历经苏州、温州、杭州、合肥、南京、南昌、长沙等大中城市，到祖国西南部的成都、贵州、南宁；面授辅导过的学生累计超过20万，上过饶老师网课的学生已经多到无法计算，帮助过数以万计工作繁忙的考生在最短的时间内完成了备考，实现了自己的人生新跨越。

这本真题是饶老师对自己20多年来的教学经验与辅导经验的总结：简单、高效。

二、本书考点明确简单，解析详尽，节约备考时间

20多年来，因为见过无数风雨，见过无数考生因各种原因没有足够的备考时间而放弃了提升，所以，饶老师的逻辑辅导过程中始终坚持一个原则：3天讲完所有逻辑必考点，类型化训练3天即可拿高分，绝不拖拉。

3天讲完逻辑必考点，还要考生能听懂，这就需要讲课艺术——能把抽象的逻辑生动化；需要逻辑功底——讲解通俗化而不模糊化，避免因错误概括而导致考生具体解题时出错。

正如有的考生所说，"老师讲解的时候都能做对，回家一做就错"，除了因为遗忘，很大程度上还是因为有些辅导老师自身功底不扎实，看见一个题目可以用某种方法能得出正确答案，就以为此类方法可以解决所有逻辑试题。考生们请注意，虽然联考逻辑不会考查逻辑学的专业知识，但也绝非能靠所谓的"秒杀""一招制胜"就能解决所有联考中的逻辑问题，否则，逻辑考试就没有存在的价值了。

饶老师在此忠告各位考生：联考逻辑有三大必考考点，还是花点时间（3天）对必考点进行系统复习，绝不能心存侥幸，因为靠所谓的"四长一短选一短，四短一长选一长"的"秒杀"技巧是永远考不过的。

本书的特点是：考点标注清晰，不考的坚决不讲，讲授的基本都考，要考的知识点都讲得清楚明白。逻辑学是一个古老又年轻的学科，其内容几乎涵盖了人类生活的方方面面，但联考

逻辑的考查范围有限，考点非常明确。本书把联考逻辑必考点与可能考点进行明确区分，先拿到必然能拿到的 56 分，再考虑剩下的 4 分。从管理学角度分析，有时仅仅只需一点点时间，就能解决 95% 以上的问题，剩下的难点再逐个攻破即可。这种思路既能节约大量备考时间，提高复习效率，又能帮助考生拿到高分。本书逻辑理论基础讲解通俗易懂，需要掌握的基础理论与不需要掌握的基础理论都进行清晰的标注；解题方法科学有效，具有同一考点内部的举一反三性。

饶老师忠告：没有目标的前行，没有科学方法的努力，只会离成功越来越远。

三、考点模块化，方法类型化，训练解题举一反三意识

饶老师的名言是：一条狗都可能学会逻辑。

这句话绝对没有贬义或作为人类的超动物的优越意识。狗为什么认识主人？为什么能够听懂主人的基本指令？因为狗具有最低级的思维能力。那么，作为人类，具有哪些逻辑思维能力？

人类的基本逻辑思维能力只有三种，也是联考逻辑考试大纲总结的三种：演绎推理、归纳推理、类比推理。逻辑考试考查的正是对这三种能力的综合推理运用。紧紧抓住这三个核心逻辑思维能力，联考逻辑复习就会变得非常简单，因为一切逻辑试题都只能围绕这三个逻辑思维能力进行命题，万变不离其宗。考生只要抓住核心，就能把复杂的逻辑试题梳理得清晰明白，就能快速而又准确地解题。

这三种逻辑推理能力有各自的特点与推理公式，有各自的命题角度与解题技巧，但考生对每一种推理能力的解题技巧与复习技巧可以在本推理能力题型中进行举一反三式类推，也就是说考生掌握一种解题技巧就是学会一个逻辑必考点与一种题型的解题方法。

本逻辑真题的特点：考点模块化、方法类型化、题型明确化。所有相同的题型，必定有相同的解题技巧，必定有相似的干扰选项。

逻辑命题指导思想

管理类联考逻辑命题思想：

一、考查语言理解分析能力。

二、不考查逻辑学的专业知识。

三、不考查专业背景知识。

四、考查演绎推理能力。

五、考查综合分析、条件分析运用的能力。

六、考查论证分析与评价能力。

七、考查排除语言干扰的能力。

如何使用本教材搞定逻辑真题

1. 所有的逻辑基础理论知识部分都可以跳过去。

如果没有太多的时间进行备考，则理论部分的讲解都可以不用复习；但是，事实上，本教材中饶老师特别提醒要背诵的公式还是一定要背诵的，要记住的自然语言也还是要记住的。

饶老师忠告：背诵，是最有效率的复习方法。

2. 必考题型与解题方法必须反复总结 3 次，形成类型化的套路。

从逻辑考试大纲的变迁中看逻辑必考点

（一）从大纲变迁看命题规律

2001 年考试大纲中逻辑部分的内容

逻辑部分要求考生快速阅读文字材料，准确把握其观点与论述结构，运用逻辑思维能力，找到正确答案。

逻辑部分试题内容涉及自然和社会等各个领域，但并非考查有关领域的专门知识，而是考查考生对各种信息的理解、分析、综合、判断、推理等日常逻辑思维能力。

逻辑试题不考查逻辑学专业知识，但熟悉一些逻辑学的基础知识，掌握一些逻辑学的基本方法，有助于考生迅速准确地解题。

逻辑试卷内容主要包括 50 道单项选择题，每题 2 分。试题先给出一段文字叙述作为题干，然后提出问题，考生根据题干所提供的信息，在给定的五个选择项中，选择一个最合适的作为答案。

逻辑推理题 50 小题，每小题 2 分，共 100 分。

2003 年考试大纲中逻辑部分的内容

综合能力考试由条件充分性判断、问题求解、逻辑推理和写作四部分组成，旨在综合测试考生的数学基础知识及运用能力、逻辑推理能力、综合归纳能力、分析论证能力和写作能力。

逻辑推理

逻辑推理测试的形式为单项选择，要求考生在给定的五个选择项中，选择一个作为答案。

逻辑推理试题的内容涉及自然和社会各个领域，但并非考查有关领域的专门知识，而是考查考生对各种信息的理解、分析、综合、判断、推理等日常逻辑思维能力。

逻辑推理试题不测试逻辑学专业知识，但熟悉一些逻辑学的基础知识，掌握一些逻辑学的基本方法，有助于考生迅速准确地解题。

逻辑推理题 25 小题，每小题 2 分，共 50 分。

2007 年考试大纲中逻辑部分的内容

考试性质

工商管理硕士生入学考试是全国统一的选拔性考试，在教育部授权的工商管理硕士生培养院校范围内进行联考。联考科目包括综合能力和英语。本考试大纲的制定力求反映工商管理硕士生专业学位的特点，科学、公平、准确且规范地测评考生的相关知识基础、基本素质和综合能力。综合能力考试的目的是测试考生的数学基础知识及运用能力、逻辑思维能力和汉语理解及书面表达能力。

评价目标：

（1）要求考生掌握 MBA 课程学习必备的数学基础知识，具有运用数学知识分析和解决问题的能力。

（2）要求考生具有较强的逻辑推理能力、综合归纳能力和分析论证能力。

（3）要求考生具有较强的文字材料理解能力和书面表达能力。

考核内容：

综合能力考试由问题求解、条件充分性判断、逻辑推理和写作四部分组成。

（数学部分、写作部分的表述省略）

逻辑推理题

逻辑推理试题的测试形式为单项选择题，要求考生从给定的 5 个选择项中，选择 1 个作为答案。

逻辑推理试题的内容涉及自然和社会各个领域，但并非测试有关领域的专门知识，也不测试逻辑学专业知识，而是测试考生对各种信息的理解、分析、综合、判断，并进行相应的推理、论证与评价等逻辑思维能力。

逻辑推理题 30 小题，每小题 2 分，共 60 分。

2019 年考试大纲中逻辑部分的内容

1. 考查目标

具有较强的分析、推理、论证等逻辑思维能力。

2. 题型结构

逻辑推理 30 小题，每小题 2 分，共 60 分。

3. 逻辑推理考试内容

综合能力考试中的逻辑推理部分主要考查考生对各种信息的理解、分析和综合，以及相应的判断、推理、论证等逻辑思维能力，不考查逻辑学的专业知识。试题题材涉及自然、社会和人文等各个领域，但不考查相关领域的专业知识。

试题涉及的内容主要包括：

（一）概念

1. 概念的种类　　2. 概念之间的关系　　3. 定义　　4. 划分

（二）判断

1. 判断的种类　　2. 判断之间的关系

（三）推理

1. 演绎推理　　2. 归纳推理　　3. 类比推理　　4. 综合推理

（四）论证

1. 论证方式分析

2. 论证评价

（1）加强　　（2）削弱　　（3）解释　　（4）其他

3. 谬误识别

（1）混淆概念　（2）转移论题　（3）自相矛盾　（4）模棱两可

（5）不当类比　（6）以偏概全　（7）其他谬误

（二）饶老师解读大纲

从大纲及试题等方面分析，1997年到2019年，逻辑考试的内容基本没有变化，主要变化的是考试的分值和试题的表述。

1. 逻辑考试题量与分值的变化

1997—2002年，逻辑考试基本上为50题，每题1分，共50分，与语文同卷。

2003—2004年，逻辑考试基本上为25题，每题2分，共50分，与数学、写作同卷，称为综合能力考试。

2004年10月份开始一直到今天，逻辑考试基本上为30题，每题2分，共60分，与数学、写作同卷，称为综合能力考试。

2. 逻辑考试试题内容的变化

在2004年10月份以前，逻辑考试的试题大多来源于美国GMAT、GRE、LSAT等试题库，我国的MBA命题中心主要做了一些翻译的工作，另外加上了一些传统逻辑的试题。但从2005年开始，命题已经基本完成了本土化建设，已经看不出多少欧化的句型和西方的内容，试题陈述内容也多为我国的各方面事情。

3. 逻辑试题的内容

逻辑推理试题的内容涉及自然和社会各个领域，但并非测试有关领域的专门知识，也不测试逻辑学专业知识，而是测试考生对各种信息的理解、分析、综合、判断，并进行相应的推理、论证与评价等逻辑思维能力。

大纲中说得非常清楚，虽然试题内容涉及的五花八门，但不需要你有相关方面的专业知识，只需要你能够根据已有条件进行分析推理即可，千万不要拿专业知识反对题干，并由此断定试题出错了。请记住：逻辑考试仅仅考查你的逻辑分析能力。

4. 要不要学习逻辑学的基本知识

大纲关于逻辑学专业知识的论述是有变化的。

旧版大纲的陈述：

逻辑推理试题不测试逻辑学专业知识，但熟悉一些逻辑学的基础知识，掌握一些逻辑学的基本方法，有助于考生迅速准确地解题。

新版大纲的陈述：

逻辑推理试题的内容涉及自然和社会各个领域，但并非测试有关领域的专门知识，也不测试逻辑学专业知识，而是测试考生对各种信息的理解、分析、综合、判断，并进行相应的推理、论证与评价等逻辑思维能力。

5. 必考点

演绎推理能力；分析性综合推理能力；评价论证能力。

目 录

上篇 考点精析及解题技巧

第一章 必考点：性质命题、模态命题及其三段论形式推理
（必考分值：2—6分） ··· 1
　一、性质命题必备基础知识 ··· 1
　二、模态命题必备基础知识 ··· 3
　三、三段论必备基础知识 ·· 4
　四、性质命题模态命题三段论真题必考题型与必拿分数题型精讲 ········ 5

第二章 必考点：联言选言命题推理（必考分值：2—6分） ············ 10
　一、联言命题选言命题必备基础知识 ································ 10
　二、联言命题选言命题必拿分数考点与题型 ·························· 13

第三章 必考点：充分条件与必要条件命题推理（必考分值：10—20分）··· 15
　一、充分条件、必要条件命题基础知识 ······························ 15
　二、充分条件与必要条件必拿分数点考点与题型 ······················ 19
　三、演绎命题难度提升：演绎推理的综合推理题型 ···················· 35

第四章 分析性综合推理（必考分值：14—20分）······················ 48
　一、数学计算、分析条件归纳类比得出结论 ·························· 48
　二、位置问题 ··· 52
　三、对应、网络、分组等排列组合问题 ······························ 55
　四、多元复杂综合分析性推理解题技巧 ······························ 62

第五章 论证基础（必考分值：2—4分） ······························ 73
　一、论证评价题型的必备基础 ······································ 73
　二、论证基本逻辑思维方法 ·· 75

第六章 必考题型：削弱（必考分值：4—10分） ······················ 87
　一、削弱题的题型分析 ·· 87

二、削弱题型解题必考思路 ……………………………………………… 87

第七章　必考题型：加强（必考分值：4—10 分） ……………… 101
　　一、加强题型分析 ………………………………………………………… 101
　　二、假设、支持等加强类题型必考解题思路 …………………………… 103

第八章　必考题型：结构类似（必考分值：2—8 分） …………… 117
　　一、类似题型的基本理论分析 …………………………………………… 117
　　二、结构类似必考解题技巧 ……………………………………………… 117

第九章　必考题型：解释（必考分值：2—8 分） ………………… 124
　　一、解释题型的特征与解题思路 ………………………………………… 124
　　二、解释题型必考技巧 …………………………………………………… 124

下篇　历年真题及答案解析

2011 年管理类联考逻辑真题 ……………………………………………… 133
2012 年管理类联考逻辑真题 ……………………………………………… 143
2013 年管理类联考逻辑真题 ……………………………………………… 152
2014 年管理类联考逻辑真题 ……………………………………………… 161
2015 年管理类联考逻辑真题 ……………………………………………… 170
2016 年管理类联考逻辑真题 ……………………………………………… 179
2017 年管理类联考逻辑真题 ……………………………………………… 189
2018 年管理类联考逻辑真题 ……………………………………………… 199
2019 年管理类联考逻辑真题 ……………………………………………… 209
2011 年管理类联考逻辑真题答案解析 …………………………………… 219
2012 年管理类联考逻辑真题答案解析 …………………………………… 229
2013 年管理类联考逻辑真题答案解析 …………………………………… 235
2014 年管理类联考逻辑真题答案解析 …………………………………… 241
2015 年管理类联考逻辑真题答案解析 …………………………………… 247
2016 年管理类联考逻辑真题答案解析 …………………………………… 253

2017 年管理类联考逻辑真题答案解析 ………………………………… 260
2018 年管理类联考逻辑真题答案解析 ………………………………… 267
2019 年管理类联考逻辑真题答案解析 ………………………………… 272

附录一　历年真题考点及分数分布 ……………………………………… 277

上篇

考点精析及解题技巧

第一章 必考点：性质命题、模态命题及其三段论形式推理
（必考分值：2—6分）

一、性质命题必备基础知识

（一）性质命题的种类

根据语言形式的不同，性质命题有六种表达形式，须牢记：

全部肯定命题。（逻辑学术语为全称肯定命题，符号表示：SAP。S表示主项，P表示谓项，A表示全部肯定，即所有的S都是P）

【例】所有的人都是会死的。

全部否定命题。（逻辑学术语为全称否定命题，符号表示：SEP）

【例】所有的人都不是会死的。

部分肯定命题。（逻辑学术语为特称肯定命题，符号表示：SIP）

【例】有些人是会死的。

部分否定命题。（逻辑学术语为特称否定命题，符号表示：SOP）

【例】有些人不会死。

单称肯定命题。（SaP）

【例】这个人会死。

单称否定命题。（SeP）

【例】这个人不会死。

【解析】大家可能已经发现，上面列举的6个命题不可能都是真的，因为有些命题之间有矛盾关系，或者有真假对应关系。这就是管理类逻辑考试的考点：同主项谓项的性质命题之间的真假关系。即在试题中表现为，已知某个命题为真，判断其他几个命题的真假。

（二）性质命题之间的真假关系

具有相同主项谓项的性质命题之间的真假对应关系及在管理类逻辑试题中的应用。

A. 矛盾关系：真假完全相反。SAP与SOP；SEP与SIP的关系为矛盾关系。

即 不可同时为真，不可同时为假，一定为一真一假。

有两对矛盾关系的命题：

"所有的S都是P"与"有些S不是P"。

"所有的S都不是P"与"有些S是P"。

【例】如果已知"所有的人都是会死的"为真，则"有些人不会死"这个命题一定为假。

如果已知"所有的人都会死"为假，则"有些人不会死"一定为真。

【特别提醒】这两对命题之间的真假关系和生活直觉完全符合，一般人都不会出错。

还有一对矛盾关系的命题："这个 S 是 P"与"这个 S 不是 P"。

B. 反对关系：至少一假。SAP 与 SEP 的关系就是这样。

即 不可能同时都是真的，但有可能同时都是假的。所以，如果已知其中的一个命题为真，则另一个命题一定为假；如果已知其中的一个命题为假，则另一个命题不能确定真假，除非有别的条件加入。

反对关系中，管理类逻辑试题中一般只考查下列这对命题：

"所有的 S 都是 P"与"所有的 S 都不是 P"。

全称肯定命题 SAP 与全称否定命题 SEP 之间的真假关系就是反对关系。

【例】如果已知"所有的人都会死"为真，则"所有的人都不会死"一定为假；如果已知"所有的人都会死"为假，则"所有的人都不会死"真假不能确定。

【提醒】逻辑考试考查的是考生根据已有的条件进行分析推理的能力，一般都会假定一些条件为真。有些时候，这些假定为真的命题并不符合生活常理或专业知识，请看清题目，不要不看题目就拿生活经验或专业知识否定题干，这是很危险的事情。

逻辑考查的是根据假定的条件进行分析推理的能力，而不是你的专业知识。

【特别提醒】"所有S都是P"与"某个具体的S不是P"两者不是矛盾关系，而是反对关系。

【例】已知"3 班的同学都报考人民大学"为真，则"3 班的丽丽同学不报考人民大学"一定假；

如果已知"3 班的同学都报考人民大学"为假，则能推出"3 班有的同学没报考人民大学"为真，但不能确定"3 班的丽丽同学不报考人民大学"的真假。

C. 下反对关系：至少一真。SIP 与 SOP 为下反对关系。

即 下反对关系的命题不可能同时都是假的，至少有一个是真的。但也有可能同时都是真的。所以，如果已知其中的一个命题为真，则另一个命题不能确定真假；如果其中的一个命题为假，则另一个命题一定为真。

【例】如果"有些人很优秀"为真，那么，"有些人不是很优秀"就不能确定真假；如果"有些人很优秀"为假，则"有些人不是很优秀"一定为真。

D. 差等关系（包含关系）：若全称命题为真，则同质的特称命题真；若特称命题假，则全称命题假。其他推理方向为真假不定。SAP 与 SIP 之间的关系，SEP 与 SOP 之间的关系就是差等关系。

如果已知"所有 S 是 P"为真，则"有 S 是 P"一定真；如果已知"有 S 是 P"为真，则"所有 S 是 P"真假不能确定。

如果已知"所有 S 是 P"为假，则"有 S 是 P"真假不定；如果已知"有 S 是 P"为假，则"所有 S 是 P"一定为假。

【特别提醒】"有些S是P"与"某个具体S是P"之间也是差等关系。

【例】如果已知"丽丽很漂亮"为真,则可推出"有些人很漂亮"一定真;如果已知"有人很漂亮"为真,则不能确定"丽丽很漂亮"的真假。

二、模态命题必备基础知识

(一)模态命题表达形式与真假关系

模态命题指的是包含有模态词的命题。模态词分为可能性和必然性两种。常见的可能性模态词有:可能、大概、也许;常见的必然性模态词有:一定、必定、必然等。

模态命题之间的真假关系:

模态命题一般分为四种:必然P、必然非P,可能P、可能非P。这四种模态命题也具有类似于四种性质判断之间所具有的对当关系。具体如下:

具有矛盾关系的命题有:必然P与可能非P;必然非P与可能P。矛盾关系的命题之间不可同真,不可同假;矛盾关系的两个命题之间必为一真一假。

具有反对关系的命题为:必然P和必然非P。反对关系的两个命题之间不可同真,但可能同假。即如果"必然P"这个命题已知为真,则"必然非P"这个命题一定为假;如果"必然P"已知为假,则"必然非P"真假不定。

具有下反对关系的命题:可能P和可能非P。下反对关系的命题之间不可同假,但可能同真。即如果已知两个命题中一个为真,则另一个命题真假不能确定;但如果已知两个命题中一个为假,则另一个命题必定为真。

具有从属关系的命题有两对:必然P和可能P;必然非P和可能非P。从属关系的命题性质为:当必然性的命题已知为真时,则其同质的可能性命题一定为真;当可能性命题已知为假时,则其同质的必然性命题一定为假。其余方向的推理则不能必然确定真假。

模态判断的真假关系见下表:

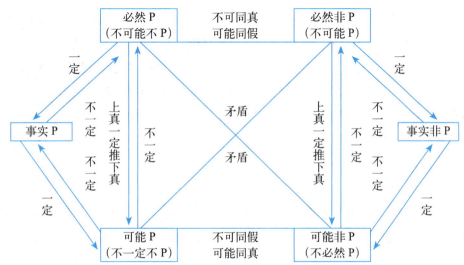

（二）模态命题的否定表达形式

注意否定的位置，一种是否定在模态词前，这是对整个模态命题的否定，如并非必然P，并非可能P；另一种是在模态词后否定，仅仅对P进行否定，如，必然非P，可能非P，两种否定是不一样的。

当否定词在模态词前时，否定不仅是对P的否定，还有对模态的否定。即

并非必然 P = 可能非 P，

并非可能 P = 必然非 P，

并非必然非 P = 可能 P，

并非可能非 P = 必然 P。

另外，必然、实然（即P）、可能的推理中，必然的总是事实的，事实发生的总是可能的。所以：

必然 P → P → 可能 P。

不可能的总是不现实的，不现实的总是不必然的，所以：

不可能 P → 非 P → 不必然 P。

在试题中，基本的问题多为："哪句话意思最接近上文意思？"或者"以下哪项最能支持（最能质疑）上述论断？"等。

三、三段论必备基础知识

三段论是演绎推理的一种，甚至可以说是亚里士多德以来古典演绎推理的重要部分，从逻辑学的教学来看，当然是重要的，一般要掌握三段论的构成形式、公理、规则、格、式等知识。但如果仅仅是针对管理类入学逻辑应试，则没有必要掌握以上全部的知识。要想做题又快又准，只需知道三段论的基本结构即可。

三段论的结构

三段论在我们的日常讲话中、法庭辩论中、公文写作中都是比较常见的。在入学逻辑试题中，一个最重要的题型就是结构类似。所以，我们必须首先理解什么叫三段论。

三段论是由两个含有共同项的性质命题作为前提推出另一个性质命题作为结论的演绎推理。在一个有效的三段论中，一共只出现三个概念，每个概念有且仅出现两次，例如：

所有的人都会死，　（大前提）

我们是人，　　　　（小前提）

所以，我们会死。　（结论）

　　（小项）（大项）

其中，结论中的主项叫作小项，如上例中的"我们"；结论中的谓项叫作大项，如上例中的"会死"；两个前提中共有的项叫作中项，中项起到连接两个前提的作用，故又称之为联系

项或媒介项,如上例中的"人"。在三段论中,含有大项的前提叫大前提,如上例中的"所有的人都会死";含有小项的前提叫小前提,如上例中的"我们是人"。

一般来说,标准的三段论结构是:(1)大前提—(2)小前提—(3)结论。但在日常语言中,可能会省略其中的一句,也有可能会把结论提前到第一句,这些,都不影响三段论的结构。而这些,都是管理类入学逻辑考点。

对于三段论来说,真正影响它结构的是:中项的位置,结论与前提的质(即肯定或否定),结论与前提的主项的"量"(即"所有"或"有些")。中项在前提中位置可能有四种组合,依据中项位置的不同而形成的三段论的各种形式称作三段论的"格"。

四、性质命题模态命题三段论真题必考题型与必拿分数题型精讲

(一)推出结论题型:性质命题的基本性质的理解

2013-50 根据某位国际问题专家的调查统计可知:有的国家希望与某些国家结盟,有三个以上的国家不希望与某些国家结盟;至少有两个国家希望与每个国家建交,有的国家不希望与任一国家结盟。

根据上述统计可以得出以下哪项?

A. 有些国家之间希望建交但是不希望结盟。

B. 至少有一个国家,既有国家希望与之结盟,也有国家不希望与之结盟。

C. 每个国家都有一些国家希望与之结盟。

D. 至少有一个国家,既有国家希望与之建交,也有国家不希望与之建交。

E. 每个国家都有一些国家希望与之建交。

【解析】已知,至少有两个国家希望与每个国家建交,可以推出E项为真,是正确答案。

2017-44 爱书成痴注定会藏书。大多数藏书家也会读一些自己收藏的书;但有些藏书家却因喜爱书的价值和精致装帧而购书收藏,至于阅读则放到了自己以后闲暇的时间,而一旦他们这样想,这些新购的书就很可能不被阅读了。但是,这些受到"冷遇"的书只要被友人借去一本,藏书家就会失魂落魄,整日心神不安。

根据上述信息,可以得出以下哪项?

A. 有些藏书家将自己的藏书当作友人。

B. 有些藏书家喜欢闲暇时读自己的藏书。

C. 有些藏书家会读遍自己收藏的书。

D. 有些藏书家不会立即读自己新购的书。

E. 有些藏书家从不读自己收藏的书。

【解析】需要对已知信息进行整理,明确考点与条件关系。条件"有些藏书家却因喜爱书的价值和精致装帧而购书收藏,至于阅读则放到了自己以后闲暇的时间,而一旦他们这样想,

这些新购的书就很可能不被阅读了",可以推出 D 项真。A 项从题干中推不出,E 项"从不"过于绝对化。

(二) 推出结论:性质模态命题的矛盾命题及其否定表达

2018-32 唐代韩愈在《师说》中指出:"孔子曰:三人行,则必有我师。是故弟子不必不如师,师不必贤于弟子,闻道有先后,术业有专攻,如是而已。"

根据上述韩愈的观点,可以得出以下哪项?

A. 有的弟子必然不如师。　　B. 有的弟子可能不如师。

C. 有的师不可能贤于弟子。　D. 有的弟子可能不贤于师。

E. 有的师可能不贤于弟子。

【解析】师不必贤于弟子 = 老师不一定贤于弟子 = 有的老师可能不贤于弟子,答案为 E 项。考查知识点:不一定 P = 可能非 P。

2013-48 某公司人力资源管理部人士指出:由于本公司招聘职位有限,在本次招聘考试中,不可能所有的应聘者都被录用。

基于以下哪项可以得出该人士的上述结论?

A. 在本次招聘考试中,可能有应聘者被录用。

B. 在本次招聘考试中,可能有应聘者不被录用。

C. 在本次招聘考试中,必然有应聘者不被录用。

D. 在本次招聘考试中,必然有应聘者被录用。

E. 在本次招聘考试中,可能有应聘者被录用,也可能有应聘者不被录用。

【解析】不可能所有的应聘者都能被录用 = 必然有的应聘者不被录用。C 项为正确答案。

(三) 性质命题的真假话题型

2016-37 郝大爷过马路时不幸摔倒昏迷,所幸有小伙子及时将他送往医院救治。郝大爷病情稳定后,有 4 位陌生小伙陈安、李康、张幸、汪福来医院看望他,郝大爷问他们究竟是谁送他来医院,他们回答如下:

陈安:我们 4 人都没有送您来医院。

李康:我们 4 人有人送您来医院。

张幸:李康和汪福至少有一人没有送您来医院。

汪福:送您来医院的人不是我。

后来证实上述 4 人有两人说真话,两人说假话。

根据以上信息,可以得出哪项?

A. 说真话的是李康和张幸。

B. 说真话的是陈安和张幸。

C. 说真话的是李康和汪福。

D. 说真话的是张幸和汪福。

E. 说真话的是陈安和汪福。

【解析】先找矛盾命题进行解题，然后找包含关系进行假设。陈、李二人显然矛盾，必有一真，必有一假。据已知条件"两人真话两人假话"，所以张、汪二人的话也必有一真，必有一假。假设汪为真，则张也为真，不符合已知条件，所以汪假，且张真；由汪假，可知是汪送的，由此可知李也真。A项正确。

2016-49 在某项目招标过程中，赵嘉、钱宜、孙斌、李汀、周武、吴纪6人作为各自公司代表参与投标，有且只有一人中标。关于究竟谁是中标者，招标小组中有3位成员各自谈了自己的看法：

（1）中标者不是赵嘉就是钱宜；

（2）中标者不是孙斌；

（3）周武和吴纪都没有中标。

经过深入调查，发现上述3人只有一人的看法是正确的。

根据以上信息，以下哪项中的3人都可以确定没有中标？

A. 钱宜、孙斌、周武。

B. 孙斌、周武、吴纪。

C. 赵嘉、钱宜、李汀。

D. 赵嘉、周武、吴纪。

E. 赵嘉、孙斌、李汀。

【解析】解题步骤是先找矛盾，找不到矛盾就找包含关系进行假设。假设条件（1）真，则中标只能在赵、钱之间，推出条件（2）真，这和题干已知条件"只有一人说真话"相矛盾，所以条件（1）不能真，由此可得赵、钱都没中标；再假设李中标，则条件（2）和条件（3）都是真的，与已知条件"只有一人说真话"矛盾，所以，李不能中标，答案为C项。

（四）三段论的补充前提与削弱

2012-45 有些通信网络维护涉及个人信息安全，因而，不是所有通信网络的维护都可以外包。

以下哪项可以使以上论证成立？

A. 所有涉及个人信息安全的都不可以外包。

B. 有些涉及个人信息安全的不可以外包。

C. 有些涉及个人信息安全的可以外包。

D. 所有涉及国家信息安全的都不可以外包。

E. 有些通信网络维护涉及国家信息安全。

【解析】题干结论等价于有些通信网络的维护不可以外包，已知前提：有些通信网络的维护涉及个人信息安全,根据三段论的推理规则,欲得到结论"有些通信网络的维护不可以外包",需补充前提:所有涉及个人信息安全的都不可以外包,即 A 选项。

2015-40 有些阔叶树是常绿植物,因此阔叶树都不生长在寒带地区。

以下哪项如果为真,最能反驳上述结论?

A. 有些阔叶树不生长在寒带地区。

B. 常绿植物都生长在寒带地区。

C. 寒带某些地区不生长常绿植物。

D. 常绿植物都生长在寒带地区。

E. 常绿植物不都是阔叶树。

【解析】结论:所有阔叶树都不生长在寒带地区。削弱则只需要找到其矛盾关系命题:有的阔叶树生长在寒带地区。即需要做的是由"有些阔叶树是常绿植物",如何推出"有些阔叶树生长在寒带地区"。根据三段论补充前提规则,需要补充的前提为"常绿植物都生长在寒带地区"。答案为 B 项,如果 B 项为真,则常绿→寒带,据已知条件"有的阔叶→常绿"推出:有的阔叶树生长在寒带,与题干结论矛盾,B 项正确。

(五)根据定义判断归类

2012-41 概念 A 与概念 B 之间有交叉关系,当且仅当,(1) 存在对象 X,X 既属于 A 又属于 B;(2) 存在对象 Y,Y 属于 A 但不属于 B;(3) 存在对象 Z,Z 属于 B 但是不属于 A。

根据上述定义,以下哪项中加点的两个概念之间有交叉关系?

A. 国画按题材分主要有人物画、花鸟画、山水画等;按技法分主要有工笔画和写意画等。

B. 《盗梦空间》除了是最佳影片的有力争夺者外,它在技术类奖项的争夺中也将有所斩获。

C. 洛邑小学 30 岁的食堂总经理为了改善伙食,在食堂放了几个意见本,征求学生们的意见。

D. 在微波炉清洁剂中加入漂白剂,就会释放出氯气。

E. 高校教师包括教授、副教授、讲师和助教等。

【解析】题干三个命题描述了交叉概念的含义。五个选项中,只有 A 项的人物画和工笔画是交叉关系,因为是用两个不同标准对国画进行的分类。B 项的关系暂时不确定,要么全同,要么全异,不可能是交叉关系;C、D 两项是全异关系;E 项是包含关系。答案为 A 项。

2013-30 根据学习在动机形成和发展中所起的作用,人的动机可分原始动机和习得动机两种。原始动机是与生俱来的动机,它们是以人的本能需要为基础的;习得动机是指后天获得的各种动机,即经过学习产生和发展起来的各种动机。

根据以上陈述,以上哪项最可能属于原始动机?

A. 尊师重教,崇文尚武。

B. 不入虎穴，焉得虎子？

C. 宁可食无肉，不可居无竹。

D. 尊敬老人，孝敬父母。

E. 窈窕淑女，君子好逑。

【解析】题干中"原始动机"的定义是"与生俱来、本能需要"。只有E项为生物冲动，不需要学习，符合定义。

2017-48 "自我陶醉人格"，是以过分重视自己为主要特点的人格障碍。它有多种具体特征：过高估计自己的重要性，夸大自己的成就；对批评反应强烈，希望他人注意自己和羡慕自己；经常沉湎于幻想中，把自己看成是特殊的人；人际关系不稳定，嫉妒他人，损人利己。

以下各项自我陈述中，除了哪项均能体现上述"自我陶醉人格"的特征？

A. 我是这个团队的灵魂，一旦我离开了这个团队，他们将一事无成。

B. 他有什么资格批评我？大家看看，他的能力连我的一半都不到。

C. 我的家庭条件不好，但不愿意被别人看不起，所以我借钱买了一部智能手机。

D. 这么重要的活动竟然没有邀请我参加，组织者的人品肯定有问题，不值得跟这样的人交往。

E. 我刚接手别人很多年没有做成的事情，我跟他们完全不在一个层次，相信很快就会将事情搞定。

【解析】需要看清楚题干定义与特征，然后拿选项进行归类。题干描述的特征是以过分重视自己为主要特点，C项恰恰相反，是描述的怕别人看不起的特征。答案选C项。

第二章 必考点：联言选言命题推理
（必考分值：2—6 分）

一、联言命题选言命题必备基础知识

（一）联言命题基础知识

1. 定义和表现形式

联言命题是断定几种事物情况同时存在的复合命题，标准形式是"P 并且 Q"。

【例】外资控股国有银行，不仅会提升国有银行的服务质量，也会提高国有银行抗风险的能力。

在日常语言中也经常表达为"不仅 P，而且 Q""虽然 P，但是 Q""既 P，又 Q""一边 P，一边 Q"等。

2. 联言命题的推理基础

一个联言命题是真的，当且仅当它的所有的变项都是真的。也就是说，只要有一个变项是假的，联言命题就是假的。

通过训练强化记忆：

（1）已知：P 并且 Q 为真，则 P。

（2）已知：P 为真，但 Q 真假不定，则 P 并且 Q。

（3）已知：P 假，Q 真假不定，则 P 并且 Q。

答案：（1）必然为真。（2）不能确定真假。（3）必然为假。

这个性质一定要理解，下面的这个真值表或许能帮助你理解并记忆。

P	Q	P 并且 Q
真	真	真
真	假	假
假	真	假
假	假	假

（二）选言命题的基础知识

选言命题分为相容选言命题和不相容选言命题。

1. 相容选言命题

断定事物若干个可能情况中至少有一种情况存在的命题。

A. 标准形式

"或者 P，或者 Q"。其中，P、Q 称为变项，"或者"称为"真值联结词"。

在自然语言中，表达形式还有"可能……，可能……""或许……，或许……"。

【例】"之所以出现如此重大的事故，很有可能是管理人员的责任心不到位，也有可能是防碰撞系统的设计缺陷。"

这句话所表达的就是相容选言命题，即事故原因或者是管理人员的责任心不到位，或者是防碰撞系统的设计缺陷。作者认为至少有一个原因成立，也可能是两个原因都成立。

B. 推理基础

如果一个相容选言命题是真的，则它所有的变项中，至少有一个真（这是必然的），至多可以全部为真（这是可能的）。

也就是说，只有在所有变项都为假的情况下，这个相容选言命题才是假的。只要有一个变项为真，则这个相容选言命题为真。

C. 相容选言命题推理形式

因为相容选言命题的性质是所有的变项中至少有一个是真的，所以，如果我们能确定一个正确的相容选言命题中的其他几个变项是假的，那么就能确定剩下的变项至少有一个是真的。

【例】命题"P 或者 Q"为真，且已知 P 为假，则必然推出：Q 为真。

这就是相容选言命题推理的有效式：否定肯定式。

用符号化表示：

$((P \vee Q) \wedge \neg P) \rightarrow Q$

概括成公式：

P 或 Q = 如果非 P，则 Q

以下的训练题请理解：

（1）已知："P 或者 Q"为真，且 P 为假，则 Q。

（2）已知："P 或者 Q"为真，且 P 为真，则 Q。

（3）已知："P 或者 Q"为假，则 P。

（4）已知：P 为真，则"P 或者 Q"。

答案：(1) 真。(2) 不能确定真假。(3) 假。(4) 真。

下面的真值表或许能帮助你理解：

P	Q	P 或者 Q
真	真	真
真	假	真
假	真	真
假	假	假

2. 不相容选言命题

A. 基本表达形式

当一个选言命题的变项不能同时为真时，那么这个选言命题就是不相容的选言命题。不相容选言命题的性质是：在两个不相容的变项中，有且只能有一个变项是存在的。

【例】要么闭关锁国等候死亡，要么改革开放迎接新生。

要么选择生，要么选择死。

不相容的选言命题的变项一般来说都是对立的关系，不能同时存在。在自然语言中，一般用"要么……，要么……"来表示。

当然，在具体的语言环境下，"不是……就是……""或者……或者……，二者不可兼得"等语词也可以用来表示不相容的选择。例如，"不是生，就是死"，表示的就是不相容选言命题。

B. 推理基础

一个真实的不相容的选言命题，不仅必须有，而且只能有一个变项是真的；否则，就是假的。真值表如下：

P	Q	要么P，要么Q
真	真	假
真	假	真
假	真	真
假	假	假

C. 不相容选言命题推理形式

因为不相容选言命题的性质是所有的变项中有且只能有一个是真的，所以，如果我们能确定一个正确的不相容选言命题中的一个变项是假的，那么就能确定剩下的那个变项是真的。（否定肯定式）

反之，如果能确定一个正确的不相容选言命题的一个变项是真的，则其另一个变项一定是假的。（肯定否定式）

【例】命题"要么P，要么Q"为真，且已知P为假，则必然推出：Q为真。

命题"要么P，要么Q"为真，且已知P为真，则必然推出：Q为假。

这就是不相容选言命题的两个有效推理：否定肯定式和肯定否定式。

（三）联言命题、选言命题的否定等值

即联言命题、选言命题的负命题及其等值命题。

【特别提醒】这部分内容相当重要，一定要完全理解。

以下几个公式必须牢记，并理解。

1."并非（P且Q）"="非P或者非Q"="如果P，则非Q"="P、Q中至少有一个是假的"。

2."并非（P或者Q）"="非P且非Q"。

二、联言命题选言命题必拿分数考点与题型

2012-29 王涛和周波是理科（1）班同学，他们是无话不说的好朋友，他们发现班里每一个人或者喜欢物理，或者喜欢化学。王涛喜欢物理，周波不喜欢化学。

根据以上陈述，以下哪项必定为真？

Ⅰ.周波喜欢物理。

Ⅱ.王涛不喜欢化学。

Ⅲ.理科（1）班不喜欢物理的人喜欢化学。

Ⅳ.理科（1）班一半喜欢物理，一半喜欢化学。

A.仅Ⅰ。

B.仅Ⅲ。

C.仅Ⅰ、Ⅱ。

D.仅Ⅰ、Ⅲ。

E.仅Ⅱ、Ⅲ、Ⅳ。

【解析】相容选言P或Q的推理至少要选择一个，所以周波不喜欢化学推出周波喜欢物理。同理，理科（1）班不喜欢物理的推出喜欢化学。因此Ⅰ和Ⅲ两项正确。王涛喜欢物理，但在相容选言命题中，不一定能推出他不喜欢化学。所以应该选D项。

2012-33 《文化新报》记者小白周四去某市采访陈教授与王研究员。次日，其同事小李问小白："昨天你采访到那两位学者了吗？"小白说："不，没那么顺利。"小李又问："那么，你一个都没采访到？"小白说："也不是。"

以下哪项最有可能是小白周四采访所发生的真实情况？

A.小白采访到了两位学者。

B.小白采访了李教授，但没有采访王研究员。

C.小白根本没有去采访两位学者。

D.两位采访对象都没有接受采访。

E.小白采访到了其中一位，但是没有采访到另一位。

【解析】题干中小白对"两位都采访到"和"两位都没采访到"都进行了否定，说明"有一位采访到，而另一位没采访到"，答案为E项。

2014-42 这两个《通知》或者属于规章或者属于规范性文件，任何人均无权依据这两个《通知》将本来属于当事人选择公证的事项规定为强制公证的事项。

根据以上信息，可以得出以下哪项？

A.将本来属于当事人选择公证的事项规定为强制公证的事项属于违法行为。

B.这两个《通知》如果一个属于规章，那么另一个属于规范性文件。

C.规章或规范性文件或者不是法律，或者不是行政法规。

D. 这两个《通知》如果都不属于规范性文件，那么就属于规章。

E. 规章或者规范性文件既不是法律，也不是行政法规。

【解析】或者属于规章或者属于规范性文件，已知上述条件为真，则如果不是规范性文件，那么一定是规章。选言命题的否定肯定式。D项为真。

2016-41 根据现有物理学定律，任何物质的运动速度都不可能超过光速，但最近一次天文观测结果向这条定律发起了挑战。距离地球遥远的IC310星系拥有一个活跃的黑洞，掉入黑洞的物质产生了伽马射线冲击波。有些天文学家发现，这束伽马射线的速度超过了光速，因为它只用了4.8分钟就穿越了黑洞边界，而光要25分钟才能走完这段距离。由此，这些天文学家提出，光速不变定律需要修改了。

以下哪项如果为真，最能质疑上述天文学家所作的结论？

A. 或者光速不变定律已经过时，或者天文学家的观测有误。

B. 如果天文学家的观测没有问题，光速不变定律就需要修改。

C. 要么天文学家的观测有误，要么有人篡改了天文观测数据。

D. 天文观测数据可能存在偏差，毕竟IC310星系离地球很远。

E. 光速不变定律已经历过多次实践检验，没有出现反例。

【解析】C项"要么……要么……"如果为真，则说明"天文学家的观测有误"和"有人篡改了天文观测数据"一定有一个真，无论哪个真，都说明数据不可信，最能质疑天文学家的结论；D项不一定能够质疑，因为"可能"削弱力度较小；A项为"或者"，相容选言命题，如果"过时"是真，则"过时"不一定就不正确，A项不一定质疑；B项的意思是"或者观测有问题，或者需要修改定律"，不一定削弱，还有可能支持；E项"没有出现反例"不代表反例不存在，且与题干证据无关系，不能质疑。

第三章　必考点：充分条件与必要条件命题推理
（必考分值：10—20分）

一、充分条件、必要条件命题基础知识

（一）充分条件假言命题基础知识

【例】木秀于林，风必摧之。

意思是说，如果"木秀"于林，则风"必"摧之。

充分条件命题的意思是：断定一个条件P的出现，必然会导致另一个现象Q的产生。我们称条件P就是现象Q的充分条件。由于充分条件断定的是前件P和后件Q之间的条件关系存在，并没有直接断定P这个条件在事实上一定存在，只是假设条件P存在的情况下，Q现象一定会产生，所以这个命题就叫作充分条件的假言命题。

1. 充分条件假言命题自然语言表达形式

充分条件假言命题的语言标志通常是：

"如果P，那么Q""只要P，就Q""若P，必Q""当P发生，Q就出现"等；

一般来说，"所有的……都是……""一……就……""越……越……"等语言格式也表达P就是Q的充分条件。

还有"P，必然Q""P推出Q""P产生，导致Q"等自然语言方式也是表达充分条件的假言命题。

充分条件假言命题的逻辑公式是：

如果P，那么Q。一般用P→Q来表示。P→Q读作"P推出Q"。

2. 充分条件的假言命题的性质

充分条件假言命题"P→Q"的基本性质：P条件发生，则Q结果必然出现。

P称之为充分条件的前件，Q称之为后件。

即有之必然，无之不必然。

【例】只要你是人，那么你就会死。（P→Q）

根据真值表，充分条件假言命题的性质：

有前件就必有后件；（这句话的意思是：如果一个充分条件假言命题为真，则如果肯定其前件，必然可以得到其后件。简称为：有前必有后。以下依此类推。）

无前件未必无后件；

有后件未必有前件；

无后件则必无前件。

【例1】根据以下条件解题：

家园小区的每栋住宅楼旁边都有地面停车位，并且都是按照与住户1∶1的比例设置的。如果上述断定为真，则以下哪项一定为真？

Ⅰ.家园小区有住宅楼有停车位。

Ⅱ.如果一栋住宅楼的旁边有按照与住户1∶1的比例的地面停车位，那么这栋住宅楼就是家园小区。

Ⅲ.如果一栋住宅楼的旁边有按照与住户1∶2的比例的地面停车位，那么这栋住宅楼就不是家园小区。

A.仅Ⅱ。　　B.仅有Ⅰ和Ⅱ。　　C.仅Ⅰ和Ⅲ。　　D.Ⅰ、Ⅱ和Ⅲ。　　E.仅Ⅰ。

【解析】题干考查的就是充分条件假言命题的推理。题干意思为：只要是"家园小区的住宅楼"，则一定有"地面停车位且按1∶1的比例设置"。根据充分条件假言命题的性质"肯前则一定肯后"，则选项Ⅰ为真；选项Ⅱ则是先行肯定充分条件的后件，根据其性质"肯后未必能肯前"，所以选项Ⅱ不一定真；选项Ⅲ则是先行否定充分条件的后件，根据其性质"否后则必否前"，则必然不是家园小区，所以选项Ⅲ一定真。正确答案为C项。

【例2】如果风很大，我们就会放飞风筝。如果天空不晴朗，我们就不会放飞风筝。如果天气很暖和，我们就会放飞风筝。

假定上面的陈述属实，如果我们现在正在放飞风筝，则下面的哪项也必定是真的？

Ⅰ.风很大。

Ⅱ.天空晴朗。

Ⅲ.天气暖和。

A.仅Ⅰ。　　B.仅Ⅰ和Ⅲ。　　C.仅Ⅲ。　　D.仅Ⅱ。　　E.仅Ⅰ、Ⅱ、Ⅲ。

【解析】题干为3个充分条件命题，问题所给的已知条件还有我们正在放风筝，则根据充分条件假言命题的性质"有后未必有前"，未必能推出"风很大""天气很暖和"；根据充分条件假言命题性质"否后必否前"，可以必然推出"天空晴朗"。正确答案为D项。

3.充分条件的等值推理

根据真值表，我们发现，一个充分条件假言命题当且仅当其前件真而后件假时，方是假的；当其前件假时，后件不管真假，整个充分条件假言命题仍然是真；当其后件真时，不管前件真假如何，整个充分条件假言命题也仍然是真的。即当已知一个充分条件假言命题的前件为假，或者后件为真时，整个充分条件假言命题一定是真的。用公式表示：

"如果P，那么Q" = "非P或Q"

【例3】逻辑学家说：如果2+2=5，则地球是方的。

以下哪项和逻辑学家所说的同真？

A.如果地球是方的，则2+2=5。

B.如果地球是圆的，则2+2≠5。

C. 2+2≠5 或者地球是方的。

D. 2+2=5 或者地球是方的。

E. 2+2=5 并且地球是方的。

【解析】题干考查的是充分条件假言命题的等值推理。"如果P，那么Q"="非P或Q"，所以，"如果2+2=5，则地球是方的"等值于"或者2+2≠5，或者地球是方的"。正确答案为C项。选项B可以由上述条件根据"否后必然否前"来推出，但其意思不完全等值于题干，因为"不是方的"不等于"就是圆的"。当然，"是圆的"肯定否定了"是方的"。

4. 充分条件假言命题的矛盾命题

有些时候，题干问的是"当哪个选项为真，则推出一个充分条件假言命题为假"，或者是"已知一个充分条件假言命题为假，以下哪个选项必然真"，这些问题都是在考查充分条件假言命题的负命题的等值命题，即充分条件假言命题的矛盾命题。

一个充分条件假言命题的性质是：有之必然。所以，当存在条件而没有结果出现的时候，则证明：这个条件并不必然得出结果，就可以说明这个条件不是充分条件。

根据真值表我们可以发现，充分条件假言命题只有一个情况是假的：前件为真，且其后件为假。在其他的情况下，充分条件假言命题都是真的。

公式表达：并非（P→Q）= P∧非Q

【例4】小王说：如果明天不下大雨，我一定去看足球比赛。

以下哪项为真，可以证明小王没有说真话？

Ⅰ. 天没下大雨，小王没去看足球赛。

Ⅱ. 天下大雨，小王去看了足球赛。

Ⅲ. 天下大雨，小王没去看足球赛。

A. 仅Ⅱ。　　B. 仅Ⅰ。　　C. 仅Ⅲ。　　D. 仅Ⅰ和Ⅱ。　　E. Ⅰ、Ⅱ和Ⅲ。

【解析】题干考查充分条件假言命题在什么情况下会被证明为假，根据其性质，当且仅当充分条件假言命题"前件为真且后件为假"时，整个充分条件命题则是假的。即P→Q和P∧非Q构成矛盾关系。小王的话"如果明天不下大雨，我一定去看足球比赛"，其"前件"为"明天不下大雨"，后件为"去看足球比赛"，当其矛盾命题"明天没下大雨且小王没去看足球比赛"为真时，则小王的话为假。正确答案为B项。

（二）必要条件假言命题基础知识

必要条件假言命题的自然语言表达形式

必要条件指的是某条件P对于某结果Q来说是不可缺少的条件，我们称P就是Q的必要条件。必要条件的根本性质：无之必不然。其意思是：没有这个条件，必定不会产生结果。表达这种条件关系的命题就叫作必要条件假言命题。

如：只有年满十八周岁，才有选举权。

其意思是：年满十八周岁是有选举权的不可缺少的前提，即如果没有年满十八周岁，则不可能有选举权。

我们一般把必要条件假言命题表述成如下形式：

只有 P，才 Q。逻辑上则表示为：P ← Q（读作 P 反蕴涵 Q）。

表达必要条件假言命题有"只有 P，才 Q""不 P，（就）不 Q""没有 P，（就）没有 Q""除非 P，否则不能 Q""P 对于 Q 来说是必需的（必不可少的）""P 是 Q 的前提""P 是 Q 的基础"等自然语言表达式。

例如，只有经历风雨，才会见彩虹。

相当于在说："如果不经历风雨，则不会见彩虹"，

也相当于在说："没有经历风雨，就没有彩虹"，

也等值于"除非经历风雨，否则不会见彩虹"，

也等值于"如果要见彩虹，则必须经历风雨"。

以上几个表达方式在逻辑上是等值的，在自然语言中其意思是非常接近的。

【例 5】任何国家，只有稳定，才能发展。

以下各项都符合题干的条件，除了

A. 任何国家，如果得到发展，则一定稳定。

B. 任何国家，除非稳定，否则不能发展。

C. 任何国家，不可能稳定但不发展。

D. 任何国家，或者稳定，或者不发展。

E. 任何国家，不可能发展但不稳定。

【解析】本题考查的是必要条件的理解，及其与充分条件的等值转换。题干所给的是一个必要条件的命题，需要我们从中找到不符合"只有稳定，才能发展"的选项。根据必要条件命题的性质以及上面的公式：A、B 两项一定符合题干的意思。D 选项为一个选言命题"或者稳定，或者不发展"，其等值于"如果不稳定，则一定不发展"(来源于选言命题的否定肯定式推理)，其完全等值于"只有稳定，才能发展"；D 选项也可以直接根据"只有 P，才 Q"="P 或非 Q"得出。E 项的"不可能（发展但不稳定）"="或者不发展，或者稳定"=如果发展，则一定稳定，这符合题干的意思。只有 C 选项的"不可能稳定但不发展"="如果稳定，则一定发展"，不符合题干的意思，把题干的"稳定"为"发展"的必要条件，看成了"稳定"是"发展"的充分条件，所以，最不符合题干的意思的选项为 C 项。

【例 6】只有具备足够的奖金投入和技术人才，一个企业的产品才能拥有高科技含量。而这种高科技含量，对于一个产品长期稳定地占领市场是必不可少的。

以下哪项情况如果存在，最能削弱以上断定？

A. 苹果牌电脑拥有高科技含量，并长期稳定地占领着市场。

B. 西门子洗衣机没能长期稳定地占领市场，但该产品并不缺乏高科技含量。

C. 长江电视机没能长期稳定地占领市场，因为该产品缺乏高科技含量。

D. 清河空调长期稳定地占领市场，但该产品的厂家缺乏足够的奖金投入。

E. 开开电冰箱没能长期稳定地占领市场，但该产品的厂家有足够的奖金投入和技术人才。

【解析】题目要求对上述题干所描述的情况进行削弱，通过对题干的分析，发现题干是两个必要条件的假言命题，其逻辑结构为：只有具备足够的奖金投入和技术人才，产品才能拥有高科技含量；只有有高科技含量，产品才能长期稳定的占领市场。即一个产品要想长期稳定的占领市场，必须满足三个必要条件，缺一不可。

通过寻找必要条件命题的矛盾命题：没有满足必要条件，但仍然能长期稳定的占领市场。从而削弱了上述必要条件的描述。正确答案为 D 项。

二、充分条件与必要条件必拿分数点考点与题型

（一）充分、必要条件命题基本性质的推理

2018-43 若要人不知，除非己莫为；若要人不闻，除非己莫言。为之而欲人不知，言之而欲人不闻，此犹捕雀而掩目，盗钟而掩耳者。

根据以上信息，可以得出以下哪项？

A. 若己不言，则人不闻。

B. 若己为，则人会知；若己言，则人会闻。

C. 若能做到盗钟而掩耳，则可言之而人不闻。

D. 若己不为，则人不知。

E. 若能做到捕雀而掩目，则可为之而人不知。

【解析】如果人不知，则己莫为。所以，如果自己为，则人知。如果人不闻，则自己不言。所以，如果自己言，则人闻。B 项一定为真。考点为充分条件命题性质"如果否后，则必定否前"。

2018-46 某次学术会议的主办方发出会议通知：只有论文通过审核才能收到会议主办方发出的邀请函，本次学术会议只欢迎持有主办方邀请函的科研院所的学者参加。

根据以上通知，可以得出以下哪项？

A. 本次学术会议不欢迎论文没有通过审核的学者参加。

B. 论文通过审核的学者都可以参加本次学术会议。

C. 论文通过审核并持有主办方邀请函的学者，本次学术会议都欢迎其参加。

D. 有些论文通过审核但未持有主办方邀请函的学者，本次学术会议欢迎其参加。

E. 论文通过审核的学者有些不能参加本次学术会议。

【解析】题干等价于：如果没有通过论文审核，则不会被邀请；如果不会被邀请，则不欢迎参加。即如果论文没有通过论文审核，则不欢迎参加。正确答案为 A 项。

2018-37 张教授：利益并非只是物质利益，应该把信用、声誉、情感甚至某种喜好等都归到利益的范畴。根据这种对"利益"的广义理解，如果每一个体在不损害他人利益的前提下，尽可能满足其自身的利益需求，那么由这些个体组成的社会就是一个良善的社会。

根据张教授的观点，可以得出以下哪项？

A. 如果一个社会不是良善的，那么其中肯定存在个体损害他人利益或自身利益需求没有尽可能得到满足的情况。

B. 尽可能满足每一个体的利益需求，就会损害社会的整体利益。

C. 只有尽可能满足每一个体的利益需求，社会才可能是良善的。

D. 如果有些个体通过损害他人利益来满足自身的利益需求，那么社会就不是良善的。

E. 如果某些个体的利益需求没有尽可能得到满足，那么社会就不是良善的。

【解析】注意逻辑敏感词"如果……那么……"，已知"如果每一个体在不损害他人利益的前提下，尽可能满足其自身的利益需求，那么由这些个体组成的社会就是一个良善的社会"，根据充分条件命题性质，如果否后则必定否前，A 项正确。

2011-47 只有公司相应部门的所有员工都考评合格了，该部门的员工才能得到年终奖金；财务部有些员工考评合格了；综合部所有员工都得到了年终奖金；行政部的赵强考评合格了。

如果以上陈述为真，则以下哪项可能为真？

Ⅰ. 财务部员工都考评合格了。

Ⅱ. 赵强得到了年终奖金。

Ⅲ. 综合部有些员工没有考评合格。

Ⅳ. 财务部员工没有得到年终奖金。

A. 仅Ⅰ、Ⅱ。　　　　B. 仅Ⅱ、Ⅲ。　　　　C. 仅Ⅰ、Ⅱ、Ⅳ。

D. 仅Ⅰ、Ⅱ、Ⅲ。　　E. 仅Ⅱ、Ⅲ、Ⅳ。

【解析】题干信息中有"只有……才……""有些""所有"，说明考查必要条件命题推理、性质命题推理。已知条件（1）只有公司相应部门的所有员工都考评合格了，该部门的员工才能得到年终奖金；条件（2）财务部有些员工考评合格了；条件（3）综合部所有员工都得到了年终奖金；条件（4）行政部的赵强考评合格了。

选项Ⅰ"财务部员工都考评合格了"可能真，因为根据条件（2）"财务部有些员工考评合格"已知为真，不能确定"财务部员工都合格"的真假（性质命题的逻辑方阵："有些 S 是 P"真，不能确定"所有 S 是 P"的真假）。

选项Ⅱ"赵强得到了年终奖金"可能真，因为赵强考评合格，不确定他所在部门的员工都合格，即使所在部门员工都合格，根据必要条件（1），也不确定其能获得年终奖。

选项Ⅲ"综合部有些员工没有考评合格"一定假，因为根据已知条件（3）可知"综合部所有员工都获得年终奖"，再根据已知条件（1）的必要性质（有后必定有前），可知"综合部所有员工考评都合格了"真,与选项Ⅲ矛盾,可知选项Ⅲ必定假。

选项Ⅳ"财务部员工没有得到年终奖金"不确定真假。因为根据条件(2)"有些财务部员工考评合格"已知为真,不能确定"财务部员工都合格"的真假(性质命题的逻辑方阵:"有些S是P"真,不能确定"所有S是P"的真假)。综上所述,C项可能真。

2011-28 一般将缅甸所产的经过风化或经河水搬运至河谷、河床中的翡翠大砾石,称为"老坑玉"。老坑玉的特点是"水头好"、质坚、透明度高,其上品透明如玻璃,故称"玻璃种"或"冰种"。同为老坑玉,其质量相对也有高低之分,有的透明度高一些,有的透明度稍差些,所以价值也有差别。在其他条件都相同的情况下,透明度高的老坑玉比透明度低的单位价值高,但是开采的实践告诉人们,没有单位价值最高的老坑玉。

以上陈述如果为真,可以得出以下哪项结论?

A. 没有透明度最高的老坑玉。
B. 透明度高的老坑玉未必"水头好"。
C. "新坑玉"中也有质量很好的翡翠。
D. 老坑玉的单位价值还决定于其加工的质量。
E. 随着年代的增加,老坑玉的单位价值会越来越高。

【解析】条件(1):在其他条件都相同的情况下,透明度高的老坑玉比透明度低的单位价值高。分析:充分命题,即如果透明度越高,则单位价值越高。把条件(2)"没有单位价值最高的老坑玉"带入条件(1),根据充分条件性质推理"如果否定后,则必定否定前",得出:"没有透明度最高的老坑玉"。A项正确。其他选项在已知条件中未有相应信息。注意:推出结论题型,不需要在题干信息之外做过多联想,凡是已知条件未提及的信息,均不可能是推出的结论。

2011-27 张教授的所有初中同学都不是博士;通过张教授而认识其哲学研究所同事的都是博士;张教授的一个初中同学通过张教授认识了王研究员。

以下哪项能作为结论从上述断定中推出?

A. 王研究员是张教授的哲学研究所同事。
B. 王研究员不是张教授的哲学研究所同事。
C. 王研究员是博士。
D. 王研究员不是博士。
E. 王研究员不是张教授的初中同学。

【解析】已知条件(1)张教授的所有初中同学都不是博士;条件(2)通过张教授而认识其哲学研究所同事的都是博士。把条件(1)代入条件(2),否后必定否前,则得出:张教授的所有初中同学都不可能通过张教授认识其哲学研究所同事,即其初中同学通过他认识的人都不可能是其同事。再根据条件(3)张教授的一个初中同学通过张教授认识了王研究员,可以推出:王研究员不是其哲学研究所的同事。答案为B项。

2012-34 只有通过身份认证的人才允许上公司内网,如果没有良好的业绩就不可能通过身份认证,张辉有良好的业绩而王纬没有良好的业绩。

如果上述断定为真,则以下哪项一定为真?

A. 允许张辉上公司内网。

B. 不允许王纬上公司内网。

C. 张辉通过身份认证。

D. 有良好的业绩,就允许上公司内网。

E. 没有通过身份认证,就说明没有良好的业绩。

【解析】本题考查假言命题推理规则,即充分条件推理规则为肯前推出肯后,否后推出否前;必要条件推理规则为肯后推出肯前,否前推出否后。

题干可转化为:没有良好业绩 → 不可能通过身份认证 → 不允许上公司内网。

再根据王纬没有良好的业绩,推出不允许王纬上公司内网。所以 B 项正确。

2012-44 如果他勇于承担责任,那么他就一定会直面媒体,而不是选择逃避;如果他没有责任,那么他就一定会聘请律师,捍卫自己的尊严。可是事实上,他不仅没有聘请律师,现在逃得连人影都不见了。

根据以上陈述,可以得出以下哪项结论?

A. 即使他没有责任,也不应该选择逃避。

B. 虽然选择了逃避,但是他可能没有责任。

C. 如果他有责任,那么他应该勇于承担责任。

D. 如果他不敢承担责任,那么说明他责任很大。

E. 他不仅有责任,而且他没有勇气承担责任。

【解析】根据充分条件推理规则(否后推出否前),从他没有聘请律师,推出他有责任;从他逃避,推出他不勇于承担责任。所以 E 项为正确答案。

2013-49 在某次综合性学术年会上,物理学会作学术报告的人都来自高校;化学学会作学术报告的人有些来自高校,但是大部分来自中学;其他作学术报告者均来自科学院。来自高校的学术报告者都具有副教授以上职称,来自中学的学术报告者都来自具有中教高级以上职称。李默、张嘉参加了这次综合性学术年会,李默并非来自中学,张嘉并非来自高校。

以上陈述如果为真,可以得出以下哪项结论?

A. 张嘉如果作了学术报告,那么他不是物理学会的。

B. 李默不是化学学会的。

C. 李默如果作了学术报告,那么他不是化学学会的。

D. 张嘉不具有副教授以上的职称。

E. 张嘉不是物理学会的。

【解析】已知:如果是物理学会且作学术报告的人都来自高校。张嘉并非来自高校,根据充分命题的推理得出：张嘉或者不是物理学会的，或者不作学术报告，即如果作了学术报告，则一定不是物理学会的。A 项正确。

2014-43 若一个管理者是某领域优秀的专家学者，则他一定会管理好公司的基本事务；一位品行端正的管理者可以得到下属的尊重；但是对所有领域都一知半解的人一定不会得到下属的尊重。浩瀚公司董事会只会解除那些没有管理好公司基本事务者的职务。

根据以上信息，可以得出以下哪项？

A. 浩瀚公司董事会不可能解除受下属尊重的管理者的职务。

B. 作为某领域优秀专家学者的管理者，不可能被浩瀚公司董事会解除职务。

C. 对所有领域都一知半解的管理者，一定会被浩瀚公司董事会解除职务。

D. 浩瀚公司董事会不可能解除品行端正的管理者的职务。

E. 浩瀚公司董事会解除了某些管理者的职务。

【解析】注意梳理题干：条件（1）优秀专家→管好；条件（2）品行端正→受尊重；条件（3）一知半解的人→不受尊重；条件（4）解职→没管好。根据条件（1）和（4）可以推出：优秀专家→管好→不被解职。B 项一定真。

2015-30 为进一步加强对不遵守交通信号等违法行为的执法管理，规范执法程序，确保执法公正，某市交警支队要求：凡属交通信号指示不一致、有证据证明救助危难等情形，一律不得录入道路交通违法信息系统；对已录入信息系统的交通违法记录，必须完善异议受理、核查、处理等工作规范，最大限度减少执法争议。

根据上述交警支队要求，可以得出以下哪项？

A. 有些因救助危难而违法的情形，如果仅有当事人说辞但缺乏当时现场的录音录像证明，就应录入道路交通违法信息系统。

B. 因信号灯相位设置和配时不合理等造成交通信号不一致而引发的交通违法情形，可以不录入道路交通违法信息系统。

C. 如果汽车使用了行车记录仪，就可以提供现场实时证据，大大减少被录入道路交通违法信息的可能性。

D. 只要对已录入系统的交通违法记录进行异议受理、核查和处理，就能最大限度减少执法争议。

E. 对已录入系统的交通违法记录，只有倾听群众异议，加强群众监督才能最大限度减少执法争议。

【解析】首先梳理已知条件，寻找规律。凡属交通信号指示不一致或者有证据证明救助危难等情形→不得录入；已录入信息→完善异议受理、核查、处理等工作规范，最大限度减少执法争议。B 项一定真，因为"因信号灯相位设置和配时不合理等造成交通信号不一致而引发的交通违法情形"就属于"交通信号指示不一致"，满足了"或者"条件中的一个，根据"肯前必定肯后"的性质，可以得出 B 项一定真。

2015-47 如果把一杯酒倒入一桶污水中,你得到的是一桶污水;如果把一杯污水倒入一桶酒中,你得到的依然是一桶污水。在任何组织中,都可能存在几个难缠人物,他们存在的目的似乎就是把事情搞糟。如果一个组织不加强内部管理,一个正直能干的人进入某低效的部门就会被吞没,而一个无德无才者就能将一个高效的部门变成一盘散沙。

根据上述信息,可以得出以下哪项?

A. 如果不将一杯污水倒进一桶酒中,你就不会得到一桶污水。

B. 如果一个正直能干的人进入组织,就会使组织变得更为高效。

C. 如果组织中存在几个难缠人物,很快就会把组织变成一盘散沙。

D. 如果一个正直能干的人在低效部门没有被吞没,则该部门加强了内部管理。

E. 如果一个无德无才的人把组织变成一盘散沙,则该组织没有加强内部管理。

【解析】题干条件:一个组织不加强内部管理→一个正直能干的人进入某低效的部门就会被吞没,无德无才者就会将高效部门变成散沙。D项一定真,因为根据充分命题性质"否后则必定否前"。

2015-37 10月6日晚上,张强要么去电影院看电影,要么去拜访朋友秦玲。如果那天晚上张强开车回家,他就没去电影院看电影。只有张强事先与秦玲约定,张强才能拜访她。事实上,张强不可能事先与秦玲约定。

根据上述陈述,可以得出以下哪项?

A. 那天晚上张强没有开车回家。

B. 张强那天晚上拜访了秦玲。

C. 张强晚上没有去电影院看电影。

D. 那天晚上张强与秦玲一起看电影了。

E. 那天晚上张强开车去电影院看电影。

【解析】先找事实性命题,以此出发。条件(4)并非事先约定,代入条件(3)只有约定,才能拜访秦玲。根据必要条件,否前则必否后,得出:不能拜访秦玲。代入条件(1)要么看电影,要么拜访秦玲,得出:看电影。代入条件(2)开车回家→并非看电影,根据充分条件,否后必否前,得出:没开车回家。答案为A项。

2016-26 企业要建设科技创新中心,就要推进与高校、科技院所的合作,这样才能激发自主创新的活力。一个企业只有搭建服务科技创新发展战略的平台、科技创新与经济发展对接的平台以及聚集创新人才的平台,才能催生重大科技成果。

根据上述信息,可以得出以下哪项?

A. 如果企业搭建科技创新与经济发展对接的平台,就能激发其自主创新的活力。

B. 如果企业搭建了服务科技创新发展战略的平台,就能催生重大科技成果。

C. 能否推进与高校、科研院所的合作决定企业是否具有自主创新的活力。

D. 如果企业没有搭建聚集创新人才的平台,就无法催生重大科技成果。

E. 如果企业推进与高校、科研院所的合作，就能激发其自主创新的活力。

【解析】已知：一个企业只有搭建服务科技创新发展战略的平台、科技创新与经济发展对接的平台以及聚集创新人才的平台，才能催生重大科技成果。根据必要条件性质，如果否前则必定否后，即如果没有搭建平台，则无法催生重大科技成果。正确答案为D项。无须使用排除法，演绎推理的答案都是根据公式推理必然可以得出真假的。

2016-27 生态文明建设事关社会发展方式和人民福祉。只有实行最严格的制度、最严密的法治，才能为生态文明建设提供可靠保障；如果要实行最严格的制度、最严密的法治，就要建立责任追究制度，对那些不顾生态环境盲目决策并造成严重后果者，追究其相应的责任。

根据以上信息，可以得出以下哪项？

A. 如果对那些不顾生态环境盲目决策并造成严重后果者追究相应责任，就能为生态文明建设提供可靠保障。

B. 实行最严格的制度和最严密的法治是生态文明建设的重要目标。

C. 如果不建立责任追究制度，就不能为生态文明建设提供可靠保障。

D. 只有筑牢生态环境的制度防护墙，才能造福于民。

E. 如果要建立责任追究制度，就要实行最严格的制度、最严密的法治。

【解析】已知条件（1）只有实行最严格的制度、最严密的法治，才能为生态文明建设提供可靠保障，即如果提供保障，则实行严格制度、严密法治；条件（2）如果要实行最严格的制度、最严密的法治，就要建立责任追究制度，对那些不顾生态环境盲目决策并造成严重后果者，追究其相应的责任。即如果实行严格制度、严密法治，则追究责任。根据条件（1）和（2）进行联合推理，得出：提供保障→实行严格制度、严密法治→追究责任。根据充分条件性质，如果否后则必否前，得出答案为C项。

（二）充分必要命题的等价表达

2018-26 人民既是历史的创造者，也是历史的见证者；既是历史的"剧中人"，也是历史的"剧作者"。离开人民，文艺就会变成无根的浮萍、无病的呻吟、无魂的躯壳。观察人民的生活、命运、情感，表达人民的心愿、心情、心声，我们的作品才会在人民中传之久远。

根据以上陈述，可以得出以下哪项？

A. 只有不离开人民，文艺才不会变成无根的浮萍、无病的呻吟、无魂的躯壳。

B. 历史的创造者都不是历史的"剧中人"。

C. 历史的创造者都是历史的见证者。

D. 历史的"剧中人"都是历史的"剧作者"。

E. 我们的作品只要表达人民的心愿、心情、心声，就会在人民中传之久远。

【解析】"离开人民，文艺就会变成无根的浮萍、无病的呻吟、无魂的躯壳"，等于如果离开人民，那么文艺会变成无根的浮萍、无病的呻吟、无魂的躯壳。公式：如果A，那么B＝只有不A，才不B。答案选A项。

2012-51 某公司规定，在一个月内，除非每个工作日都出勤，否则任何员工都不可能既获得当月绩效工资，又获得奖励工资。

以下哪项与上述规定的意思最为接近？

A. 在一个月内，任何员工如果所有工作日不缺勤，必然既获得当月绩效工资，又获得奖励工资。

B. 在一个月内，任何员工如果所有工作日不缺勤，都有可能既获得当月绩效工资，又获得奖励工资。

C. 在一个月内，任何员工如果有某个工作日缺勤，仍有可能获得当月绩效工资，或者获得奖励工资。

D. 在一个月内，任何员工如果有某个工作日缺勤，必然或者得不了当月绩效工资，或者得不了奖励工资。

E. 在一个月内，任何员工如果所有工作日缺勤，必然既得不了当月绩效工资，又得不了奖励工资。

【解析】"除非P，否则不Q"等于"只有P，才Q"，则题干的意思为"只有每个工作日都出勤，任何员工才能既获得当月绩效工资，又获得奖励工资。"

根据必要条件的推理性质，"无之必不然"，则：如果有工作日缺勤，就必然不能"既获得当月绩效工资，又获得奖励工资"。"并非（P且Q）"等价于"非P或非Q"。所以选D项。

2012-38 经理说："有了自信不一定赢。"董事长回应说："但是没有自信一定会输。"

以下哪项与董事长的意思最为接近？

A. 不输即赢，不赢即输。

B. 如果自信，则一定会赢。

C. 只有自信，才可能不输。

D. 除非自信，否则不可能输。

E. 只有赢了，才可能更自信。

【解析】董事长意思为：如果没有自信则一定会输。与C项"只有自信，才可能不输"等值。根据必要条件命题推理规则，否定前件推出否定后件。所以，如果不自信，则不可能不输，C项与董事长意思最为接近。

模态命题的否定："可能不输"的否定等于"一定会输"。

公式：并非可能不P = 必然P。

2013-29 国际足联一直坚称，世界杯冠军队所获得的"大力神"杯是实心的纯金奖杯。某教授经过精密测量和计算认为，世界杯冠军奖杯——实心的"大力神"杯不可能是纯金制成的，否则球员根本不可能将它举过头顶并随意挥舞。

以下哪项与这位教授的意思最为接近？

A. 若球员能够将"大力神"杯举过头顶并自由挥舞，则它很可能是空心的纯金杯。

B. 只有"大力神"杯是实心的，它才可能是纯金的。

C. 若"大力神"杯是实心的纯金杯，则球员不可能把它举过头顶并随意挥舞。

D. 只有球员能够将"大力神"杯举过头顶并自由挥舞，它才由纯金制成，并且不是实心的。

E. 若"大力神"杯是由纯金制成，则它肯定是空心的。

【解析】除非X，否则不Y=只有X，才Y。非X，否则非Y=只有非X，才Y=如果X，则非Y。"不可能纯金，否则不可能举起来"等于"如果纯金，则不可能举起来"。这是一道必要条件语言理解题，语感好的考生直接能做。语感不好的考生，注意：否则不=才。上述可以理解为：只有非纯金，才能举起来。C项为正确答案。

2015-50 有关数据显示，2011年全球新增870万结核病患者，同时有140万患者死亡。因为结核病对抗生素有耐药性，所以对结核病的治疗一直都进展缓慢。如果不能在近几年消除结核病，那么还会有数百万人死于结核病。如果要控制这种流行病，就要有安全、廉价的疫苗。目前有12种新疫苗正在测试之中。

根据以上信息，可以得出以下哪项?

A. 2011年结核病患者死亡率已达16.1%。

B. 有了安全、廉价的疫苗，我们就能控制结核病。

C. 如果解决了抗生素的耐药性问题，结核病治疗将会获得突破性进展。

D. 只有在近几年消除结核病，才能避免数百万人死于这种疾病。

E. 新疫苗一旦应用于临床，将有效控制结核病的传播。

【解析】已知：如果不能在近几年消除结核病，那么还会有数百万人死于结核病。根据充分条件性质，如果否后，则必定否前。所以，如果要避免数百万人死于结核病，则必须在近几年消除结核病。D项正确。注意：只有X，才Y=如果Y，则X。一个充分条件命题与必要条件命题可以进行等价转换，但要记住前后件需要颠倒。

2015-51 一个人如果没有崇高的信仰，就不可能守住道德的底线；而一个人只有不断加强理论学习，才能始终保持崇高的信仰。

根据以上信息，可以得出以下哪项?

A. 一个人只有不断加强理论学习，才能守住道德的底线。

B. 一个人如果不能守住道德的底线，就不可能保持崇高的信仰。

C. 一个人只要有崇高的信仰，就能守住道德的底线。

D. 一个人只要不断加强理论学习，就能守住道德底线。

E. 一个人没能守住道德的底线，是因为他首先丧失了崇高的信仰。

【解析】题干条件分析得出：守住道德底线→有崇高信仰→不断加强理论学习。答案为A项。注意：只有X，才Y=如果Y，则X。一个充分条件命题与必要条件命题可以进行等价转换，但要记住前后件需要颠倒。

（三）寻找矛盾命题

2012-27 只有具有一定文学造诣且具有生物学专业背景的人，才能读懂这篇文章。

如果上述命题为真，以下哪项不可能为真？

A. 小张没有读懂这篇文章，但他的文学造诣是大家所公认的。

B. 计算机专业的小王没有读懂这篇文章。

C. 从未接触过生物学知识的小李读懂了这篇文章。

D. 小周具有生物学专业背景，但他没有读懂这篇文章。

E. 生物学博士小赵读懂了这篇文章。

【解析】"只有P，才Q"与"非P且Q"构成矛盾关系。题干为真，则"没有一定文学造诣或没有生物学专业背景，但能读懂这篇文章"不可能真。所以C项不可能为真。

2012-39 在家电产品"三下乡"活动中，某销售公司的产品受到了农村居民的广泛欢迎。该公司总经理在介绍经验时表示：只有用最流行畅销的明星产品面对农村居民，才能获得他们的青睐。

以下哪项如果为真，最能质疑总经理的论述？

A. 某品牌电视由于其较强的防潮能力，尽管不是明星产品，仍然获得了农村居民的青睐。

B. 流行畅销的明星产品由于价格偏高，没有赢得农村居民的青睐。

C. 流行畅销的明星产品只有质量过硬，才能获得农村居民的青睐。

D. 有少数娱乐明星为某些流行畅销的产品做虚假广告。

E. 流行畅销的明星产品最适合城市中的白领使用。

【解析】"只有P，才Q"矛盾命题为"非P且Q"。所以，"非P且Q"成立，说明"只有P，才Q"不成立。A项正好采用此方式否定了总经理所说的必要条件命题。

2012-32 小张是某公司营销部的员工。公司经理对他说："如果你争取到这个项目，我就奖励你一台笔记本电脑或者给你项目提成。"

以下哪项如果为真，说明该经理没有兑现承诺？

A. 小张没争取到这个项目，该经理没给他项目提成，但送了他一台笔记本电脑。

B. 小张没争取到这个项目，该经理没奖励他笔记本电脑，也没给他项目提成。

C. 小张争取到了这个项目，该经理给他项目提成，但并未奖励他笔记本电脑。

D. 小张争取到了这个项目，该经理奖励他一台笔记本电脑并且给他三天假期。

E. 小张争取到了这个项目，该经理未给他项目提成，但奖励了他一台台式电脑。

【解析】"如果P，则Q"的矛盾命题为"P且非Q"。所以E项为真，即"P且非Q"为真时，说明"如果P，则Q"不成立。"一台笔记本电脑或者项目提成"的否定为：非笔记本电脑且没有项目提成。小心陷阱"笔记本电脑"与"台式电脑"。

2012-37 2010年上海世博会盛况空前，200多个国家场馆和企业主题馆让人目不暇接。大学生王刚决定在学校放暑假的第二天前往世博会参观。前一天晚上，他特别上网查看了各位

网友对相关热门场馆选择的建议,其中最吸引王刚的有三条:

(1)如果参观沙特馆,就不参观石油馆。

(2)石油馆和中国国家馆择一参观。

(3)中国国家馆和石油馆不都参观。

实际上,第二天王刚的世博会行程非常紧凑,他没有接受上述三条建议中的任何一条。

关于王刚所参观的热门场馆,以下哪项描述正确?

A. 参观沙特馆、石油馆,没有参观中国国家馆。

B. 沙特馆、石油馆、中国国家馆都参观了。

C. 沙特馆、石油馆、中国国家馆都没有参观。

D. 没有参观沙特馆,参观石油馆和中国国家馆。

E. 没有参观石油馆,参加沙特馆、中国国家馆。

【解析】根据条件(1)为假,可知参观了沙特馆且参观了石油馆。再根据条件(3)为假,推出中国国家馆和石油馆都参观了。因此王刚参观了沙特馆、石油馆以及中国国家馆。所以 B 项正确。

2013-40 教授专家李教授指出:每个人在自己的一生中,都要不断地努力,否则就会像龟兔赛跑的故事一样,一时跑得快并不能保证一直领先。如果你本来基础好又能不断努力,那你肯定能比别人更早取得成功。

如果李教授的陈述为真,以下哪项一定为假?

A. 小王本来基础好并且能不断努力,但也可能比别人更晚取得成功。

B. 不论是谁,只有不断努力,才可能取得成功。

C. 只要不断努力,任何人都可能取得成功。

D. 一时不成功并不意味着一直不成功。

E. 人的成功是有衡量标准的。

【解析】"如果 P,那么 Q"的矛盾命题为"P 且非 Q"。答案为 A 项。

2013-53 专业人士预测:如果粮食价格保持稳定,那么蔬菜价格也将保持稳定;如果食用油价格不稳,那么蔬菜价格也将出现波动。老李由此断定:粮食价格将保持稳定,但是肉类食品价格将上涨。

根据上述专业人士的预测,以下哪项如果为真,最能对老李的观点提出质疑?

A. 如果食用油价格稳定,那么肉类食品价格将会上涨。

B. 如果食用油价格稳定,那么肉类食品价格不会上涨。

C. 如果肉类食品价格不上涨,那么食用油价格将会上涨。

D. 如果食用油价格出现波动,那么肉类食品价格不会上涨。

E. 只有食用油价格稳定,肉类食品价格才不会上涨。

【解析】老李观点为"粮食价格将保持稳定,但是肉类食品价格将上涨"。他的矛盾命题为"如果粮食价格保持稳定,那么肉类食品价格不会上涨"。

证据: 粮食价格稳定→蔬菜价格稳定→食用油价格稳定; **结论:** 粮食价格保持稳定,但是肉类食品价格将上涨。即结论为:食用油价格稳定,但肉类食品价格将上涨。

其与选项 B 构成了矛盾。即 B 项真,推翻了老李的观点。

2014-28 陈先生在鼓励他的孩子时说道:"不要害怕暂时的困难与挫折,不经历风雨怎么见彩虹?"他的孩子不服气地说:"您说的不对。我经历了那么多风雨,怎么就没见到彩虹呢?"

陈先生孩子的回答最适宜用来反驳以下哪项?

A. 只要经历了风雨,就可以见到彩虹。

B. 如果想见到彩虹,就必须经历风雨。

C. 只有经历风雨,才能见到彩虹。

D. 即使经历了风雨,也可能见不到彩虹。

E. 即使见到了彩虹,也不是因为经历了风雨。

【解析】 陈先生的话为必要条件命题"只有经历风雨,才能见彩虹",其矛盾命题为:没有经历风雨,也能见彩虹。孩子的话"经历了风雨,但没见彩虹"与"只要经历风雨,就见彩虹"矛盾。答案为 A 项。注意:"只要……就……"与"只有……才……"的区别。

2014-32 已知某班共有 25 位同学,女生中身高最高者与最低者相差 10 厘米;男生中身高最高者与最低者相差 15 厘米。小明认为,根据已知信息,只要再知道男生、女生最高者的具体身高,或者再知道男生、女生的平均身高,均可确定全班同学中身高最高者与最低者之间的差距。

以下哪项如果为真,最能构成对小明观点的反驳?

A. 根据已知信息,如果不能确定全班同学中身高最高者与最低者之间的差距,则既不能确定男生、女生最高者的具体身高,也不能确定男生、女生的平均身高。

B. 根据已知信息,尽管再知道男生、女生的平均身高,也不能确定全班同学中身高最高者与最低者之间的差距。

C. 根据已知信息,即使确定了全班同学中身高最高者与最低者之间的差距,也不能确定男生、女生的平均身高。

D. 根据已知信息,如果不能确定全班同学中身高最高者与最低者之间的差距,则也不能确定男生、女生最高者的具体身高。

E. 根据已知信息,仅仅再知道男生、女生最高者的具体身高,就能确定全班同学中身高最高者与最低者之间的差距。

【解析】 "只要再知道男生、女生最高者的具体身高,或者再知道男生、女生的平均身高,均可确定全班同学中身高最高者与最低者之间的差距。"其矛盾命题为 B 项。考点:"如果 P 或 Q,那么 R"的矛盾命题为"P 且非 R"或"Q 且非 R"。

2015-33 当企业处于蓬勃上升时期，往往紧张而忙碌，没有时间和精力去设计和修建"琼楼玉宇"；当企业所有重要工作都已经完成，其时间和精力就开始集中在修建办公大楼上。所以一个企业的办公大楼设计得越完美，装饰越豪华，则该企业离解体时间就越近。当某个企业大楼设计和建造趋于完美之际，它的存在就逐渐失去意义，这就是所谓的"办公大楼法则"。

以下哪项为真，最质疑上述观点？

A. 一个企业如果将时间和精力都耗在修建办公大楼上，则对其他重要工作就投入不足了。

B. 某企业办公大楼修建的美轮美奂，入住后该企业的事业蒸蒸日上。

C. 建造豪华的办公大楼，往往会增加运营成本，损害其利益。

D. 企业的办公大楼越破旧，该企业就越有活力和生机。

E. 建造豪华办公大楼并不需要投入太多时间和精力。

【解析】本题考查充分条件命题的矛盾命题。已知条件：企业的办公大楼设计得越完美，装饰得越豪华→企业离解体的时间就越近。其矛盾命题是对其最有力的削弱。P→Q，其矛盾命题是 P 且非 Q。答案为 B 项。

2014-33 近10年来，某电脑公司的个人笔记本电脑的销量持续增长，但其增长率低于该公司所有产品总销量的增长率。

以下哪项关于该公司的陈述与上述信息相冲突？

A. 近10年来，该公司个人笔记本电脑的销量每年略有增长。

B. 个人笔记本电脑的销量占该公司产品总销量的比例近10年来由68%上升到72%。

C. 近10年来，该公司产品总销量增长率与个人笔记本电脑的销量增长率每年同时增长。

D. 近10年来，该公司个人笔记本电脑的销量占该公司产品总销量的比例逐年下降。

E. 个人笔记本电脑的销量占该公司产品总销量的比例近10年来由64%下降到49%。

【解析】题干已知：某电脑公司的个人笔记本电脑的销量持续增长，但其增长率低于该公司所有产品总销量的增长率。个人笔记本电脑的增长率比其他产品增长率低，那么，相应地其在整个公司的销售占比逐渐下降。而B项却是销售占比增长了，与题干矛盾。正确答案为B项。

2015-45 张教授指出，明清时期科举考试分为四级，即院试、乡试、会试、殿试。院试在县府举行，考中者称"生员"；乡试每三年在各省省城举行一次，生员才有资格参加，考中者为举人，举人第一名称"解元"；会试于乡试后第二年在京城元都举行，举人才有资格参加，考中者称为"贡士"，贡士第一名称"会元"；殿试在会试当年举行，由皇帝主持，贡士才有资格参加，录取分为三甲，一甲三名，二甲三甲各若干名，统称为"进士"，一甲第一名称"状元"。

根据张教授的陈述，以下哪项是不可能的？

A. 中举者不曾中进士。

B. 中状元者曾为生员和举人。

C. 中会元者不曾中举。

D. 可有连中三元者（解元、会元、状元）。

E. 未中解元者，不曾中会元。

【解析】先梳理条件：中生员，才能中举人；中举人（解元），才能中贡士（会元）；中贡士，才能中进士（状元）。即进士（状元）→贡士（会元）→举人（解元）→生员。那么C项不可能真。"如果P，那么Q"的矛盾命题为"P且非Q"。

2015-46 有人认为，任何一个机构都包括不同的职位等级或层级，每个人都隶属于其中一个层级。如果某人在原来级别岗位上干得出色，就会被提拔，而被提拔者得到重用后却碌碌无为，这会造成机构效率低下，人浮于事。

以下哪项为真，最能质疑上述观点？

A. 个人晋升常常会在一定程度上影响所在机构的发展。

B. 不同岗位的工作方式不同，对新的岗位要有一个适应过程。

C. 王副教授教学科研都很强，而晋升正教授后却表现平平。

D. 李明的体育运动成绩并不理想，但他进入管理层后却干得得心应手。

E. 部门经理王先生业绩出众，被提拔为公司总经理后工作依然出色。

【解析】题干分析：如果出色→提拔→碌碌无为。矛盾命题"P且非Q"为最有力的削弱。答案为E项。

2016-31 在某届洲际杯足球大赛中，第一阶段某小组单循环赛共有4支队伍参加，每支队伍需要在这一阶段比赛三场。甲国足球队在该小组的前两轮比赛中一平一负。在第三轮比赛之前，甲国队主教练在新闻发布会上表示："只有我们在下一场比赛中取得胜利并且本组的另外一场比赛打成平局，我们才有可能从这个小组出线。"

如果甲国队主教练的陈述为真，以下哪项是不可能的？

A. 第三轮比赛该小组两场比赛都分出了胜负，甲国队从小组出线。

B. 甲国队第三场比赛取得了胜利，但他们未能从小组出线。

C. 第三轮比赛甲国队取得了胜利，该小组另一场比赛打成平局，甲国队未能从小组出线。

D. 第三轮比赛该小组另外一场比赛打成平局，甲国队从小组出线。

E. 第三轮比赛该小组两场比赛都打成了平局，甲国队未能从小组出线。

【解析】教练"只有我们在下一场比赛中取得胜利并且本组的另外一场比赛打成平局，我们才有可能从这个小组出线"，这是一个必要条件的描述，等于：如果出线，则自己取得胜利且另一组平局。如果真，则其矛盾命题一定假。"如果P，那么Q"的矛盾命题为"P且非Q"。即"甲国足球队出线了，但下一场比赛未取得胜利或者另一场比赛未平局"，答案为A项。注意："都分出了胜负"的意思是"另外一场并非平局"。必然真假类推理试题，无需用排除法。

2017-27 任何结果都不可能凭空出现，它们的背后都是有原因的；任何背后有原因的事物均可以被人认识，而可以被人认识的事物都必然不是毫无规律的。

根据以上陈述，以下哪项为假？

A. 任何结果都可以被人认识。

B. 任何结果出现的背后都是有原因的。

C. 有些结果的出现可能毫无规律。

D. 那些可以被人认识的事物必然有规律。

E. 人有可能认识所有事物。

【解析】题干已知：任何结果→背后有原因→可以被人认识→必然不是毫无规律。即所有结果的出现都必然不是毫无规律。其矛盾命题为：有些结果出现，但可能毫无规律。C项与上面推理矛盾。

2011-50 某家长认为，有想象力才能进行创造性劳动，但想象力和知识是天敌。人在获得知识的过程中，想象力会消失。因为知识符合逻辑，而想象力无章可循。换句话说，知识的本质是科学，想象力的特征是荒诞。人的大脑一山不容二虎：学龄前，想象力独占鳌头，脑子被想象力占据；上学后，大多数人的想象力被知识驱逐出境，他们成为知识渊博但丧失了想象力，终身只能重复前人发现的人。

以下哪项与家长的上述观点矛盾？

A. 如果希望孩子能够进行创造性劳动，就不要送他们上学。

B. 如果获得了足够知识，就不能进行创造性劳动。

C. 发现知识的人是有一定想象力的。

D. 有些人没有想象力，但能进行创造性劳动。

E. 想象力被知识驱逐出境是一个逐渐的过程。

【解析】本题要求找与家长的观点矛盾的选项，考生需要先理清楚已知条件。两种题型：有时需要所有的条件都进行推理，然后寻找推出结论的矛盾，此种题型的提问一般是"如果上真，以下哪项必假"；有时只需与题干某句话矛盾即可，此种题型提问方式是"以下哪项与以上信息矛盾"。本题属于第二种，只需要找到与上面家长的话矛盾的选项即可。家长说"有想象力才能进行创造性劳动"，这是一个必要条件命题，其矛盾命题为"没有想象力，也能进行创造性活动"，D项正确。A、B两项与题干家长的话完全一致；C项容易误判，但请注意"发现知识的人"在一开始还是有想象力的，只是在发现知识的过程中，想象力消失；E项也符合"发现知识的过程"。

（四）真假话题型

2011-44 近日，某集团高层领导研究了发展方向问题。王总经理认为：既要发展纳米技术，也要发展生物医药技术；赵副总经理认为：只有发展智能技术，才能发展生物医药技术；李副总经理认为：如果发展纳米技术和生物医药技术，那么也要发展智能技术。最后经过董事会研究，只有其中一位的意见被采纳。

根据以上陈述，以下哪项符合董事会的研究决定？

A.发展纳米技术和智能技术，但是不发展生物医药技术。

B.发展生物医药技术和纳米技术，但是不发展智能技术。

C.发展智能技术和生物医药技术，但是不发展纳米技术。

D.发展智能技术，但是不发展纳米技术和生物医药技术。

E.发展生物医药技术、智能技术和纳米技术。

【解析】王总：发展纳米且发展生物医药。赵副总：只有发展智能，才能发展生物医药＝如果发展生物医药，则发展智能＝不发展生物，或者发展智能。李副总：如果发展纳米且生物医药，则发展智能＝或者不发展纳米，或者不发展生物医药，或者发展智能。假设：发展智能为真，则赵副总、李副总都为真（这是利用充分命题、必要命题性质进行的推理。假设发展智能为真，则赵副总的话转换的选言命题为不发展生物医药，或者发展智能为真；同理，李副总的话也为真)，和已知条件"只有一位意见被采纳"矛盾，所以得出不发展智能。根据选项进行排除，B项为真，其余四项都被排除了。

本题也可采用将选项代入进行解题。本题关键在于充分条件命题、必要条件命题的性质以及其在什么时候真，什么时候假。注意：一个充分条件命题当其前件为假时，则这个充分条件命题一定真；当一个充分条件命题其后件为真时，则这个充分条件命题一定真。一个充分条件命题为假时，当且仅当其"前件真且后件假"。记住公式："如果P，那么Q"＝"非P或者Q"；"只有X，才Y"＝"如果Y，则X"；并非"如果P，那么Q"＝"P且非Q"。

2011-34 某集团公司有四个部门，分别生产冰箱、彩电、电脑和手机。根据前三个季度的数据统计，四个部门经理对2010年全年的赢利情况作了如下预测：

冰箱部门经理：今年手机部门会赢利。

彩电部门经理：如果冰箱部门今年赢利，那么彩电部门就不会赢利。

电脑部门经理：如果手机部门今年没赢利，那么电脑部门也没赢利。

手机部门经理：今年冰箱和彩电部门都会赢利。

全年数据统计完成后，发现上述四个预测只有一个符合事实。

关于该公司各部门的全年赢利情况，以下除哪项外，均可能为真？

A.彩电部门赢利，冰箱部门没赢利。

B.冰箱部门赢利，电脑部门没赢利。

C.电脑部门赢利，彩电部门没赢利。

D.冰箱部门和彩电部门都没赢利。

E.冰箱部门和电脑部门都赢利。

【解析】彩电部门经理的话"如果冰箱部门今年赢利，那么彩电部门就不会赢利"为一个充分条件命题，其矛盾命题为"前真且后假"，即"冰箱部门今年赢利，且彩电部门也会赢利"，与手机部门经理的话相一致。根据矛盾命题的性质，彩电部门经理与手机部门经理的话必定为一真一假；又根据已知条件"上述四个预测只有一个符合事实"，可以得出：这个唯一的符合预测的话只能在彩电部门经理与手机部门经理之中，其余人的话都是假的。所以，电脑部门经理的话与冰箱部门经理的话都是假的。电脑部门经理的话"如果手机部门今年没赢利，那么电脑部门也没赢利"是一个充分条件命题，其为假，则其矛盾命题一定真（注意：充分条件命题"如果P，那么Q"与"P且非Q"构成矛盾关系），即推出"手机部门今年没有赢利，但电脑部门赢利了"为真，这是一个联言命题，即推出"电脑部门赢利"为真，说明B项这个联言命题为假（注意：一个联言命题真，则其所有变项都为真；当一个变项假，则整个联言命题一定假），所以，B项一定假。A、C、D、E四项均为联言命题（两句话之间为并列关系），均不能确定真假，即有可能真。答案为B项。

2013-42 某金库发生了失窃案。公安机关侦查确定，这是一起典型的内盗案，可以断定金库管理员甲、乙、丙、丁中至少有一人是作案者。办案人员对四人进行了询问，四人的回答如下：

甲："如果乙不是窃贼，我也不是窃贼。"

乙："我不是窃贼，丙是窃贼。"

丙："甲或者乙是窃贼。"

丁："乙或者丙是窃贼。"

后来事实表明，他们四人中只有一人说了真话。

根据以上陈述，以下哪项一定为假？

A. 丙说的是假话。　　　B. 丙不是窃贼。　　　C. 乙不是窃贼。

D. 丁说的是真话。　　　E. 甲说的是真话。

【解析】 四人断定没有直接构成矛盾的，可采用假设法。假设乙是窃贼，可得出丙和丁都为真，与题干只有一真不符，所以乙不是窃贼；同理假设丙为窃贼，推出乙和丁的话为真，与题干不符，所以丙不是窃贼。所以，乙或丙是窃贼为假，即丁说假话，答案选D项。

三、演绎命题难度提升：演绎推理的综合推理题型

（一）两难推理假设法

2018-53 某国拟在甲、乙、丙、丁、戊、己6种农作物中进口几种，用于该国庞大的动物饲料产业。考虑到一些农作物可能会有违禁成分，以及它们之间存在的互补或可替代因素，该国对进口这些农作物有如下要求：

（1）它们当中不含违禁的都进口；

（2）如果甲或乙有违禁成分，就进口戊和己；

（3）如果丙含有违禁成分，那么丁就不进口了；

（4）如果进口戊，就进口乙和丁；

（5）如果不进口丁，就进口丙；如果进口丙，就不进口丁。

根据上述要求,以下哪项所列的农作物是该国可以进口的?

A. 甲、乙、丙。

B. 乙、丙、丁。

C. 甲、戊、己。

D. 甲、丁、己。

E. 丙、戊、己。

【解析】分析题干发现,丁出现频率最高,从丁开始假设。

题干需要进行两难假设,假设进口丁,则根据条件(5),得出丙不进口;根据条件(3),得出丙不含违禁成分;再根据条件(1),可得:丙要进口。我们发现,假设进口丁,得出了"丙要进口"与"丙不要进口"这样的逻辑矛盾,所以,假设进口丁不能成立,得出:丁不能进口。根据条件(4),推出结论:不进口戊;根据条件(2),推出结论:甲和乙都不含违禁成分;根据条件(1)得出:甲和乙可进口。正确答案为A项。

2011-52 在恐龙灭绝6 500万年后的今天,地球正面临着又一次物种大规模灭绝的危机。截至上个世纪末,全球大约有20%的物种灭绝。现在,大熊猫、西伯利亚虎、北美玳瑁、巴西红木等许多珍稀物种面临着灭绝的危险。有三位学者对此作了预测。

学者一:如果大熊猫灭绝,则西伯利亚虎也将灭绝;

学者二:如果北美玳瑁灭绝,则巴西红木不会灭绝;

学者三:或者北美玳瑁灭绝,或者西伯利亚虎不会灭绝。

如果三位学者的预测都为真,则以下哪项一定为假?

A. 大熊猫和北美玳瑁都将灭绝。

B. 巴西红木将灭绝,西伯利亚虎不会灭绝。

C. 大熊猫和巴西红木都将灭绝。

D. 大熊猫将灭绝,巴西红木不会灭绝。

E. 巴西红木将灭绝,大熊猫不会灭绝。

【解析】题干给出3个条件:(1)如果大熊猫灭绝,则西伯利亚虎也将灭绝;(2)如果北美玳瑁灭绝,则巴西红木不会灭绝;(3)北美玳瑁灭绝,或者西伯利亚虎不会灭绝。两种解题思路。思路1:根据条件(3),选言命题"或者"为真,意味着两个变项至少一个为真。分别假设两个变项为真:设北美玳瑁灭绝,根据条件(2),得出巴西红木不灭绝;再假设北美玳瑁不灭绝,根据条件(3),则西伯利亚虎不灭绝,根据条件(1),得出大熊猫不灭绝。根据两个假设可以得出:或者巴西红木不灭绝,或者大熊猫不灭绝为真。那么其矛盾命题:巴西红木灭绝且大熊猫灭绝一定为假。答案为C项。思路2:根据条件(1),如果大熊猫灭绝,则西伯利亚虎灭绝;根据条件(3),则北美玳瑁灭绝。即如果大熊猫灭绝,则北美玳瑁灭绝。再根据条件(2),则巴西红木不灭绝。归纳一下得出:如果大熊猫灭绝,则巴西红木不灭绝。这是一个充分条件的命题,其矛盾命题"P且非Q"一定为假。即"大熊猫灭绝且巴西红木灭绝"一定为假。C项一定假。

2014-44 某国大选在即，国际政治专家陈研究员预测：选举结果或者是甲党控制政府，或者是乙党控制政府。如果甲党赢得对政府的控制权，该国将出现经济问题；如果乙党赢得对政府的控制权，该国将陷入军事危机。

根据陈研究员上述预测，可以得出以下哪项？

A. 该国将出现经济问题，或者将陷入军事危机。

B. 如果该国陷入了军事危机，那么乙党赢得了对政府的控制权。

C. 如果该国出现经济问题，那么甲党赢得了对政府的控制权。

D. 该国可能不会出现经济问题，也不会陷入军事危机。

E. 如果该国出现了经济问题并且陷入了军事危机，那么甲党与乙党均赢得了对政府的控制权。

【解析】条件（1）：如果甲党赢得对政府的控制权，该国将出现经济问题；条件（2）：如果乙党赢得对政府的控制权，该国将陷入军事危机；条件（3）：或者是甲党控制政府，或者是乙党控制政府。把条件（3）代入条件（1）和条件（2），根据充分条件肯前则必肯后，可以推出：该国或者出现经济问题，或者陷入军事危机。A项一定真。

（二）从事实条件启动法

2018-33 "二十四节气"是我国在农耕社会生产生活的时间活动指南，反映了从春到冬一年四季的气温、降水、物候的周期性变化规律。已知各节气的名称具有如下特点：

（1）凡含"春""夏""秋""冬"字的节气各属春、夏、秋、冬季；

（2）凡含"雨""露""雪"字的节气各属春、秋、冬季；

（3）如果"清明"不在春季，则"霜降"不在秋季；

（4）如果"雨水"在春季，则"霜降"在秋季。

根据以上信息，如果从春至冬每季仅列两个节气，则以下哪项是不可能的？

A. 雨水、惊蛰、夏至、小暑、白露、霜降、大雪、冬至。

B. 惊蛰、春分、立夏、小满、白露、寒露、立冬、小雪。

C. 清明、谷雨、芒种、夏至、秋分、寒露、小雪、大寒。

D. 立春、清明、立夏、夏至、立秋、寒露、小雪、大寒。

E. 立春、谷雨、清明、夏至、处暑、白露、立冬、小雪。

【解析】已知4个条件中，条件（1）和条件（2）为确定条件。条件（2）和条件（4）都含有"雨水"。

根据条件（2），可知：雨水在春季；再根据条件（4），肯前必定肯后，得出：霜降在秋季；再根据条件（3），得出：清明在春季。E项清明在夏季，为不可能的选项。

2018-35 某市已开通运营一、二、三、四号地铁线路，各条地铁线每一站运行加停靠所需时间均彼此相同。小张、小王、小李三人是同一单位的职工，单位附近有北口地铁站。某天早晨，3人同时都在常青站乘一号线上班，但3人关于乘车路线的想法不尽相同。已知：

（1）如果一号线拥挤，小张就坐2站后转三号线，再坐3站到北口站；如果一号线不拥挤，小张就坐3站后转二号线，再坐4站到北口站。

（2）只有一号线拥挤，小王才坐2站后转三号线，再坐3站到北口站。

（3）如果一号线不拥挤，小李就坐4站后转四号线，坐3站之后再转三号线，坐1站到达北口站。

（4）该天早晨地铁一号线不拥挤。

假定三人换乘及步行总时间相同，则以下哪项最可能与上述信息不一致？

A. 小王和小李同时到达单位。

B. 小张和小王同时到达单位。

C. 小王比小李先到达单位。

D. 小李比小张先到达单位。

E. 小张比小王先到达单位。

【解析】从事实条件开始，已知条件（4）为确定条件，从条件（4）"一号线不拥挤"出发，根据已知条件（3），肯前必定肯后，可知：小李坐8站；根据已知条件（4）和已知条件（1），得出：小张坐7站。

根据已知条件所述"各条地铁线每一站运行加停靠所需时间均彼此相同"，可以得出：小李比小张多坐一站，要比小张晚到。所以，小李不可能比小张先到。答案为D项。

2017-31 张立是一位单身白领，工作5年积累了一笔存款，由于该笔存款金额尚不足以购房，他考虑将其暂时分散投资到股票、黄金、基金、国债和外汇5个方面。该笔存款的投资需要满足如下条件：

（1）如果黄金投资比例高于1/2，则剩余部分投入国债和股票；

（2）如果股票投资比例低于1/3，则剩余部分不能投入外汇或国债；

（3）如果外汇投资比例低于1/4，则剩余部分投入基金或黄金；

（4）国债投资比例不能低于1/6。

根据上述信息，可以得出以下哪项？

A. 国债投资比例高于1/2。

B. 外汇投资比例不低于1/3。

C. 股票投资比例不低于1/4。

D. 黄金投资比例不低于1/5。

E. 基金投资比例不低于1/6。

【解析】一般从事实条件出发。根据条件（4）可知"国债投资比例不能低于1/6"，即肯定有国债投资。根据条件（2）可知"股票投资低于1/3 → 不能投外汇且不能投国债"。条件（4）是对这个充分条件命题的后件的否定，否后必否前，得出：股票投资比例不低于1/3。那么，也必定不能低于1/4。正确答案C项。注意并非（P或者Q）＝非P且非Q，"剩余部分不能投入外汇或国债"等于"剩余部分不能投入外汇也不能投入国债"。

2017-51～52 题基于以下题干：

六一节快到了。幼儿园老师为班上的小明、小雷、小刚、小芳、小花等5位小朋友准备了红、橙、黄、绿、青、蓝、紫等7份礼物。已知所有礼物都送了出去，每份礼物只能由一人获得，每人最多获得两份礼物。另外，礼物派送还需满足以下要求：

（1）如果小明收到橙色礼物，则小芳会收到蓝色礼物；
（2）如果小雷没有收到红色礼物，则小芳不会收到蓝色礼物；
（3）如果小刚没有收到黄色礼物，则小花不会收到紫色礼物；
（4）没有人既能收到黄色礼物，又能收到绿色礼物；
（5）小明只收到橙色礼物，而小花只收到紫色礼物。

51. 根据上述信息，以下哪项可能为真？

A. 小明和小芳都收到两份礼物。
B. 小雷和小刚都收到两份礼物。
C. 小刚和小花都收到两份礼物。
D. 小芳和小花都收到两份礼物。
E. 小明和小雷都收到两份礼物。

【解析】条件（5）非常确定，根据条件（5），说明小明和小花不能收到两个礼物，所以排除小明和小花，那么A、C、D、E四项均被排除了，只有B项正确。

52. 根据上述信息，如果小刚收到两份礼物，则可以得出以下哪项？

A. 小雷收到红色和绿色两份礼物。
B. 小刚收到黄色和蓝色两份礼物。
C. 小芳收到绿色和蓝色两份礼物。
D. 小刚收到黄色和青色两份礼物。
E. 小芳收到青色和蓝色两份礼物。

【解析】根据条件（3）（5）得出，小刚收到黄色礼物，不会收到紫色礼物和橙色礼物；根据条件（4）得出，小刚不会收到绿色礼物；根据条件（1）（5）得出，小芳蓝色礼物，小刚不会收到蓝色礼物；根据条件（2）得出，小雷收到红色礼物，小刚不会收到红色礼物。因此，小刚的另一份礼物只能是青色。答案选D项。

列表更加清楚。

	红	橙	黄	绿	青	蓝	紫
小刚	×（条件2）	×（条件5）	✓（条件3）	×（条件5）		×（条件1）	×（条件5）

2012-31 临江市地处东部沿海，下辖临东、临西、江南、江北四个区。近年来，文化旅游产业成为该市新的经济增长点。2010 年，该市一共吸引全国数十万人次游客前来参观旅游。12 月底，关于该市四个区吸引游客人数多少的排名，各位旅游局长作了如下预测：

临东区旅游局长：如果临西区第三，那么江北区第四；

临西区旅游局长：只有临西区不是第一，江南区才第二；

江南区旅游局长：江南区不是第二；

江北区旅游局长：江北区第四。

最终的统计表明，只有一位局长的预测符合事实，则临东区当年吸引游客人次的排名是：

A. 第一。 B. 第二。 C. 第三。

D. 第四。 E. 在江北区之前。

【解析】采用假设法应当先寻找具有共同概念的命题来假设比较合适。"只有临西区不是第一，江南区才是第二"等价于"或者江南区不是第二，或者临西区不是第一"，这样的话就会发现"江南区不是第二"出现两次，故假设江南区旅游局长的话为真，则临西区旅游局长的后半段为假。根据必要条件命题的性质，当一个必要条件命题后件为假时，其前件不管真假，则推出其整个命题为真（必要条件的命题只在一种情况下为假，即前件为假，后件为真)，则推出：临西区局长的话也为真。推出两个局长的话为真，而这与已知条件只有一句真矛盾，故江南局长的话不可能为真（因为真就会导致矛盾）。所以推出：江南区是第二。

同理，设江北区局长的话为真，则临东区局长的话的后件为真。而一个充分条件的命题，当其后件为真时，前件不管真假，则其整个命题为真（一个充分条件的假言命题有且只在一种情况下为假：前件真且后件假），故设"江北区第四"为真，会导致临东区长的话为真，导致了两个命题真，和已知条件相矛盾，故"江北区第四"不可能真。

故临东和临西区局长两句话中有且只有一句话是真的。

首先假设临东区局长的预测为真，临西区局长的预测为假。当临东区局长的预测为真时，结合"江北区不是第四"可知：临西区不是第三。当临西区局长的预测为假时，可知：江南区是第二并且临西区是第一。再由"江北区不是第四"可知：江北区是第三。这样的话就可以确定临东区是第四。

然后假设临东区局长的预测为假，临西区局长的预测为真。当临东区局长的预测为假时，可知：临西区是第三并且江北区不是第四。结合江南区第二可知：江北区是第一。这样的话同样可以确定临东区是第四。

两种假设必定有一种是成立的，但无论是哪一种假设成立均可以得出临东区是第四的结论，因此，临东区是第四。

2012-53～55 题基于以下题干：

东宇大学公开招聘 3 个教师职位，哲学学院、管理学院和经济学院各一个。每个职位都有分别来自南山大学、西京大学、北清大学的候选人。有位"聪明"人士李先生对招聘结果作出了如下预测：

（1）如果哲学学院录用北清大学的候选人，那么管理学院录用西京大学的候选人；

（2）如果管理学院录用南山大学的候选人，那么哲学学院也录用南山大学的候选人；

（3）如果经济学院录用北清大学或者西京大学的候选人，那么管理学院录用北清大学的候选人。

53. 如果哲学学院、管理学院和经济学院最终录用的候选人的大学归属信息依次如下，则哪项符合李先生的预测？

A. 南山大学、南山大学、西京大学。

B. 北清大学、南山大学、南山大学。

C. 北清大学、北清大学、南山大学。

D. 西京大学、北清大学、南山大学。

E. 西京大学、西京大学、西京大学。

【解析】根据预测（1）"如果哲学学院录用北清大学的候选人，那么管理学院录用西京大学的候选人"，可排除B、C两项；根据预测（3），排除A项和E项；所以答案选D项。

54. 若哲学学院最终录用西京大学的候选人，则以下哪项表明李先生的预测错误？

A. 管理学院录用北清大学候选人。

B. 管理学院录用南山大学候选人。

C. 经济学院录用南山大学候选人。

D. 经济学院录用北清大学候选人。

E. 经济学院录用西京大学候选人。

【解析】管理学院录用南山大学候选人，再加上题干条件哲学学院最终录用西京大学的候选人，说明预测（2）为假。"P且非Q"为真，说明"如果P，则Q"为假。答案为B项。

55. 如果三个学院最终录用的候选人分别来自不同的大学，则以下哪项符合李先生的预测？

A. 哲学学院录用西京大学候选人，经济学院录用北清大学候选人。

B. 哲学学院录用南山大学候选人，管理学院录用北清大学候选人。

C. 哲学学院录用北清大学候选人，经济学院录用西京大学候选人。

D. 哲学学院录用西京大学候选人，管理学院录用南山大学候选人。

E. 哲学学院录用南山大学候选人，管理学院录用西京大学候选人。

【解析】快速解题法：李先生的三个预测都是充分条件假言命题，当后件为真时，前件不管真假，命题一定真。哲学学院录用南山大学的候选人，则预测（2）真；且预测（1）的前件假，则预测（1）一定真。管理学院录用北清大学的候选人，则预测（3）真。答案为B项。

本题可采用假设法。假设哲学学院录用北清大学的候选人，根据预测（1）推出管理学院录用西京大学的候选人；再根据预测（3），否后推出否前，推出经济学院录用南山大学的候选人。所以排除C项。

假设哲学学院录用西京大学的候选人，根据54题结果，可排除A项和D项。

假设哲学学院录用南山大学的候选人，则经济学院录用北清大学的或西京大学的候选人，根据预测（3）推出管理学院录用北清大学的候选人。B项符合。

2013-31～32 题基于以下题干：

互联网好比一个复杂多样的虚拟世界，每台联网主机上的信息又构成一个微观虚拟世界。若在某主机上可以访问本主机的信息，则称该主机相通于自身；若主机X能通过互联网访问主机Y的信息，则称X相通于Y。已知代号分别为甲、乙、丙、丁的四台联网主机有如下信息：

（1）甲主机相通于任一不相通于丙的主机；

（2）丁主机不相通于丙；

（3）丙主机相通于任一相通于甲的主机。

31. 若丙主机不相通于自身，则以下哪项一定为真？

A. 若丁主机相通于乙，则乙主机相通于甲。

B. 甲主机相通于丁，也相通于丙。

C. 甲主机相通于乙，乙主机相通于丙。

D. 只有甲主机不相通于丙，丁主机才相通于乙。

E. 丙主机不相通于丁，但相通于乙。

【解析】根据条件（1）得出：若一主机不相通于丙，则甲与其相通。根据条件（2）和条件（1）可知：甲相通于丁；再根据"丙不相通于丙自身"和条件（1），可知：甲相通于丙。B项正确。

32. 若丙主机不相通于任何主机，则以下哪项一定为假？

A. 乙主机相通于自身。

B. 丁主机不相通于甲。

C. 若丁主机不相通于甲，则乙主机相通于甲。

D. 甲主机相通于乙。

E. 若丁主机相通于甲，则乙主机相通于甲。

【解析】根据条件（3）"丙主机相通于任一相通于甲的主机"可以得出：如果一个主机相通于甲，则丙与其相通。由于"丙主机不相通于任何主机"，根据"否后则必定否前"，可以推出：没有相通于甲的主机，即丁主机不相通于甲，乙不相通于甲。在此基础上可知，选项C的前件"丁主机不相通于甲"为真，后件"乙主机相通于甲"为假，由于选项C为一个充分条件命题，前真后假时，命题本身一定假。（考点："如果P，那么Q"的矛盾命题为"P真且Q假"）

2016-35 某县县委关于下周一几位领导的工作安排如下：

（1）如果李副书记在县城值班，那么他就要参加宣传工作例会；

（2）如果张副书记在县城值班，那么他就做信访接待工作；

（3）如果王书记下乡调研，那么张副书记或李副书记就需在县城值班；

（4）只有参加宣传工作例会或做信访接待工作，王书记才不下乡调研；

（5）宣传工作例会只需分管宣传的副书记参加，信访接待工作也只需一名副书记参加。

根据上述工作安排，可以得出以下哪项？

A. 张副书记做信访接待工作。

B. 王书记下乡调研。

C. 李副书记参加宣传工作例会。

D. 李副书记做信访接待工作。

E. 张副书记参加宣传工作例会。

【解析】由条件（5）可知，"王书记不参加宣传例会也不参加信访接待"，根据条件（4）必要命题性质"否前就否后"推出"王书记下乡调研"，所以正确答案是 B 项。A、C、D、E 四项都不能必然推出。注意：推出结论题型的正确答案必须是能够有证据、有公式推出，可能真并不等于必然真。

（三）假设条件启动与高频条件启动

2015-34 张云、李华、王涛都收到了明年 2 月初赴北京开会的通知，他们可以选择乘坐飞机、高铁与大巴等交通工具到北京，他们对这次进京方式有如下考虑：

（1）张云不喜欢坐飞机，如果有李华同行，他就选择乘坐大巴；

（2）李华不计较方式，如果高铁要比飞机更便宜，他就选择乘坐高铁；

（3）王涛不在乎价格，除非预报二月初北京有雨雪天气，否则选择乘坐飞机；

（4）李华和王涛家相隔很近，如果航班时间合适，他们将同行乘坐飞机。

如果上述 3 人愿望得到满足，则可以得出以下哪项？

A. 如果李华没有选择乘坐高铁和飞机，则他肯定选择和张云一起乘坐大巴进京。

B. 如果王涛和李华乘坐飞机进京，则二月初北京没有雨雪天气。

C. 如果张云和王涛乘坐高铁，则二月初有雨雪天气。

D. 如果三人都乘坐飞机，则飞机要比高铁便宜。

E. 如果三人都乘坐大巴进京，则预报二月初北京有雨雪天气。

【解析】(1) 张云：李华同行→大巴；

(2) 李华：高铁比飞机便宜→高铁；

(3) 王涛：没有预报雨雪→飞机；

(4) 李华和王涛：航班合适→飞机。

由条件（3）知，王涛：没有乘坐飞机→预报雨雪。

然后拿选项进行代入推理：E 项一定真。如果"三人都坐大巴"，则说明王涛没有乘坐飞机，则根据条件（3），得出：预报二月初北京有雨雪天气。

如果 A 项代入，根据"李华没有坐高铁或飞机"，则一定会坐大巴，但推不出与张云同行，可真可假；B 项，如果王涛坐飞机，根据条件（3），推不出预报二月初北京有雨雪天的必然真假；C 项，如果张云和王涛乘坐高铁，则根据条件（3）推出"预报"北京二月初有雨雪天气，但不代表就"有"；D 项真则说明李华没有乘坐高铁，由条件（2）知：并非高铁比飞机便宜，可以是飞机比高铁便宜或者一样价钱，因此，D 项不一定真假。

2015-43 为防御电脑受病毒侵袭，研究人员开发了防御病毒、查杀病毒的程序，前者启动后能使程序运行免受病毒侵袭，后者启动后能迅速查杀电脑中可能存在的病毒。某台电脑上现装有甲、乙、丙三种程序。已知：

（1）甲程序能查杀目前已知所有病毒；

（2）若乙程序不能防御已知的一号病毒，则丙程序也不能查杀该病毒；

（3）只有丙程序能防御已知的一号病毒，电脑才能查杀目前已知的所有病毒；

（4）只有启动甲程序，才能启动丙程序。

根据上述信息可以得出以下哪项：

A. 只有启动丙程序，才能防御并查杀一号病毒。

B. 只有启动乙程序，才能防御并查杀一号病毒。

C. 如果启动丙程序，就能防御并查杀一号病毒。

D. 如果启动了乙程序，那么不必启动丙程序也能查杀一号病毒。

E. 如果启动了甲程序，那么不必启动乙程序也能查杀所有病毒。

【解析】根据条件（4），启动丙→启动甲；根据条件（1），甲能查杀已知的所有病毒，故可以查杀已知的一号病毒；根据条件（3），丙能防御已知一号病毒。所以，C 项一定真。E 项需要注意"所有已知病毒"与"所有病毒"这两个概念之间的区别。A 项不一定真，因为由 C 项可知，启动丙程序为"防御并查杀一号病毒"的充分条件，而非必要条件。

2017-41 颜子、曾寅、孟申、荀辰申请一个中国传统文化建设项目。根据规定，该项目的主持人只能有一名，且在上述 4 位申请者中产生；包括主持人在内，项目组成员不能超过两位。另外，各位申请者在申请答辩时做出如下陈述：

（1）颜子：如果我成为主持人，将邀请曾寅或荀辰作为项目组成员；

（2）曾寅：如果我成为主持人，将邀请颜子或孟申作为项目组成员；

（3）荀辰：只有颜子成为项目组成员，我才能成为主持人；

（4）孟申：只有荀辰或颜子成为项目组成员，我才能成为主持人。

假定 4 人陈述都为真，关于项目组成员的组合，以下哪项是不可能的？

A. 孟申、曾寅。

B. 荀辰、孟申。

C. 曾寅、荀辰。

D. 颜子、孟申。

E. 颜子、荀辰。

【解析】问题为"以下哪项是不可能的？"这样的综合推理一般可以把选项进行代入。把每个选项代入题干条件，只有 C 项不符合。

分析：C 项代入，曾寅与荀辰组合，两种可能性：第一种可能性，如果曾寅为主持，则荀辰为成员，已经有两人，根据条件（2），还要邀请颜子或孟申中的至少一个，加起来就至少 3 人了，违背已知条件，不能成立；第二种可能性，如果荀辰为主持，则根据条件（3），颜子一定是成员，再加上曾寅，一共 3 人，违背已知条件。所以，C 项的组合不可能成立，答案为 C 项。

D 项可能。如果颜子为主持，则要邀请曾寅或荀辰为组员，加上 D 项的孟申，超过了 2 人，不符合条件；但是，如果孟申为主持，则可以组合，因为根据条件（4），他可以邀请颜子为组员，符合已知条件。所以，D 项的组合是可能存在的。

其余选项均以此类推。

（四）欧拉图与逻辑序列的综合

2013-43 所有参加此次运动会的选手都是身体强壮的运动员，所有身体强壮的运动员都是极少生病的，但是有一些身体不适的选手参加了此次运动会。

以下选项不能从上述前提中得出？

A. 有些身体不适的选手是极少生病的。

B. 极少生病的选手都参加了此次运动会。

C. 有些极少生病的选手感到身体不适。

D. 有些身体强壮的运动员感到身体不适。

E. 参加此次运动会的选手都是极少生病的。

【解析】题干条件可化为：（1）参加运动会→身体强壮→极少生病；（2）有些身体不适的参加了运动会。根据直言命题推理规则，A、C、D、E 四项都可以明显推出，B 项明显不能推出。

2014-48 兰教授认为：不善于思考的人不可能成为一名优秀的管理者，没有一个谦逊的智者学习占星术，占星家均学习占星术，但是有些占星家却是优秀的管理者。

以下哪项如果为真，最能反驳兰教授的上述观点？

A. 有些占星家不是优秀的管理者。

B. 有些善于思考的人不是谦逊的智者。

C. 所有谦逊的智者都是善于思考的人。

D. 谦逊的智者都不是善于思考的人。

E. 善于思考的人都是谦逊的智者。

【解析】已知条件（1）不善思→不优秀；条件（2）谦逊→不学；条件（3）占星家→学；

条件（4）有些占星家→优秀。

根据条件（1）(4) 得出：有些占星家→优秀→善思＝有些善思的是占星家。

根据条件（2）(3) 得出：占星家→学占星术→不谦逊。

这两条逻辑链可以连接并简化成：有些善思→不谦逊。其矛盾：所有善思→谦逊。E 项如果真，则题干得出的结论一定为假，正确选项为 E 项。

2018-50 最终审定的项目或者意义重大或者关注度高，凡意义重大的项目均涉及民生问题，但是有些最终审定的项目并不涉及民生问题。

根据以上陈述，可以得出以下哪项？

A. 意义重大的项目比较容易引起关注。

B. 有些项目意义重大但是关注度不高。

C. 涉及民生问题的项目有些没有引起关注。

D. 有些项目尽管关注度高但并非意义重大。

E. 有些不涉及民生问题的项目意义也非常重大。

【解析】根据条件（3）"有些最终审定项目不涉及民生"和条件（2）"凡意义重大项目均涉及民生"，可以推出结论（1）：有些最终审定项目不是意义重大的。

再根据条件（1）"最终审定的项目或者意义重大或者关注度高"，可以得出结论（2）：有些最终审定项目关注度高。

最后，根据结论（1）和（2）可以得出：有些最终审定的项目不是意义重大的，但是关注度高。"最终审定的项目"也是项目，所以，D 项一定真。

2014-53～55 题基于以下题干：

孔智、孟睿、荀慧、庄聪、墨灵、韩敏 6 人组成一个代表队参加某次棋类大赛，其中两人参加围棋比赛，两人参加中国象棋比赛，还有两人参加国际象棋比赛。有关他们具体参加比赛项目的情况还需满足以下条件：

（1）每位选手只能参加一个比赛项目；

（2）孔智参加围棋比赛，当且仅当，庄聪和孟睿都参加中国象棋比赛；

（3）如果韩敏不参加国际象棋比赛，那么墨灵参加中国象棋比赛；

（4）如果荀慧参加中国象棋比赛，那么庄聪不参加中国象棋比赛；

（5）荀慧和墨灵至少有一人不参加中国象棋比赛。

53. 如果荀慧参加中国象棋比赛，那么可以得出以下哪项？

A. 庄聪和墨灵都参加围棋比赛。

B. 孟睿参加围棋比赛。

C. 孟睿参加国际象棋比赛。

D. 墨灵参加国际象棋比赛。

E. 韩敏参加国际象棋比赛。

【解析】如果荀慧参加中国象棋比赛，根据条件（5）可知，墨灵不能参加中国象棋比赛；再根据条件（3）的逆否推理可得：韩敏参加国际象棋比赛，E项正确。

54. 如果庄聪和孔智参加相同的比赛项目，且孟睿参加了中国象棋比赛，那么可以得出以下哪项？

A. 墨灵参加国际象棋比赛。

B. 庄聪参加中国象棋比赛。

C. 孔智参加围棋比赛。

D. 荀慧参加围棋比赛。

E. 韩敏参加中国象棋比赛。

【解析】如果庄聪和孔智参加相同的比赛项目，根据条件（2），两人只能参加国际象棋比赛，排除B、C两项；由于每项只有两人，韩敏不参加国际象棋比赛，根据条件（3），肯前必肯后，得出墨灵参加中国象棋比赛，排除A项；又因为孟睿参加国际象棋比赛且每项比赛只有两人参加，排除E项。答案为D项。

55. 根据题干信息，以下哪项可能为真？

A. 庄聪和韩敏参加中国象棋比赛。

B. 韩敏和荀慧参加中国象棋比赛。

C. 孔智和孟睿参加围棋比赛。

D. 墨灵和孟睿参加围棋比赛。

E. 韩敏和孔智参加围棋比赛。

【解析】问题问的是可能为真的选项，则可以拿选项代入。如果A、B两项为真都会导致违反条件（3）；C项为真导致违反条件（2）；E项为真导致条件（2）（3）同时后件成立，违反了条件"两人参加中国象棋比赛"。只有D项可能真。

第四章 分析性综合推理（必考分值：14—20分）

一、数学计算、分析条件归纳类比得出结论

2018-44 中国是全球最大的卷烟生产国和消费国，但近年来政府通过出台禁烟令、提高卷烟消费税等一系列公共政策努力改变这一形象。一项权威调查数据显示，在2014年同比上升2.4%之后，中国卷烟消费量在2015年同比下降了2.4%，这是1995年来首次下降。尽管如此，2015年中国卷烟消费量仍占全球的45%，但这一下降对全球卷烟总消费量产生巨大影响，使其同比下降了2.1%。

根据以上信息，可以得出以下哪项？

A. 2015年发达国家卷烟消费量同比下降比率高于发展中国家。
B. 2015年世界其他国家卷烟消费量同比下降比率低于中国。
C. 2015年世界其他国家卷烟消费量同比下降比率高于中国。
D. 2015年中国卷烟消费量大于2013年。
E. 2015年中国卷烟消费量恰好等于2013年。

【解析】2015年中国卷烟的消费量下降2.4%，全球卷烟消费量下降2.1%，说明B项为真。

2014-52 现有甲、乙两所高校，根据上年度的教育经费实际投入统计，若仅仅比较在校本科生的学生人均投入经费，甲校等于乙校的86%；但若比较所有学生（本科生加上研究生）的人均经费投入，甲校是乙校的118%。各校研究生的人均经费投入均高于本科生。

根据以上信息，最可能得出以下哪项？

A. 上年度，甲校学生总数多于乙校。
B. 上年度，甲校研究生人数少于乙校。
C. 上年度，甲校研究生占该校学生的比例高于乙校。
D. 上年度，甲校研究生人均经费投入高于乙校。
E. 上年度，甲校研究生占该校学生的比例高于乙校，或者甲校研究生人均经费投入高于乙校。

【解析】仅算本科生人均投入经费，甲校远少于乙校。但加上研究生经费后，所有学生人均投入经费，却是甲校多于乙校。这说明，上年度甲校研究生占该校学生的比例高于乙校，或者甲校研究生人均经费投入高于乙校。E项真。其实从选项也能分析出答案，如果选C项，一定选E项，如果选D项，一定选E项。题干比较的是学生人均经费投入，不能从中得出关于学生人数的断定，因此A、B两项不能从题干中得出，排除。

2015-41～42 题干以下题干：

某大学运动会即将召开，经管学院拟组建一支12人的代表队参赛，参赛队员将从该院4个年级学生中选拔。学校规定：每个年级须在长跑、短跑、跳高、跳远、铅球等5个项目中

选 1～2 项参加比赛，其余项目可任意选择；一个年级如果选择长跑，就不能选短跑或跳高；一个年级如果选跳远，就不能选长跑或铅球；每名队员只能参加一项比赛。已知该院：

（1）每个年级均有队员被选拔进入代表队；

（2）每个年级被选拔进入代表队的人数各不相同；

（3）有两个年级的队员人数相乘等于另一个年级的队员人数。

41. 根据以上信息一个年级最多可选拔

A. 8 人。

B. 7 人。

C. 6 人。

D. 5 人。

E. 4 人。

【解析】问一个年级最多选拔人数，可通过假设代入进行排除：

如果 A 项真，一个年级有 8 人，则另外三个年级一共有 4 人，只能分别为 1 人、1 人、2 人，与条件（2）矛盾，不成立。

如果 B 项真，一个年级有 7 人，则另外三个年级一共有 5 人，只能分别为 1 人、1 人、3 人或者 1 人、2 人、2 人，与条件（2）矛盾，不成立。

如果 C 项真，一个年级有 6 人，则另外三个年级一共有 6 人，可以分别为 1 人、2 人、3 人，满足条件（1）(2)(3)，可以成立。所以答案为 C 项。

42. 如果某年级队员人数不是最少的，且选择长跑，那么对该年级来说，以下哪项不可能？

A. 选择铅球或跳远。

B. 选择短跑或铅球。

C. 选择短跑或跳远。

D. 选择长跑或跳高。

E. 选择铅球或跳高。

【解析】已知条件分析如下：

每个年级须在长跑、短跑、跳高、跳远、铅球等 5 个项目中选 1～2 项参加比赛。

长跑→¬（短跑∨跳高）=长跑→¬短跑∧¬跳高。

跳远→¬（长跑∨铅球）。

该年级队员如果选择长跑，则没有选择短跑、跳高和跳远，故选短跑或跳远必然为假，选 C 项。

2016-29 古人以干支纪年。甲乙丙丁戊己庚辛壬癸为十干，也称天干；子丑寅卯辰巳午未申酉戌亥为十二支，也称地支。依次以天干配地支，如甲子、乙丑、丙寅……癸酉、甲戌、乙亥、丙子等，六十年重复一次，俗称六十花甲子。根据干支纪年，公元 2014 年为甲午年，公元 2015 年为乙未年。

根据以上陈述，可以得出以下哪项？

A. 现代人已不用干支纪年。

B. 21 世纪会有甲丑年。

C. 干支纪年有利于农事。

D. 根据干支纪年，公元 2024 年为甲寅年。

E. 根据干支纪年，公元 2087 年为丁未年。

【解析】条件（1）天干 10 次一个循环；条件（2）地支 12 次一个循环；条件（3）甲子 60 年重复一次；条件（4）公元 2014 年为甲午年，公元 2015 年为乙未年。综合条件（3）和条件（4）可知：2015＋60＝2075 年，为乙未年；综合条件（1）可知：2085 年天干为"乙"（+10），根据天干顺序可知 2087 年天干为"丁"（2085+2）；根据 2075 年为乙未年，综合条件（2）可知 2087 年地支为"未"（12 年一个循环），答案为 E 项。

2017-37 很多成年人对于儿时熟悉的《唐诗三百首》中的许多名诗，常常仅记得几句名句，而不知诗作者或诗名。甲校中文系硕士生只有三个年级，每个年级人数相等。统计发现，一年级学生都能把该书中的名句与诗名及其作者对应起来；二年级 2/3 的学生能把该书中的名句与作者对应起来；三年级 1/3 的学生不能把该书中的名句与诗名对应起来。

根据上述信息，关于该校中文系硕士生，可以得出以下哪项？

A. 1/3 以上的一、二年级学生不能把该书中的名句与作者对应起来。

B. 1/3 以上的硕士生不能将该书中的名句与诗名或作者对应起来。

C. 大部分硕士生能将书中的名句与诗名及其作者对应起来。

D. 2/3 以上的一、三年级学生能把该书中的名句与诗名对应起来。

E. 2/3 以上的一、二年级学生不能把该书中的名句与诗名对应起来。

【解析】条件先分析清楚，找到规律与考点，利用归纳法进行求同归纳。

（1）每个年级人数相等；

（2）所有一年级学生可以把诗的名字、名句、作者对应；

（3）二年级 2/3 的学生可以把名句和作者对应；

（4）三年级 1/3 的学生不能把名句和诗名对应起来 ＝ 三年级 2/3 的学生能把名句和诗名对应起来。

根据条件（2）(4) 求同归纳得出：一、三年级中至少 2/3 以上的学生可以把名句和诗名对应起来。D 项正确。

2011-42 按照联合国开发计划署 2007 年的统计，挪威是世界上居民生活质量最高的国家，欧美和日本等发达国家也名列前茅。如果统计 1990 年以来生活质量改善最快的国家，发达国家则落后了。至少在联合国开发计划署统计的 116 个国家中，17 年来，非洲东南部国家莫桑比克的生活质量提高最快，2007 年其生活质量指数比 1990 年提高了 50%。很多非洲国家取得了和莫桑比克类似的成就。作为世界上最受瞩目的发展中国家,中国的生活质量指数在过去 17 年中也提高了 27%。

以下哪项可以从联合国开发计划署的统计中得出?

A. 2007 年,发展中国家的生活质量指数都低于西方国家。

B. 2007 年,莫桑比克的生活质量指数不高于中国。

C. 2006 年,日本的生活质量指数不高于中国。

D. 2006 年,莫桑比克的生活质量的改善快于非洲其他各国。

E. 2007 年,挪威的生活质量指数高于非洲各国。

【解析】题干给的条件都是 2007 年的生活质量统计数字,已知条件(1)挪威是世界上生活质量最高的;条件(2)莫桑比克生活质量指数比 1990 年提高 50%,还有一些非洲国家与其类似;条件(3)中国也比过去提高了 27%。A 项不一定能推出,题干未涉及所有发展中国家;B 项不一定能推出,因为没有基数的百分比没有比较绝对值的可能;C 项不一定推出,题干没有中国与日本的比较;D 项不一定推出,因为题干说"类似的成就";E 项一定真,因为根据已知条件(1),可知 2007 年挪威的生活质量指数最高。

2018-27 盛夏时节的某一天,某市早报刊载了由该市专业气象台提供的全国部分城市当天天气预报,择其内容列表如下:

天津	阴	上海	雷阵雨	昆明	小雨
呼和浩特	阵雨	哈尔滨	少云	乌鲁木齐	晴
西安	中雨	南昌	大雨	香港	多云
南京	雷阵雨	拉萨	阵雨	福州	阴

根据上述信息,以下哪项作出的论断最为准确?

A. 由于所列城市盛夏天气变化频繁,所以上面所列的 9 类天气一定就是所有的天气类型。

B. 由于所列城市并非我国的所有城市,所以上面所列的 9 类天气一定不是所有的天气类型。

C. 由于所列城市在同一天不一定展示所有的天气类型,所以上面所列的 9 类天气可能不是所有的天气类型。

D. 由于所列城市在同一天可能展示所有的天气类型,所以上面所列的 9 类天气一定是所有的天气类型。

E. 由于所列城市分处我国的东南西北中,所以上面所列的 9 类天气一定就是所有的天气类型。

【解析】推出最可能结论题型,除了演绎推理题型外,一般不能使用过于绝对化词语。注意语气词与题干关键词,其他选项的语气词"一定"等都过于绝对了,C 项中用的"不一定""可能"等词语比较合理,C 项正确。

二、位置问题

解题技巧：分析条件；画图；确定已知位置。

2018-47～48 题基于以下题干：

一江南园林拟建松、竹、梅、兰、菊 5 个园子。该园林拟设东、南、北 3 个门，分别位于其中 3 个园子。这 5 个园子的布局满足如下条件：

（1）如果东门位于松园或菊园，那么南门不位于竹园；

（2）如果南门不位于竹园，那么北门不位于兰园；

（3）如果菊园在园林的中心，那么它与兰园不相邻；

（4）兰园与菊园相邻，中间连着一座美丽的廊桥。

47. 根据以上信息，可以得出以下哪项？

A. 兰园不在园林的中心。

B. 菊园不在园林的中心。

C. 兰园在园林的中心。

D. 菊园在园林的中心。

E. 梅园不在园林的中心。

【解析】根据条件（4）中的确定条件"兰园与菊园相邻"，再根据已知条件（3），否后必定否前，可知：菊园不在中心。正确答案为 B 项。

48. 如果北门位于兰园，则可以得出以下哪项？

A. 南门位于菊园。　　　　B. 东门位于竹园。

C. 东门位于梅园。　　　　D. 东门位于松园。

E. 南门位于梅园。

【解析】分析性综合推理题型，一般从"确定已知条件或者假设条件"开始进行推理，分析条件。把确定条件代入，即可推出。

根据已知信息，北门位于兰园，根据条件（2）得出：南门位于竹园；根据条件（1）得出：东门不位于松园和菊园。故东门位于梅园，C 项正确。

2013-38 张霞、李丽、陈露、邓强和王硕一起坐火车去旅游，他们正好在同一车厢相对两排的五个座位上，每人各坐一个位置。第一排的座位按顺序分别记作 1 号和 2 号，第二排的座位按序号记为 3、4、5 号。座位 1 和座位 3 直接相对，座位 2 和座位 4 直接相对，座位 5 不和上述任何座位直接相对。李丽坐在 4 号位置；陈露所坐的位置不与李丽相邻，也不与邓强相邻（相邻指同一排上紧挨着）；张霞不坐在与陈露直接相对的位置上。

根据以上信息，张霞所坐的位置有多少种可能的选择？

A. 1 种。　　　　B. 2 种。　　　　C. 3 种。

D. 4 种。　　　　E. 5 种。

【解析】直接列表。

1	2	
3	4 李	5

由于李丽坐 4 号,且陈露不与李丽相邻,则陈露应坐 1 号或 2 号,邓强坐 3 号或 5 号。由于张霞不坐在与陈露相对的位置上,则张霞坐 1 号或 2 号两种情况符合题干条件;张霞坐 5 号也符合题干条件;当陈露坐 2 号时,张霞坐 3 号,也符合题干条件。所以张霞可以坐 1 号、2 号、3 号及 5 号,即有 4 种可能的选择。D 项正确。

2015-28 甲、乙、丙、丁、戊和己 6 人围坐在一张正六边形的小桌前,每边各坐一人。已知:(1) 甲与乙正面相对;(2) 丙与丁不相邻,也不正面相对。如果乙与己不相邻,则以下哪一项为真?

A. 戊与己相邻。

B. 甲与丁相邻。

C. 己与乙正面相对。

D. 如果甲与戊相邻,则丁与己正面相对。

E. 如果丙与戊不相邻,则丙与己相邻。

【解析】本题用画图法辅助解题。把已知条件(1)(2)代入,可画图如下:

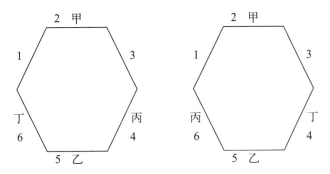

根据已知条件把图画出,根据条件(2),可以得出丙和丁只能在 4 和 6 的位置上,如图两种可能性,再把提问所给条件"乙与己不相邻"代入,则己只能在 1 或 3 的位置上,那么,A、B、C 三项一定假。

如果选项有"如果"这种补充条件的选项,应该优先进行代入。D 项,若甲与戊相邻,则己与丁可能正面相对,也可能不正面相对,排除;E 项,若丙与戊不相邻,则戊只能在丙的对面,则己与丙相邻,一定正确。

2017-47 某著名风景区有"妙笔生花""猴子观海""仙人晒靴""美人梳妆""阳关三叠""禅心向天"等 6 个景点。为方便游人,景区提示如下:

(1) 只有先游"猴子观海",才能游"妙笔生花";

(2) 只有先游"阳关三叠",才能游"仙人晒靴";

(3) 如果游"美人梳妆",就要先游"妙笔生花";

(4) "禅心向天"应第4个游览,之后才可游览"仙人晒靴"。

张先生按照上述提示,顺利游览了上述6个景点。

根据上述信息,关于张先生的游览顺序,以下哪项不可能为真?

A. 第一个游览"猴子观海"。

B. 第二个游览"阳关三叠"。

C. 第三个游览"美人梳妆"。

D. 第五个游览"妙笔生花"。

E. 第六个游览"仙人晒靴"。

【解析】题目考查不可能真的选项,即拿选项代入排除。先列出已知条件,并进行逻辑序列整理。

1	2	3	4	5	6
			禅心(条件4)	仙	仙

根据条件(1)(3)可知:"猴子观海"先于"妙笔生花","妙笔生花"先于"美人梳妆";根据条件(4)"禅心向天"第4,之后才能"仙人晒靴",可以知道:"仙人晒靴"只能在5或6;根据条件(2)知先"阳关三叠"才能"仙人晒靴"。如果D项真,则"妙笔生花"在5,那么后面只有一个6的位置,无法同时满足放"美人梳妆"和"仙人晒靴",D项不可能真。

2011-43 某次认知能力测试,刘强得了118分,蒋明的得分比王丽高,张华和刘强的得分之和大于蒋明和王丽的得分之和,刘强的得分比周梅高;此次测试120分以上为优秀,五人之中有两人没有达到优秀。

根据以上信息,以下哪项是上述五人在此次测试中得分由高到低的排列?

A. 张华、王丽、周梅、蒋明、刘强。

B. 张华、蒋明、王丽、刘强、周梅。

C. 张华、蒋明、刘强、王丽、周梅。

D. 蒋明、张华、王丽、刘强、周梅。

E. 蒋明、王丽、张华、刘强、周梅。

【解析】题干给的条件:(1)刘强118分;(2)蒋明的得分比王丽高;(3)张华+刘强>蒋明+王丽;(4)刘强比周梅高;(5)120分以上优秀,3人优秀,2人不优秀。根据条件(1)和(5),得出:刘强不优秀;再根据条件(4),得出:周梅不优秀;再根据条件(5),得出:周梅得分最低,刘强得分次低。因此,排除A、C两项。根据条件(2)和(3),得出:张华得分一定高于蒋明和王丽。因此,张华得分最高,排除D、E两项。综上,答案为B项。

三、对应、网络、分组等排列组合问题

解题技巧：分析条件；列表；确定已知条件；找到启动条件：代入排除或假设排除

2018-38 某学期学校新开设4门课程："《诗经》鉴赏""老子研究""唐诗鉴赏""宋词选读"。李晓明、陈文静、赵珊珊和庄志达4人各选修了其中一门课程。已知：

（1）他们4人选修的课程各不相同；

（2）喜爱诗词的赵珊珊选修的是诗词类课程；

（3）李晓明选修的不是"《诗经》鉴赏"就是"唐诗鉴赏"。

以下哪项如果为真，就能确定赵珊珊选修的是"宋词选读"？

A. 庄志达选修的不是"宋词选读"。

B. 庄志达选修的是"老子研究"。

C. 庄志达选修的不是"老子研究"。

D. 庄志达选修的是"《诗经》鉴赏"。

E. 庄志达选修的不是"《诗经》鉴赏"。

【解析】要得出赵珊珊选修的是"宋词选读"，根据条件（2），只需要"唐诗鉴赏和《诗经》鉴赏都被选了"。根据条件（3）可知：李晓明选了"唐诗鉴赏"和"《诗经》鉴赏"中的一个。当有人选了"唐诗鉴赏"和"《诗经》鉴赏"中的一个时，李晓明一定会选另一个。而D选项给出庄志达选了"《诗经》鉴赏"，进而可知李晓明选了"唐诗鉴赏"，这样的话就可以得出赵珊珊选修的是"宋词选读"。

2018-30～31 题基于以下题干：

某工厂有一员工宿舍住了甲、乙、丙、丁、戊、己、庚7人，每人每周需轮流值日一天，且每天仅安排一人值日。他们值日的安排还需满足以下条件：

（1）乙周二或周六值日；

（2）如果甲周一值日，那么丙周三值日且戊周五值日；

（3）如果甲周一不值日，那么己周四值日且庚周五值日；

（4）如果乙周二值日，那么己周六值日。

30. 根据以上条件，如果丙周日值日，则可以得出以下哪项？

A. 甲周日值日。 B. 乙周六值日。 C. 丁周二值日。

D. 戊周二值日。 E. 己周五值日。

【解析】根据条件（2），如果丙周日值日，即丙不在周三值日，否后必定否前，那么甲不在周一值日；又根据条件（3），肯前必然肯后，则己周四值日且庚周五值日；又根据条件（4），因为己不在周六值日，否后必定否前，则乙不在周二值日；根据条件（1），乙在周六值日。答案选B项。

31. 如果庚周四值日，那么以下哪项一定为假？

A. 甲周一值日。　　B. 乙周六值日。　　C. 丙周三值日。

D. 戊周日值日。　　E. 己周二值日。

【解析】分析性综合推理题型，一般从"确定已知条件或者假设条件"开始进行推理。根据提问所给条件"庚周四值日"，又根据条件（3），否后必定否前，得出：甲周一值日；再根据条件（2），肯前必定肯后，得出：戊周五值日。所以 D 项一定为假，答案为 D 项。

2017-33～34 丰收公司邢经理需要在下个月赴湖北、湖南、安徽、江西、江苏、浙江、福建 7 省进行市场需求调研，各省均调研一次。他的行程需满足如下条件：

（1）第一个或最后一个调研江西省；

（2）调研安徽省的时间早于浙江省，在这两省的调研之间调研除了福建省的另外两省；

（3）调研福建省的时间安排在调研浙江省之前或刚好调研完浙江省之后；

（4）第三个调研江苏省。

33. 如果邢经理首先赴安徽省调研，则关于他的行程，可以确定以下哪项？

A. 第二个调研湖北省。

B. 第二个调研湖南省。

C. 第五个调研福建省。

D. 第五个调研湖北省。

E. 第五个调研浙江省。

【解析】首赴安徽，根据条件（1）可知，最后一个调研江西省；根据条件（4），江苏省第三；根据条件（2），安徽省和浙江省中间有两个省；根据条件（3）可得，福建省排第五。答案为 C 项。列表如下：

1	2	3	4	5	6	7
安徽		江苏	浙江	福建		江西

34. 如果安徽省是邢经理第二个调研的省份，则关于他的行程，可以确定以下哪项？

A. 第一个调研江西省。

B. 第四个调研湖北省。

C. 第五个调研浙江省。

D. 第五个调研湖南省。

E. 第六个调研福建省。

【解析】把已知条件代入表格，我们发现，无论怎么排列，浙江省一定在第五个。

1	2	3	4	5	6	7
江西	安徽	江苏		浙江	福建	
福建	安徽	江苏		浙江		江西

所以，答案为 C 项。

2018-40～41 题基于以下题干：

某海军部队有甲、乙、丙、丁、戊、己、庚7艘舰艇，拟组成两个编队出航，第一编队编列3艘舰艇，第二编队编列4艘舰艇。编列需满足以下条件：

（1）航母己必须编列在第二编队；

（2）戊和丙至多有一艘编列在第一编队；

（3）甲和丙不在同一编队；

（4）如果乙编列在第一编队，则丁也必须编列在第一编队。

40. 如果甲在第二编队，则下列哪项中的舰艇一定也在第二编队？

A. 乙。

B. 丙。

C. 丁。

D. 戊。

E. 庚。

【解析】总共两个编队，根据提问所给条件，已知"甲2"，根据已知条件（3），得出：丙1；再根据已知条件（2），得出：戊2。正确答案为D项。

41. 如果丁和庚在同一队，则可以得出以下哪项？

A. 甲在第一编队。

B. 乙在第一编队。

C. 丙在第一编队。

D. 戊在第二编队。

E. 庚在第二编队。

【解析】总共两个编队，根据提问所给条件"丁和庚在同一编队"，则根据已知条件（3），则"丁和庚"两艘舰艇一定要和"甲和丙"中的一个编为一队。

根据两难假设思路，假设"丁和庚在第一编队"，则剩余的乙、戊、己一定在第二编队；假设"丁和庚在第二编队"，加上甲和丙中的一个，加上已知条件（1），得出第二编队已经有4个，满员；但根据条件（4），丁不在第一编队，则否后必定否前，乙必须在第二编队，则第二编队就有5艘了，产生矛盾了。所以，第二个假设并不能成立，丁和庚只能是第一编队。则D项一定正确。

2013-54～55 题基于以下题干：

晨曦公园拟在园内东、南、西、北四个区域种植四种不同的特色树木，每个区域只种植一种。选定的特色树种为：水杉、银杏、乌桕、龙柏。布局的基本要求是：

（1）如果在东区或者南区种植银杏，那么在北区不能种植龙柏或乌桕。

（2）北区或东区要种植水杉或者银杏之一。

54. 根据上述种植要求，如果北区种植龙柏，以下哪项一定为真？

A. 西区种植水杉。　　B. 南区种植乌桕。　　C. 南区种植水杉。

D. 西区种植乌桕。　　E. 东区种植乌桕。

【解析】当北区种植龙柏时，根据条件（1）可知东区和南区都不种银杏，此时北区和东区都不种银杏，根据条件（2），当北区种龙柏，东区不种银杏时，可以得出东区种水杉，树木只剩下银杏和乌桕，但是已经确定了南区不种银杏，因此，南区种乌桕，西区种银杏，故答案为 B 项。

55. 根据上述种植要求，如果水杉必须种植于西区或南区，以下哪项一定为真？

A. 南区种植水杉。　　B. 西区种植水杉。　　C. 东区种植银杏。

D. 北区种植银杏。　　E. 南区种植乌桕。

【解析】由水杉必须种植于西区或南区，结合条件（2）可推出北区或东区种植银杏。假设东区种植银杏，则结合条件（1）推出北区不能种植龙柏或乌桕，水杉种植在西区或南区，推出北区四种均不能种植，与题干条件不符，所以东区不能种植银杏，即北区种植银杏。答案为 D 项。

2013-28 某省大力发展旅游产业，目前已经形成东湖、西岛、南山三个著名景点，每处景点都有二日游、三日游、四日游三种线路。李明、王刚、张波拟赴上述三地进行 9 日游，每个人都设计了各自的旅游计划。后来发现，每处景点他们三人都选择了不同的线路：李明赴东湖的计划天数与王刚赴西岛的计划天数相同，李明赴南山的计划是三日游，王刚赴南山的计划是四日游。

根据以上陈述，可以得出以下哪项？

A. 李明计划东湖二日游，王刚计划西岛二日游。

B. 王刚计划东湖三日游，张波计划西岛四日游。

C. 张波计划东湖四日游，王刚计划西岛三日游。

D. 张波计划东湖三日游，李明计划西岛四日游。

E. 李明计划东湖二日游，王刚计划西岛三日游。

【解析】9 日游可以有两种方案：3、3、3 和 2、3、4，因为每个景点三人都选择了不同的路线，故三个人 9 日游的安排都是 2 日游、3 日游、4 日游。

步骤（1）：由李明赴南山 3 日游，王刚赴南山 4 日游，以及每个景点三人都选择了不同的路线，可知张波赴南山 2 日游；

步骤（2）：由李明赴东湖的天数和王刚赴西岛的天数相同，并且不是 3 日游和 4 日游，可知李明赴东湖的天数和王刚赴西岛的天数都是 2 日；

步骤（3）：进而可知李明赴西岛 4 日游，王刚赴东湖 3 日游；

步骤（4）：最后可以确定张波赴东湖 4 日游，赴西岛 3 日游。

	东湖	西岛	南山
李明	2日游（步骤2）	4日游（步骤3）	3日游（题干）
王刚	3日游（步骤3）	2日游（步骤2）	4日游（题干）
张波	4日游（步骤4）	3日游（步骤4）	2日游（步骤1）

因此，本题答案为 A 选项。

2015-38～39 题基于以下题干：

天南大学准备选派两名研究生、三名本科生到山村小学支教。经过个人报名和民主决议，最终人选将在研究生赵婷、唐玲和殷倩 3 人和本科生周艳、李环、文琴、徐昂、朱敏 5 人中产生。按规定，同一学院或者同一社团至多选派一人。已知：

（1）唐玲和朱敏均来自数学学院；

（2）周艳和徐昂均来自文学院；

（3）李环和朱敏均来自辩论协会。

38. 根据上述条件，以下必定入选的是：

A. 文琴。

B. 唐玲。

C. 殷倩。

D. 周艳。

E. 赵婷。

【解析】按规定，同一学院或者同一社团至多选派一人。由条件（2）知，周艳和徐昂至多入选一个；由条件（3）知，李环和朱敏至多选派一人。已知 5 个本科生中有 3 人入选，推出：文琴必入选。A 项为真。

可以列表来辅助：

研究生（3 个中选 2 个）	本科生（5 个选 3 个）
赵婷、唐玲、殷倩	周艳 × 徐昂、李环 × 朱敏、文琴

39. 如果唐玲入选，下面必定入选的是：

A. 赵婷。

B. 殷倩。

C. 周艳。

D. 李环。

E. 徐昂。

【解析】已知同一学院或者同一社团至多选派一人，如果唐玲入选，根据条件（1），则朱敏不能入选；根据条件（2），周艳和徐昂最多派一个；加上本科生必须选派 3 人，李环必定入选。D 项一定真。

2016-48 在编号壹、贰、叁、肆的4个盒子中装有绿茶、红茶、花茶和白茶四种茶,每只盒子只装一种茶,每种茶只装一个盒子。已知:

(1) 装绿茶和红茶的盒子在壹、贰、叁号范围之内;

(2) 装红茶和花茶的盒子在壹、叁、肆号范围之内;

(3) 装白茶的盒子在壹、叁号范围之内。

根据上述已知条件,可以得出以下哪项?

A. 绿茶在叁号。

B. 花茶在肆号。

C. 白茶在叁号。

D. 红茶在贰号。

E. 绿茶在壹号。

【解析】由条件(1)可知,绿茶和红茶都不在肆;由条件(3)可知,白茶也不在肆;由于已知每只盒子只装一种茶,每种茶只装一个盒子,所以第肆盒中装的只能是花茶,答案为B项。也可以列表,然后把条件代入。

	壹	贰	叁	肆
绿				×(条件1)
红				×(条件1)
花				
白				×(条件3)

2016-54～55 题基于以下题干:

江海大学的校园美食节开幕了,某女生宿舍有5人积极报名参加此项活动,她们的姓名分别为金粲、木心、水仙、火珊、土润。举办方要求,每位报名者只做一道菜品参加评比,但需自备食材。限于条件,该宿舍所备食材仅有5种:金针菇、木耳、水蜜桃、火腿和土豆,要求每种食材只能有2人选用,每人又只能选用2种食材,并且每人所选食材名称的第一个字与自己的姓氏均不相同。已知:

(1) 如果金粲选水蜜桃,则水仙不选金针菇;

(2) 如果木心选金针菇或土豆,则她也须选木耳;

(3) 如果火珊选水蜜桃,则她也须选木耳和土豆;

(4) 如果木心选火腿,则火珊不选金针菇。

54. 根据上述信息,可以得出以下哪项?

A. 金粲选用木耳、土豆。

B. 水仙选用金针菇、火腿。

C. 土润选用金针菇、水蜜桃。

D. 火珊选用木耳、水蜜桃。

E. 木心选用水蜜桃、土豆。

【解析】本题可以使用列表法进行解题。

步骤1：由已知确定条件进行启动，"并且每人所选食材名称的第一个字与自己的姓氏均不相同"可以得出：木心不选木耳。

步骤2：再由条件（2）可知，木心不选金针菇、土豆，则木心只能选火腿、水蜜桃。

步骤3：由条件（4）可知，火珊不选金针菇；再由条件（3）可知，火珊不能选水蜜桃；由题干可知，火珊不能选火腿，综合可推出：火珊只能选木耳、土豆。

步骤4：根据表格，可以发现，金针菇只能由水仙和土润选择。

步骤5：根据条件（1）和"水仙选金针菇"，否后必定否前，得出"金粲不能选水蜜桃"。

步骤6：根据表格，可以非常清晰地发现，水蜜桃只能由木心和土润选择。所以，土润选择的是金针菇和水蜜桃。正确答案为 C 项。

	金针菇	木耳	水蜜桃	火腿	土豆
金粲	×（步骤1）		×（步骤5）		
木心	×（条件2）	×（步骤1）	✓（步骤2）	✓（步骤2）	×（条件2）
水仙	✓（步骤4）		×（步骤1）		
火珊	×（条件4）	✓（步骤3）	×（条件3）	×（步骤1）	✓（步骤3）
土润	✓（步骤4）		✓（步骤6）		×（步骤1）

55. 如果水仙选用土豆，则可以得出以下哪项？

A. 水仙选用木耳、土豆。

B. 火珊选用金针菇、土豆。

C. 土润选用水蜜桃、火腿。

D. 木心选用金针菇、水蜜桃。

E. 金粲选用木耳、火腿。

【解析】由于54题提问时没有补充条件，所以，推出的结论可以用来作为55题的已知条件。列表如下：

	金针菇	木耳	水蜜桃	火腿	土豆
金粲	×（步骤1）		×（步骤5）		
木心	×（条件2）	×（步骤1）	✓（步骤2）	✓（步骤2）	×（条件2）
水仙	✓（步骤4）	×（步骤7）	×（步骤1）	×（步骤7）	✓（步骤7）
火珊	×（条件4）	✓（步骤3）	×（条件3）	×（步骤1）	✓（步骤3）
土润	✓（步骤4）	×（步骤6）	✓（步骤6）	×（步骤6）	×（步骤1）

步骤7：如果水仙选用土豆，则根据表格已知信息，54题已推出水仙选了金针菇，则可知水仙选的两种就是金针菇和土豆；其余菜不能选，如表格所示。

根据表格可以发现土豆已经由水仙和火珊选择，则金粲不能选土豆，金粲只能选木耳、火腿。正确答案为 E 项。

【注意】如果 54 题在提问中有新的条件，则不能把 54 题的结果用到 55 题。

四、多元复杂综合分析性推理解题技巧

解题技巧：分析条件；列表画图；确定已知条件；找到启动条件；代入排除或两难假设

技巧1：选项为组合题型适合选项代入排除法

2014-29 在某次考试中，有 3 个关于北京旅游景点的问题，要求考生每题选择某个景点的名称作为唯一答案。其中 6 位考生关于上述 3 个问题的答案依次如下：

第一位考生：天坛、天坛、天安门；

第二位考生：天安门、天安门、天坛；

第三位考生：故宫、故宫、天坛；

第四位考生：天坛、天安门、故宫；

第五位考生：天安门、故宫、天安门；

第六位考生：故宫、天安门、故宫。

考试结果表明，每位考生都至少答对其中 1 道题。

根据以上陈述，可知这 3 个问题的正确答案依次是：

A. 天安门、故宫、天坛。

B. 故宫、天安门、天安门。

C. 天坛、故宫、天坛。

D. 天坛、天坛、故宫。

E. 故宫、故宫、天坛。

【解析】直接将选项代入题干，验证"每位考生都至少答对其中 1 道题"。

A 项"天安门、故宫、天坛"代入，则第一位、第四位和第六位考生的回答顺序全错，排除；B 项代入，符合题干条件；C 项代入，第六位考生全错；D 项代入，第二位、第三位和第五位考生全错；E 项代入，则第一位和第四位考生全错。正确答案选择 B 项。

2014-46 某单位有负责网络、文秘以及后勤的三名办公人员：文珊、孔瑞和姚薇，为了培养年轻干部，领导决定她们三人在这三个岗位之间实行轮岗，并将她们原来的工作间 110 室、111 室和 112 室也进行了轮换。结果，原来负责后勤的文珊接替了孔瑞的文秘工作，由 110 室调到了 111 室。

根据以上信息，可以得出以下哪项？

A. 姚薇被调到了 112 室。

B. 姚薇接替孔瑞的工作。

C. 孔瑞接替文珊的工作。

D. 孔瑞被调到了 112 室。

E. 孔瑞被调到了 110 室。

【解析】共三人，文珊现在 111 室，则姚薇与孔瑞两人必有一位在 112 室，所以本题答案从 A、D 两项中选；孔瑞只能在 110 室或者 112 室，由此看来 D、E 两项必有一真。取交集，选 D 项。

技巧 2：列表画图

2014-40 为了加强学习型机关建设，某机关党委开展了菜单式学习活动，拟开设课程有"行政学""管理学""科学前沿""逻辑"和"国际政治"等 5 门课程，要求其下属的 4 个支部各选其中两门课程进行学习。已知：第一支部没有选择"管理学""逻辑"，第二支部没有选择"行政学""国际政治"，只有第三支部选择了"科学前沿"。任意两个支部所选课程均不完全相同。

根据上述信息，关于第四支部的选课情况可以得出以下哪项？

A. 如果没有选择"行政学"，那么选择了"逻辑"。

B. 如果没有选择"管理学"，那么选择了"逻辑"。

C. 如果没有选择"国际政治"，那么选择了"逻辑"。

D. 如果没有选择"管理学"，那么选择了"国际政治"。

E. 如果没有选择"行政学"，那么选择了"管理学"。

【解析】已知条件（1）第一支部没有选择"管理学""逻辑"；条件（2）第二支部没有选择"行政学""国际政治"；条件（3）只有第三支部选择"科学前沿"；条件（4）任意两个支部所选课程均不完全相同。

	行政学	管理学	科学前沿	逻辑	国际政治
1	√（推出）	×（条件1）	×（条件3）	×（条件1）	√（推出）
2	×（条件2）	√（推出）	×（条件3）	√（推出）	×（条件2）
3			√（条件3）		
4			×（条件3）		

把选项 A 代入，如果没有选择"行政学"，它可以选"管理学"与"国际政治"，不一定要选"逻辑"。把选项 B 代入，如果第四支部没有选择"管理学"，则它要选的可能有"行政学"与"逻辑"或者"逻辑"与"国际政治学"，所以，"逻辑"必须选，所以，B 项正确。

2014-47 某小区业主委员会的 4 名成员晨桦、建国、向明和嘉媛围坐在一张方桌前（每边各坐一人）讨论小区大门旁的绿化方案。4 人的职业各不相同，每个人的职业是高校教师、软件工程师、园艺师或邮递员之中的一种。已知：晨桦是软件工程师，他坐在建国的左手边；向明坐在高校教师的右手边；坐在建国对面的嘉媛不是邮递员。

根据以上信息，可以得出以下哪项？

A. 嘉媛是高校教师，向明是园艺师。

B. 建国是邮递员，嘉媛是园艺师。

C. 建国是高校教师，向明是园艺师。

D. 嘉媛是园艺师，向明是高校教师。

E. 向明是邮递员，嘉媛是园艺师。

【解析】由于题干中提到次数最多的人名是建国，因此先固定建国的位置。根据条件（1）"晨桦是软件工程师，他坐在建国的左手边"，可以确定晨桦（软件工程师）的位置。根据条件（3）"坐在建国对面的嘉媛不是邮递员"，可以确定嘉媛在建国对面，因此向明在建国的右手边。根据条件（2）"向明坐在高校教师的右手边"可以确定建国就是高校教师。又因为条件（3）提到嘉媛不是邮递员，所以向明是邮递员，嘉媛是园艺师。

列表如下：

	嘉媛（条件3）	
晨桦 软件工程师（条件1）		向明邮递员（条件3）
	建国 高校教师（条件2）	

2016-43～44 题基于以下题干：

某皇家园林依中轴线布局，从前到后依次排列着七个庭院。这七个庭院分别以汉字"日""月""金""木""水""火""土"来命名。已知：

（1）"日"字庭院不是最前面的那个庭院；

（2）"火"字庭院和"土"字庭院相邻；

（3）"金""月"两庭院间隔的庭院数与"木""水"两庭院间隔的庭院数相同。

43. 根据上述信息，下列哪个庭院可能是"日"字庭院？

A. 第一个庭院。

B. 第二个庭院。

C. 第四个庭院。

D. 第五个庭院。

E. 第六个庭院。

【解析】题问"哪个庭院可能是'日'字庭院"，一般采用排除法。A项排除，与条件（1）冲突；B项排除，若"日"字庭院在第二个庭院，当条件（2）"火"和"土"相邻满足，则条件（3）不能满足；C项排除，若"日"在第四个庭院，当条件（2）满足，则条件（3）不能满足；D项则可能，若"日"在第五个庭院，当"火""土"处在六、七庭院，则条件（3）有多种可能；E项排除，若"日"字庭院在第六个庭院，当条件（2）满足，其余空位无法满足条件（3）。所以，答案为D项。排列组合类试题，拿选项代入，不产生矛盾即可能真。

也可以采用假设启动法。根据已知条件（3），假设"金""月""木""水"放在一、二、三、四的位置上，则满足条件（3），则"日"字庭院在第五个庭院的位置上，"火""土"庭院在六、七的位置上，满足所有条件，所以，这种排序是可能的。答案为 D 项。

44. 如果第二个庭院是"土"字庭院，可以得出以下哪项？

A. 第七个庭院是"水"字庭院。

B. 第五个庭院是"木"字庭院。

C. 第四个庭院是"金"字庭院。

D. 第三个庭院是"月"字庭院。

E. 第一个庭院是"火"字庭院。

【解析】把问题所给条件代入，根据条件（2）则"火"字庭院有两种可能性，处于第一或第三庭院。设"火"字庭院在第三庭院，则四、五、六、七这四个空位需要一个用来排"日"字庭院，那么还剩三个空位，则无法满足条件（3）"金""月"两庭院间隔的庭院数与"木""水"两庭院间隔的庭院数相同，所以"火"字庭院只能排第一庭院。E 项为真。可以通过列表来帮助推理。

1	2	3	4	5	6	7
火	土					日
	土	火 ×				

技巧 3：假设启动技巧

2017-54～55 基于以下题干：

某影城将在"十一"黄金周 7 天（周一至周日）放映 14 部电影，其中，有 5 部科幻片、3 部警匪片、3 部武侠片、2 部战争片及 1 部爱情片。限于条件，影城每天放映两部电影。已知：

（1）除两部科幻片安排在周四外，其余 6 天每天放映的两部电影属于不同的类别；

（2）爱情片安排在周日；

（3）科幻片与武侠片没有安排在同一天；

（4）警匪片和战争片没有安排在同一天。

54. 根据上述信息，以下哪项中的两部电影不可能安排在同一天放映？

A. 警匪片和爱情片。

B. 科幻片和警匪片。

C. 武侠片和战争片。

D. 武侠片和警匪片。

E. 科幻片和战争片。

【解析】问题为"不可能"时，一般可以拿选项直接代入题干。A 项代入不可能。先把确定条件填入表格，条件（1）确定周四全天为科幻片，条件（2）确定爱情片在周日，代入表格。根据已知条件"其中有 5 部科幻片，3 部警匪片，3 部武侠片，2 部战争片，1 部爱情片"，可以发现科幻片有 5 部,周四安排了 2 部,则还剩 3 部科幻片,根据条件(1)"周四之外的其余 6 天每天放映的两部电影属于不同的类型"和条件(3)"科幻片和武侠片没有安排在同一天",发现科幻片占 3 天,武侠片占 3 天,合计 6 天,根据表格,可以得出"星期天只能是排"武侠片或者科幻片",所以,和爱情片搭档播出的只能是"武侠片或科幻片",A 项不可能。

星期一	二	三	四	五	六	七
			科幻片			爱情片
			科幻片			

55. 根据上述信息,如果同类影片放映日期连续,则周六可能放映的电影是以下哪项?

A. 科幻片和警匪片。

B. 武侠片和警匪片。

C. 科幻片和战争片。

D. 科幻片和武侠片。

E. 警匪片和战争片。

【解析】根据上题已知:周四必须上演两场科幻片。由于同类影片放映日期连续,根据条件(1),所以三部警匪片只能填入一、二、三;战争片填入五、六。注意武侠片和科幻片不能排同一天,但位置可以对调,所以周六可以是战争片和科幻片,或者是战争片和武侠片。故答案选 C 项。

也可以直接拿选项代入,根据已知条件逐项排除。

2014-37～38 基于以下题干:

某公司年度审计期间,审计人员发现一张发票,上面有赵义、钱仁礼、孙智、李信 4 个签名,签名者的身份各不相同,是经办人、复核人、出纳或审批领导之中的一个,且每个签名都是本人所签。询问四位相关人员,得出如下回答:

赵义:"审批领导的签名不是钱仁礼。"

钱仁礼:"复核的签名不是李信。"

孙智:"出纳的签名不是赵义。"

李信:"复核的签名不是钱仁礼。"

已知上述每个回答中,如果提到的人是经办人,则回答为假;如果提到的人不是经办人,则为真。

37. 根据以上信息,可以得出经办人是:

A. 赵义。

B. 李信。

C. 孙智。

D. 钱仁礼。

E. 无法确定。

【解析】假设钱仁礼是经办人，则赵义的话提到了"钱仁礼"，根据提问所给的条件"上述每个回答如果提到经办人，则回答为假；如果提到的人不是经办人，则为真"，可以知道赵义的话"审批领导不是钱仁礼"为假话，则推出：钱仁礼是审批领导。这样，我们得出"钱仁礼既是经办人又是审批领导"，与已知条件一人只能对应一个职位产生矛盾，所以，假设"钱仁礼是经办人"不能成立，得出结论：钱仁礼不是经办人。

同理，假设李信是经办人，根据上面推理过程，同样推出：李信不是经办人；同理，假设赵义是经办人，也能推出：赵义不是经办人。所以，只能孙智是经办人。正确答案为C项。列表如下：

	经办人	复核人	出纳	审批领导
赵	×			
钱	×			
孙	√	×	×	×
李	×			

38. 根据以上信息该公司复核与出纳分别是：

A. 钱仁礼、李信。

B. 赵义、钱仁礼。

C. 李信、赵义。

D. 孙智、赵义。

E. 孙智、李信。

【解析】由于37题本身并未附加除了题干以外的任何条件，所以得出的结论仍然适用本题。列表，得出孙是经办人，则基于提问所给条件"已知上述每个回答如果提到经办人，则回答为假；如果提到的人不是经办人，则为真"，可以得出：赵、钱、李的话都是真话。由此得出：(1)复核人不是钱，复核人不是李。则根据三人的话为真话时的信息代入列表，可以得出，(2)复核人只能是赵；那么，赵就不能是出纳和审批领导，则审批领导只能是李(3)；那么，李不是出纳(4)，则出纳只能是钱。正确答案为B项。

	经办人	复核人	出纳	审批领导
赵	×	√(2)	×(2)	×(2)
钱	×	×(1)		×
孙	√37题	×37题	×37题	×37题
李	×	×(1)	×(4)	√(3)

2013-46 在东海大学研究生会举办的一次中国象棋比赛中，来自经济学院、管理学院、哲学学院、数学学院和化学学院的5名研究生（每学院1名）相遇在一起，有关甲、乙、丙、丁、戊5名研究生之间的比赛信息满足以下条件：

（1）甲仅与 2 名选手比赛过；

（2）化学学院的选手和 3 名选手比赛过；

（3）乙不是管理学院的，也没有和管理学院的选手对阵过；

（4）哲学学院的选手和丙比赛过；

（5）管理学院、哲学学院、数学学院的选手相互都交过手；

（6）丁仅与 1 名选手比赛过。

根据以上条件，请问丙来自哪个学院？

A. 经济学院。　　　　B. 管理学院。　　　　C. 哲学学院。

D. 化学学院。　　　　E. 数学学院。

【解析】分析条件，发现条件（6）中丁的条件非常确定，从丁开始进行推理，可列表。

步骤1：根据条件（2）和条件（6）可知丁不是化学学院的，再根据条件（5）可知丁不是管理学院，不是哲学学院，也不是数学学院。所以丁是经济学院，其他人都不是经济学院的（已知条件每个学院 1 名）。

步骤2：由条件（3）和条件（5）可知乙不是管理、哲学、数学学院的，根据表格，推出乙只能是化学学院，则其他人不能是化学学院。

步骤3：根据条件（4），可知丙不是哲学学院的。

步骤4：由"乙是化学学院的，丁是经济学院的"可知甲、丙、戊 3 人来自管理、哲学、数学 3 个学院。根据条件（1）和条件（5）可知甲的两场比赛分别是和丙、戊进行的，而乙和 3 名选手比赛过，故和乙比赛的选手是丙、丁、戊。乙仅没有与管理学院的选手比赛，且乙仅没有和甲进行比赛，因此，可以得出甲是管理学院的。

再根据表格所列，丙只能是数学学院的。正确答案为 E 项。

	经济	管理	哲学	数学	化学
甲	×（各一名）	√（4）			×
乙	×（各一名）	×（3、5）	×（3、5）	×（3、5）	√
丙	×（各一名）	×（4）	×（3）		×
丁	√（5、2、6）	×（5）	×（5）	×（5）	×（1）
戊	×（各一名）	×（4）			×

2015-54～55 题基于以下题干：

某高校数学、物理、化学、管理、文秘、法学 6 个专业毕业生需要就业，现有风云、怡和、宏宇三家公司前来学校招聘。已知，每家公司只招聘该校 2 至 3 个专业若干毕业生，且需要满足以下条件：

（1）招聘化学专业的公司也招聘数学专业；

（2）怡和公司招聘的专业，风云公司也招聘；

（3）只有一家公司招聘文秘专业，且该公司没有招聘物理专业；

(4)如果怡和公司招聘管理专业,那么也招聘文秘专业;

(5)如果宏宇公司没有招聘文秘专业,那么怡和公司招聘文秘专业。

54.如果只有一家公司招聘物理专业,那么可以得出以下哪项?

A.风云公司招聘化学专业。

B.怡和公司招聘管理专业。

C.宏宇公司招聘数学专业。

D.风云公司招聘物理专业。

E.怡和公司招聘物理专业。

【解析】题干已知条件分析:

(1)化学→数学;

(2)怡和→风云;

(3)只有一家公司招聘文秘专业,且该公司没有招聘物理专业;

(4)怡和管理→怡和文秘;

(5)¬宏宇文秘→怡和文秘。

假设"怡和公司招聘文秘",由条件(2)知,风云也招文秘,两家公司招文秘,与条件(3)"只有一家公司招聘文秘且不招物理"矛盾,说明假设不成立,得出:结论(1)怡和没有招文秘;根据条件(5)否后必定否前得出:宏宇招文秘;再根据条件(3)知,宏宇没招物理。

根据表格,只有风云和怡和招聘物理专业。假设"怡和招物理",根据条件(2)则得出"风云招物理",则有两家公司招聘物理专业,与提问所假设"如果只有一家公司招聘物理"矛盾,得出:结论(2)怡和没招物理。

那么,如果只有一家招物理,则招物理的只能是风云。D项正确。

	数学	物理	化学	管理	文秘	法学
风云					×(条件3)	
怡和		×(结论2)			×(结论1)	
宏宇		×(条件3)			√(条件5、结论1)	

55.如果三家公司都招聘了三个专业若干毕业生,那么可以得出以下哪项?

A.风云公司招聘化学专业。

B.怡和公司招聘法学专业。

C.宏宇公司招聘化学专业。

D.风云公司招聘数学专业。

E.怡和公司招聘物理专业。

【解析】题干已知条件分析:

(1)化学→数学;

（2）怡和→风云；

（3）只有一家公司招聘文秘专业，且该公司没有招聘物理专业；

（4）怡和管理→怡和文秘；

（5）¬宏宇文秘→怡和文秘。

假设"怡和公司招聘文秘"，由条件（2）知，风云也招文秘，两家公司招文秘，与条件（3）"只有一家公司招聘文秘且不招物理"矛盾，说明假设不成立，得出：结论（1）怡和没有招文秘；根据条件（5）否后必定否前得出：宏宇招文秘；再根据条件（3）知，宏宇没招物理。列表。

根据表格，只有风云和怡和招聘物理专业。

根据条件（6）"怡和没有招文秘"和条件（4）得出：怡和没招管理。根据表格和提问所给条件"三家公司都招聘了三个专业若干毕业生"可知，怡和在剩下的四个专业中一定要招三个专业。根据条件（1）知，化学→数学 = ¬数学→¬化学。假设怡和没招数学，则怡和也没招化学，这样的话，怡和有4个专业没招，与每家公司都招三个专业矛盾，所以，假设"怡和没招数学"不成立，得出：结论（2）"怡和招了数学"。根据条件（2）得出：怡和招了数学，则风云也招了数学。

答案为D项。

	数学	物理	化学	管理	文秘	法学
风云	√（结论2、条件2）				×（条件3）	
怡和	√（结论2）			×（结论1、条件4）	×（结论1）	
宏宇		×（条件3）			√（条件5、结论1）	

2017-29 某剧组招募群众演员。为了配合剧情，招4类角色：外国游客1到2名，购物者2到3名，商贩2名，路人若干。仅有甲、乙、丙、丁、戊、己6人可供选择，且每个人在同一个场景中只能出演一个角色。已知：

（1）只有甲、乙才能出演外国游客；

（2）上述4类角色在每个场景中至少有3类同时出现；

（3）每一场景中，若乙或丁出演商贩，则甲和丙出演购物者；

（4）购物者和路人人数之和不超过2。

根据以上信息，可以得出以下哪一项？

A. 在同一场景中，若戊和己出演路人，则甲只可能出演外国游客。

B. 在同一场景中，若乙出演外国游客，则甲只可能出演商贩。

C. 至少有2人需要在不同场景中出演不同角色。

D. 甲、乙、丙、丁不会在同一场景同时出现。

E. 在同一场景中，若丁和戊出演购物者，则乙只可能出演外国游客。

【解析】从E项进行代入，假设丁和戊出演购物者，根据条件（4），则其他人不能出演购物者也不能出演路人（路人只能为0个），即甲、乙、丙和己不出演购物者，不能出演路人；把此代入条件（3），否后必否前，得出：乙和丁不出演商贩。所以，乙不能出演商贩、购物者、路人，那么，乙只能出演外国游客。正确答案为E项。

2018-54～55 题基于以下题干：

某校4位女生施琳、张芳、王玉、杨虹与4位男生范勇、吕伟、赵虎、李龙进行中国象棋比赛。他们被安排在4张桌上，每桌一男一女对弈，4张桌从左到右分别记为1、2、3、4号，每对选手需要进行四局比赛。比赛规定：选手每胜一局得2分，和一局得1分，负一局得0分。前三局结束时，按分差大小排列，4对选手的总积分分别是6：0、5：1、4：2、3：3。已知：

（1）张芳跟吕伟对弈，杨虹在4号桌比赛，王玉的比赛桌在李龙比赛桌的右边；

（2）1号桌的比赛至少有一局是和局，4号桌双方的总积分不是4：2；

（3）赵虎前三局总积分并不领先他的对手，他们也没有下成过和局；

（4）李龙已连输三局，范勇在前三局总积分上领先他的对手。

54. 根据上述信息，前三局比赛结束时谁的总积分最高？

A. 杨虹。　　　　B. 施琳。　　　　C. 范勇。

D. 王玉。　　　　E. 张芳。

【解析】复杂条件分析题，一般从确定已知条件开始。

已知确定条件（1）：杨虹是女的，在4号桌，王玉的比赛桌在李龙比赛桌的右边，可知，李龙不在4号桌。根据已知条件王玉是女的，由于4号桌的女选手为杨虹，所以，王玉不在4号桌。根据条件（1）"王玉的比赛桌在李龙比赛桌的右边"，得出结论：王玉最多只能在2或3号桌，李龙在1号或2号桌。

由条件（4）"李龙已连输三局"，得出"李龙得分为0分"，只能0：6；根据条件（2）得知1号桌的比赛至少有一局是和局，推出：李龙在2号桌。

根据条件（1），在4名女性中，张芳跟吕伟对弈，杨虹在4号桌，王玉的比赛桌在李龙比赛桌的右边，所以剩下施琳与李龙一桌，得分为最高的6分，答案为B项。

55. 如果下列有位选手前三局均与对手下成和局，那么他（她）是谁？

A. 施琳。　　　　B. 杨虹。　　　　C. 张芳。

D. 范勇。　　　　E. 王玉。

【解析】根据上题结论和已知条件，可以得知：李龙和施琳2号桌，王玉3号桌，杨虹4号桌，张芳和吕伟1号桌。根据条件（2），1号桌的比赛至少有一局是和局，可以得出1号桌积分是5：1或3：3。

进行两难假设：设1号桌的积分是5：1，根据条件（2）"4号桌总积分不是4：2"，所以3

号桌的积分是 4∶2，4 号桌的积分是 3∶3。根据条件（4）"范勇在前三局总积分上领先他的对手"，则范勇只能在 3 号桌，则 4 号桌是杨虹和赵虎，积分是 3∶3，与已知条件（3）"赵虎前三局也没有下成过和局"矛盾，假设不成立。

那么 1 号桌的积分是 3∶3，1 号桌为张芳跟吕伟。正确答案为 C 项。

第五章 论证基础（必考分值：2—4分）

一、论证评价题型的必备基础

（一）什么叫论证

通俗地讲，论证就是一段有证据、有结论的文字。一个论证，就是运用有限的证据来得出某个结论的思维过程及其语言表述形式。一个论证其证据与结论的关系可以是必然的，也可以是或然的。一个好的论证必须证据与结论高度相关。莱布尼茨在《单子论》中说："我们的推理是建立在两个大原则上，即（1）矛盾原则……（2）充足理由原则，凭着这个原则，我们认为，任何一件事如果是真实的或实在的，任何一个陈述如果是真的，就必须有一个为什么这样而不那样的充足理由，虽然这些理由常常总是不能为我们所知道的"。这个观点在有些逻辑学教材上被称为"充足理由律"。

（二）论证的组成部分

任何一个论证都是由结论、证据和论证方法三个要素构成。

（1）结论：是通过论证要确定其真实性或可靠性的命题，也是作者在一个论证中想要表达和证明的观点与思想。一般来说，结论可以出现在论证的开头，也可以出现在一个论证的结尾。

【例】"在中国某些地区，一些车主喜欢在汽车里装上红外线报警器，当有人撬开车门时会发出刺耳的警报声，结果发现带有这种警报器的汽车失窃率比从前大大降低。这说明，这种方案的实施有助于降低汽车失窃率。"

其结论就是"这种方案的实施有助于降低汽车失窃率"。

（2）证据：用来证明作者的结论真实性或可靠性的理由和根据。可作为证据的材料可以是已被确认的关于事实的命题，也可以是科学原理。一个有效的论证至少要能满足两点要求：其一，其证据必须是真实的或者论证双方能够共同接受的；其二，其证据与结论必须是密切相关的。

一般来说，管理类综合能力试题中，考查评价论证能力，主要集中在对一个论证的证据与结论之间关系的分析评估上。

【例】秋末，街道两旁的法国梧桐开始落叶，可是高压水银灯下面的梧桐叶却迟迟不落，即使是同一棵树也有这样的情况。这说明高压水银灯的光照可以使梧桐落叶时间推迟。

论证的结构为：

【证据】高压水银灯下面的梧桐落叶晚。

【结论】高压水银灯的光照可以使梧桐落叶时间推迟。

如何评估这个论证？当然考虑的是其证据与结论之间的关系。如果有其他的原因，比如温度才是关键,那么,上述论证的结论的有效性就值得怀疑。

(3)论证方法:是指证据得出结论之间的方式,即论证过程中所采用的推理形式,可以是一个简单的推理,也可以是复杂的推理过程;可以是演绎推理,也可以是归纳或类比推理。一个有效的论证,其方法必须是合乎逻辑的,是符合相应推理规则的。否则,就可能是谬误。

【例】我是中国人,我很勤劳勇敢,所以,中国人都是勤劳勇敢。

这个论证使用了三段论推理,但它违背了三段论推理"前提中不周延的词项,在结论中不得周延"的规则,所以,这个推理是无效推理。当然也可以换个角度分析,题干由"我勤劳勇敢"得出"中国都勤劳勇敢",这也违背了归纳推理"样本要尽可能多"和"样本要有代表性"的要求,所以是"以偏概全"的谬误。

"我是中国人,所以,班上的同学都是中国人",这个论证的结论或许在某些班级中是事实,但不代表这个论证的方式有效,该论证仍然是"以偏概全"。

(三)评价论证能力的题型

主要题型有:假设、支持(下支持上)、削弱、评价论证方法、指出论证缺陷与漏洞、评价论证的正误、概括论证焦点等。

关键点:必须读懂论证的结构(证据、结论)、论证的方式方法。

这类逻辑题是阅读理解和逻辑推理的杂交品。

逻辑推理试题的题干由三个部分构成:

题干信息陈述、提问以及五个选项。一般而言,题干信息陈述表达观点,观点一般由证据(或前提)和结论组成。

段落的结构与解答逻辑推理题关系密切。在整个逻辑推理题中,假设、支持、削弱、评价论证方法、指出论证缺陷等多是围绕论点与证据来设置问题。

如何快速地寻找到结论以及证据、论证方式,这对快速准确解题来说是至关重要的。

(四)评价论证题的阅读技巧

我们一般把题干概括为:证据(X)——结论(J)。

一般来说,其结构

或者为:事实、统计数据、现象等。结论为:解释原因。

或者为:目的(效果、结果)。结论为:提出方法、建议、计划。

或者为:目的。结论必须为:方法。

在上述三种结构中,其论证的证据往往都是已经发生了的。所以,其论证的核心关键往往在解释原因、方法、建议的上面(J上)。

或者为:由A类推至B。B是一种推测。所以,重心往往在B上。

以上都是归纳和类比推理论证得出的结论。评价主要围绕证据与结论关系做文章,或者直接根据选项评价结论正确与否。

还有一些论证采用的是演绎推理来得出结论,评价时必须根据前面第一部分所学的规则来进行评价。

因此,在解答逻辑题时,应带有目的去读题干所陈述的信息,这目的就是证据(前提)和结论。由于一个推理的结论可以出现在段落中的任何一个地方,所以,一般来讲,会有一些标志词。

下面这些词可能会帮助你快速找到结论:因此、这样、所以、于是、结果、推出、得出、作为一个结果、显示出、相应的等。

有一个总的原则:你一定要问一下自己,"作者到底想要证明什么?"一般来说,作者设法要证明的便是结论。由于段落经常围绕着结论来展开,因此,在分析论点时找到结论是非常重要的一步。

然后问自己:他的证据何在?他为何能得出上述结论?

尽可能地问自己:他用的是什么论证方法?

【例】1980 年,年龄在 18～24 岁之间,与父母生活在一起的人占该年龄段人口的比例为 48%,而 1986 年,这一比例上升至 53%。可以说,在 1986 年,这一年龄段的人更加难于负担独立生活。

【证据】分析"与父母共住的 18～24 岁的人的比例上升"这个现象,得出解释性结论"这一年龄段的人比过去的孩子更加难于负担独立生活"。

【论证方法】归纳现象找出原因、求异法。

【评价】

(1) 看看证据与结论之间有没有直接联系

如果能找到证据与结论之间有直接密切的关系,则能加强上述论证的有效性;反之,则削弱了上述论证。

(2) 看看有没有其他原因导致这个现象

如果有其他的原因让越来越多的孩子和父母生活在一起,比如独生子女增加,父母都希望孩子能和自己住到一起,则削弱了上述论证,表明是父母的原因而非孩子的原因;如果没有其他的原因导致上述现象的产生,则加强了上述论证。

二、论证基本逻辑思维方法

论证的基本逻辑方法只有:演绎推理的论证、归纳法、类比法、探求因果联系的五种方法。

(一) 完全归纳法

当推理的前提穷举了一类事物的所有对象,就叫作完全归纳。公式如下:

S 表示事物,P 表示属性。

S_1——P,

S_2——P,

S_3——P

…………

S_n——P

(S_1、S_2、S_3……S_n 是 S 类对象中所有分子)

————————

所以，所有的 S——P。

【例】北京市的人口超过 500 万，上海市的人口超过 500 万，天津市的人口超过 500 万，重庆市的人口超过 500 万；北京、天津、上海、重庆为中国全部的直辖市，所以，中国所有的直辖市的人口都超过 500 万。

我们发现，由于完全归纳推理穷尽了该类事物的所有对象，其结论是必然的。我们也发现，完全归纳推理有一个先天局限性，它只能适合能够穷尽所有可能的场合，而在生活中，这种场合非常少见。所以，在管理类联考逻辑试题中，这种类型题目出现的可能性几乎为零。

（二）不完全归纳法

当 S 被穷尽时，归纳是完全归纳；当 S 没有被穷尽时，就是不完全归纳。

1. 简单枚举归纳推理

a. 定义

当推理的前提只是列举了一类事物的部分对象具有某种属性，并在此基础上得出该类事物普遍具有某种属性的结论，这种归纳就叫作简单枚举归纳。公式如下：

S 表示事物，P 表示属性。

S_1——P,

S_2——P,

S_3——P

…………

S_n——P

(S_1、S_2、S_3……S_n 是 S 类对象中部分分子，且没有出现反例)

————————

所以，所有的 S——P。

简单枚举归纳推理的过程，通俗地说，就是经验累积的过程，由于只是归纳部分对象，所以，其结论有可能会被推翻。简单枚举归纳推理的结论是或然性的。

b. 相关逻辑谬误

使用简单枚举归纳推理，容易产生"轻率概括"或"以偏概全"的错误。即依据少数的、不具有典型代表性的事实，且不注意研究（或者无意、故意忽略）可能出现的反面事例，就匆忙得出一般性结论的推理，就是"轻率概括"或"以偏概全"。

【例】看到甲生疮，而甲是中国人，得出结论：中国人都生疮了。

要提高结论的可靠性，必须遵行以下规则：

前提必须真实；前提的数量应该尽可能多；前提所断定的事实要能够反映事物本身的属性（即要有足够的代表性）。

2. 科学归纳推理

当推理的前提不但列举了一类事物的部分对象具有某种属性，而且能够寻找到它们之间的因果关系并能作出科学说明，在科学理论分析的基础上得出该类事物普遍具有某种属性的结论，这种归纳就叫作科学归纳。公式如下：

S 表示事物，P 表示属性。

S_1——P，

S_2——P，

S_3——P

…………

S_n——P

（S_1、S_2、S_3……S_n 是 S 类对象中部分分子，且没有出现反例，且发现 S 与 P 之间具有科学的因果联系）

―――――――

所以，所有的 S——P。

【例】金、银、铜、铁等金属受热后体积膨胀。经过分析研究，原因在于金属受热后分子之间的凝聚力减弱，分子之间的距离增大。在此基础上，得出：所有的金属受热后体积都膨胀。

这种推理就叫科学归纳，虽然其结论仍然是或然性的，但可靠性大大增强。

科学归纳在形式上仍然是简单枚举归纳，只不过多了因果联系的诉求。

3. 统计推理

统计推理是基于样本具有某种属性的单位频率推出总体具有某种属性的概率的推理。其结论也只是可能的。

S 表示事物，P 表示属性。

S_1 是 P，

S_2 是 P，

S_3 不是 P

…………

S_n 是 P

（S_1、S_2、S_3……S_n 是总体 S 中的样本 S'，且 S' 有 m/n 的概率是 P）

―――――――

所以，总体 S 也有 m/n 的概率是 P。

在统计推理中，科学的取样是非常关键的。样本有没有代表性，样本能否代表总体，对于统计推理的可靠性的影响非常巨大。一般来说，要坚持分层抽样。

【例】如果我们想统计物价指数，选择什么样的样本？家用电器、鲍鱼？还是房地产、柴米油盐酱醋茶？它们各自在统计中的权重又如何？任何一个地方不同，都会导致统计结果的严重失真。

统计推理是生活中非常多见的一种推理，但其中的谬误也最多。在逻辑试题中，统计推理基本上都是作为削弱题型的题干出现的。

严格地说，统计推理也是一种简单枚举归纳，我们后文中会具体阐述它在逻辑应试中的表现与作用。

（三）类比推理法

请先看一例：

有些人认为，观看电影中的暴力镜头会导致观众在现实生活中的好斗与暴力倾向，实际上这是荒唐的。难道说只看别人吃饭就能填饱自己的肚子吗？

当结论涉及的事物比较陌生和抽象时，论辩者一般会撇开经验证据，求助于众所周知的事物，利用其与结论涉及的事物之间的相似点来证明自己的结论。由于其类比的事物是众所周知的，所以，类比推理的最直接的效用就是：形象生动，说服力强。类比推理在生活中非常普遍，但它又常常徘徊于可取与荒谬之间。必须小心它的陷阱。

要说明的是，类推法是一种论证方法，类比是一种推理形式，应该说，在学术上这二者是有区别的：类推法是一种内容相当宽泛的推理论证形式，它的外延比类比推理要宽得多。但对于非学术研究，仅仅针对考试与生活应用，对二者进行学术上的区分完全没有必要。

1. 什么叫类比？

通俗地讲，就是打比方。类比推理，是根据两个（或两类）对象之间在某些方面的相似或相同，从而推出它们在其他方面也可能相似或相同的一种逻辑推理方法。类比推理是创造的源泉，是对思维的启发，是一个激活与比较的过程，是一个重新组合的过程。

在管理类联考综合能力试题中，类比主要出现在论证有效性分析写作中。在逻辑试题中主要作为削弱、推出的题干出现。

2. 类比推理的逻辑形式：

对象 A 和对象 B 都有属性 $a_1, a_2 \cdots \cdots a_n$；

对象 A 还有属性 a_{n+1}；

所以，对象 B 也有属性 a_{n+1}。

【例】地球是行星，绕轴自转，有昼夜，被大气包围，有水，有生命现象；

火星是行星，绕轴自转，有昼夜，被大气包围，有水；

所以，火星上也可能有生命现象。

类比推理的结论是不必然的，但由于其论证借助了形象的、通俗易懂的例子，往往具有很大的煽动性。但我们要学会评价类比推理，不要被表面的现象所迷惑，这不仅关乎逻辑得分，更多关系到论证有效性分析写作。

评价类比推理的几个批判性问题：

（1）两个类比的事物有多大程度的相似性？
（2）表面上的相同是否蕴涵着本质上的差异？
（3）类推的相同的前提属性与结论的相关程度如何？
（4）两个事物的属性我们是否都比较了解，有无其他重要信息遗漏？
（5）结论是什么？在论证的过程中有无偷换概念或论题？
（6）有无考虑类比的道德、心理因素？有无考虑类比推理的语言因素？

（四）探求因果联系的五种方法

1. 求同法

考查被研究现象出现的若干个场合，如果在这些场合中，只有一个条件是相同的，而其余都不同，那么，这一相同的条件就很可能是被研究现象的原因。

假如我们用 A、B、C、D 等符号分别表示不同的条件，用 Z 表示被研究的现象，则求同法可用下面的公式表示：

场合 1：有条件 A、B、C，出现被研究现象 Z；
场合 2：有条件 A、D、E，出现被研究现象 Z；
场合 3：有条件 A、F、G，出现被研究现象 Z；
所以，A 很可能是导致 Z 的原因。

【例】在 19 世纪，人们对甲状腺肿大的病因还不清楚，后来医疗卫生部门多次组织人员对甲状腺肿大盛行的病区进行调查和比较研究，调查的材料表明：这些地区的人口、气候、风俗等情况虽然各不相同，然而有一个共同情况，即这些地区的土壤和水中缺碘，居民的食物和饮水也缺碘。于是得出结论：缺碘是引起甲状腺肿大的原因。

使用求同法需要注意的问题：（常作为削弱题型的考点）

求同法的特点是异中求同，即通过排除现象间不同的因素、寻找共同的因素来确定现象间的因果联系，使用时必须注意：

考查各种场合中是否存在其他隐含的相同因素。如果有其他的共同因素存在，将会对原有的结论产生最大的质疑，这种另找他因式削弱对于运用求同法归纳出结论的论证来说，往往是最有力地削弱。

【例】积雪和棉花有许多不同之处，但都有保温的效果。二者表面的相同点是颜色相同，内在的相同点是疏松多孔，能存储空气。显然，颜色相同并不是保温的原因，疏松多孔才是保温的原因。

使用求同法，不能仅凭表面相同的情况就匆忙得出结论，要挖掘内在的相同点。

【真题精讲】光线的照射，有助于缓解冬季忧郁症。研究人员曾对九名患者进行研究，他们均因冬季白天变短而患上了冬季抑郁症。研究人员让患者在清早和傍晚各接受三小时伴有花香的强光照射。一周之内，七名患者完全摆脱了抑郁，另外两人也表现出了显著的好转。由于光照会诱使身体误以为夏季已经来临，这样便治好了冬季抑郁症。

以下哪项如果为真，最能削弱上述论证的结论？

A. 研究人员在强光照射时有意使用花香伴随，对于改善患上冬季抑郁症的患者的适应性有不小的作用。

B. 九名患者中最先痊愈的三位均为女性。而对男性患者治疗的效果较为迟缓。

C. 该实验均在北半球的温带气候中，无法区分南北半球的实验差异，但也无法预先排除。

D. 强光照射对于皮肤的损害已经得到专门研究的证实，其中夏季比起冬季的危害性更大。

E. 每天六小时的非工作状态，改变了患者原来的生活环境，改善了他们的心态，这是对抑郁症患者的一种主要影响。

【解析】研究人员运用求同法得出结论：由于光照会诱使身体误以为夏季已经来临，这样便治好了冬季抑郁症。选项 E 表明，在先行现象或伴随现象中，除"伴随花香的光照照射"这一个共同情况外，还有"每天六小时的非工作状态"这一共同情况，后者改变了患者原来的生活环境，改善了他们的心态（而这种心态是导致忧郁症主要原因）。因此，光线照射的增加与冬季忧郁症缓解这两者之间的联系，只是一种表面的非实质性关系。这就是他因式削弱。在管理类联考逻辑试题中，这种题型较为常见。

寻找到事物间因果联系是一个合格管理者必须具备的素质，因此，在管理类联考逻辑试题中，本知识点出现的概率还是比较大的，主要考查形式有推出结论、削弱、支持、解释等题型。我们将在下个章节中进行详细讲解。

2. 求异法

如果在被研究现象出现的场合与被研究现象不出现的场合中，其先行情况中只有一个情况是不同的，其他情况完全相同，而两场合中这个唯一不同的情况，在被研究现象出现的场合中是存在的，在被研究现象不出现的场合中是不存在的，那么，这个唯一不同的先行情况很可能与被研究现象之间具有因果联系。

求异法的逻辑形式：

场合	先行情况	被研究现象
1	A、B、C、D	a
2	B、C、D	—

所以，A 很可能是 a 现象的原因（结果）。

求异法的特点是同中求异。它主要是一种实验方法。因为自然现象复杂多样，很难在非人工条件下找到求异法所需要的两个场合。所以，求异法大多数是以实验观察为依据的，被观察的两场合分别为用作实验的一组和用作对照的一组，以便人们进行精确的比较。一般来说，求异法的结论要比求同法的结论可靠一些。求异法的思路必须掌握，因为它在管理实践中还是非常有价值的。

运用求异法必须注意的问题：

（1）必须注意两个场合中有没有其他不同的情况。

应用求异法，应当严格遵守"其他情况相同"，如果其他情况中还隐藏着另一个差异情况，将对原结论提出最大的质疑。

（2）必须注意，这两个场合中唯一不同的情况，是被研究现象的整个原因，还是其中的部分原因。

有时候，被研究现象的原因是复合原因，各部分原因的单独作用是不同的。在这个时候，如果总原因的一部分情况消失时，被研究现象也同样不能出现。例如：

植物光合作用的过程，其原因就是复合的。植物吸收太阳光能、空气中的二氧化碳和水制作碳水化合物。如果没有阳光的辐射供给能量，光合作用就会中断。但请注意：阳光的辐射仅仅是光合作用的部分原因。

【真题精讲】在一项实验中，第一组被试验者摄取了大量的人造糖，第二组则没有吃糖。结果发现，吃糖的人比没有吃糖的人认知能力低。这一实验说明，人造糖中所含的某种成份会影响人的认知能力。

以下哪项最可能是上述论证的假设？

A. 在上述实验中，第一组被试验者吃的糖大大超出日常生活中糖的摄入量。

B. 上述人造糖中所含的该种成份也存在于大多数日常食物中。

C. 第一组被试验者摄取的糖的数量没有超出卫生部门规定的安全范围。

D. 两组被试验者的认知能力在试验前是相当的。

E. 两组被试验者的人数相等。

【解析】题干中的结论来自于求异法实验：一实验组，一对照组。运用求异法得出结论必须遵守：其他情况相同。作为假设，必须保证，至少在某个相关方面是相同的。如果 D 项为假，则说明，真正的原因是这两组在认知能力上本身就存在差异。假设题也都可以改成削弱题，请考生试试看：把选项 D 否定后，是不是变成了对原论证的削弱？

在管理类联考逻辑试题中，探求因果联系的方法主要考点就是上面的求同法、求异法。下面还有三种方法，但基本精神还是求同、求异。

3. 求同求异并用法

求同求异并用法亦称契合差异并用法。

其规则是：如果只有一个共同的先行情况在被研究现象存在的若干正面场合中出现，而在被研究现象不出现的若干反面场合中不出现，那么，这个共同的先行情况是被研究现象的原因。

求同求异并用法的特点是：两次求同，一次求异。

求同求异并用法不同于先用求同法、再用求异法的求同求异连续应用,因为再用求异法同中求异时,要求其他先行情况不同而其余情况相同,求同求异并用法并不要求其他先行情况不同。求同求异并用法是从正、反两方面来探求严格联系的,因此,结论虽然是或然的,但是,跟只用求同法或者只用求异法相比,结论可靠得多。

求同求异并用法逻辑公式:

	数学	法学
正面场合(1)	A、B、C	a
正面场合(2)	A、C、D	a
正面场合(3)	A、E、F	a
……		……
负面场合(1)	—、B、H	—
负面场合(2)	—、D、I	—
负面场合(3)	—、F、K	—
……		……

所以,A 与 a 有因果联系。

4. 共变法

共变法是从现象变化的数量或程度来判明因果关系的,因而这种可以度量的方法是较可靠的。共变法的规则是:如果在先行情况中,只有一个情况发生某种方式的变化而其余情况相同,被研究现象也相应发生某种方式的变化,那么,这个唯一发生变化的先行情况是被研究现象的原因。共变法的特点是:同中求变。

由于因果联系的复杂性,共变法也可能掩盖真正的原因。共变关系只在一定的限度内存在。超出这个限度,共变关系就不存在了。共变法是科学实验中常用的方法。

共变法可用下述公式来表示:

场合	先行情况	被研究现象
(1)	A_1、B、C、D	a_1
(2)	A_2、B、C、D	a_2
(3)	A_3、B、C、D	a_3
……	……	……

所以,A 是 a 的原因(或结果)。

下面我们通过一个形象有趣的案例来加深对探求因果联系方法的理解(本案例摘抄自高等学校逻辑教材《普通逻辑》,上海人民出版社,2001 年版,第 310 页)。

有人做过一个十分有趣的统计:过去几百年间流传至今的 466 幅圣母玛利亚的画像中,有 373 幅里的耶稣是在左边吸吮圣母的乳汁的,这一数字大约是全部被统计画幅的 80% 左右。

艺术是生活的概括，如果你稍微注意的话，就会发现，大多数母亲喂奶时，也是把婴儿抱在自己的左边。据心理学家统计，80%的母亲都是把婴儿抱在左边的。

（饶老师分析：这一部分结论的得出来自于求同法，运用统计推理得出结论）

为什么会这样？为此，有个心理学家做了以下的两个实验：

（饶老师分析：接下来寻求因果联系）

一个实验是让一些婴儿间断地听每分钟72次心跳录音。结果发现，这些婴儿在不听录音时啼哭时间是60%，而在听录音时，就比较安静，啼哭的时间降至38%。

（饶老师分析：这里运用了求异法）

另一个实验是任选四组婴儿，每组人数相同，把他们放在声音环境不同的房间里。第一个房间保持寂静；第二个房间放催眠曲；第三个房间放模拟的心跳声；第四个房间放真实的心跳声的录音。用这样的方法，试验一下哪一个房间的婴儿最先入睡。结果是第四个房间的婴儿，只用了其他房间中婴儿入睡所需时间的一半，就进入梦乡。然后依次是第三个房间、第二个房间、第一个房间里的婴儿先后入睡。这个实验不但证明心跳声是一种有很强镇静作用的外界刺激，而且表明模拟的心跳声的效果不如真的心跳声的效果。

（饶老师分析：这里运用的有求同求异并用法、共变法。通过实验证明听到母亲的心跳声对婴儿有某种抚慰的作用）

5. 剩余法

剩余法是通过排除其他原因后确定剩余的原因与结果的联系。

剩余法的规则是：找出某一被研究现象的一组可能的原因，一一研究之后，除了一个外，其他原因都不是被研究现象的真正原因。

剩余法的特点是：从余果求余因。

剩余法可用下述公式来表示：

已知 A、B、C、D 是被研究现象 a、b、c、d 的原因。

已知，A 是 a 的原因，B 是 b 的原因，C 是 c 的原因。

所以，D 与 d 之间有因果联系。

剩余法也是科学研究中常用的一种逻辑方法。应用剩余法最典型的例子是居里夫人对镭的发现。

"有一次，居里夫人和她的丈夫为了弄清一批沥青铀矿样品中是否含有值得加以提炼的铀，他们对其中的含铀量进行了测定。但他们惊讶地发现，有几块样品的放射性甚至比纯铀的放射性还要大。"

她已知：纯铀的放射线的强度，并且已知一定量的沥青矿石中所含的纯铀的数量，纯铀不能解释这种现象，必定还有另外一个剩余部分，这剩余部分必然还有另外的原因。据此，居里夫妇反复实验研究，终于在1898年7月，发现在沥青铀矿中还有一种新的放射性元素镭。这就是剩余法的思路。

【真题精讲】在50年代，我国森林覆盖率为19%，60年代为11%，70年代为6%，80年代不到4%。随着森林覆盖率的逐年减少，植被大量破坏，削弱了土地对雨水的拦蓄作用，一下暴雨，水卷泥沙滚滚而下，使洪涝灾害逐年严重。可见，森林资源的破坏，是酿成洪灾的原因。

以下哪项使用的方法与上文最类似？

A. 敲锣有声，吹箫有声，说话有声。这些发声现象都伴有物体上空气的振动，因而可以断定物体上空气的振动是发声的原因。

B. 把一群鸡分为两组，一组喂精白米，鸡得一种病，脚无力，不能行走，症状与人的脚气病相似。另一组用带壳稻米喂，鸡不得这种病。由此推测带壳稻米中某些精白米中所没有的东西是造成脚气病的原因。进一步研究发现，这种东西就是维生素B1。

C. 意大利的雷地反复进行一个实验，在4个大口瓶里，放进肉和鱼，然后盖上盖或蒙上纱布，苍蝇进不去，一个蛆都没有。另4个大口瓶里，放进同样的肉和鱼，敞开瓶口，苍蝇飞进去产卵，腐烂的肉和鱼很快生满了蛆。可见，苍蝇产卵是鱼肉腐烂生蛆的原因。

D. 棉花是植物纤维，疏松多孔，能保温。积雪是由水冻结而成的，有40%至50%的空气间隙，也是疏松多孔的，能保温。可见，疏松多孔是能保温的原因。

E. 在有空气的玻璃罩内通电击铃，随着抽出空气量的变化，铃声越来越小，若把空气全抽出，则完全听不到铃声。可见，声音是靠空气传播的。

【解析】题干方法为共变法，E项采用共变法，答案为E项。共变法的本质是其中一个变量X在发生量变，与此同时，结果Y也在发生同步量变。A、D两项为求同法；B、C两项为求异法。

（五）概括论证焦点与指出论证缺陷题型

2016-30 赵明与王洪都是某高校辩论协会成员，在为今年华语辩论赛招募新队员问题上，两人发生了争执。

赵明：我们一定要选拔喜爱辩论的人。因为一个人只有喜爱辩论，才能投入精力和时间研究辩论并参加辩论比赛。

王洪：我们招募的不是辩论爱好者，而是能打硬仗的辩手。无论是谁，只要能在辩论赛中发挥应有的作用，他就是我们理想的人选。

以下哪项最可能是两人争论的焦点？

A. 招募的标准是从现实出发还是从理想出发。
B. 招募的目的是研究辩论规律还是培养实战能力。
C. 招募的目的是为了培养新人还是赢得比赛。
D. 招募的标准是对辩论的爱好还是辩论的能力。
E. 招募的目的是为了集体荣誉还是满足个人爱好。

【解析】赵明结论：我们一定要选拔喜爱辩论的人。证据：因为一个人只有喜爱辩论，才能投入精力和时间研究辩论并参加辩论赛。

王洪结论：我们招募的是能打硬仗的辩手。证据：只要能在辩论赛中发挥应有的作用，他就是我们理想的人选。

双方的焦点：选拔人才的标准是兴趣还是有用。所以，答案为D项。

选项分析：都没谈论现实或理想，A项排除；不涉及研究或培养的问题，B项排除；两人都认同招募新人是要去赢得比赛，C项排除；两人显然都不认同招募的目的是满足个人爱好，E项排除。

2017-35 王研究员：我国政府提出的"大众创业、万众创新"激励着每一个创业者。对于创业者来说，最重要的是需要一种坚持精神。不管在创业中遇到什么困难，都要坚持下去。

李教授：对于创业者来说，最重要的是要敢于尝试新技术。因为有些新技术一些大公司不敢轻易尝试，这就为创业者带来了成功的契机。

根据以上信息，以下哪项最准确地指出了王研究员与李教授的分歧所在？

A. 最重要的是敢于迎接各种创业难题的挑战，还是敢于尝试那些大公司不敢轻易尝试的新技术。

B. 最重要的是坚持创业，有毅力有恒心把事业一直做下去，还是坚持创新，做出更多的科学发现和技术发明。

C. 最重要的是坚持把创业这件事做好，成为创业大众的一员，还是努力发明新技术，成为创新万众的一员。

D. 最重要的是需要一种坚持精神，不畏艰难，还是要敢于尝试新技术，把握事业成功的契机。

E. 最重要的是坚持创业，敢于成立小公司，还是尝试新技术，敢于挑战大公司。

【解析】王研究员：创业者最重要的是坚持精神，无论有什么困难都坚持下去。

李教授：创业者最重要的是要敢于尝试新技术，因为大公司不敢轻易尝试新技术，则为创业者带来了契机。

显然，双方分歧在于是坚持精神还是尝试新技术。注意选项的关键词语。D项最合适，有关键词"坚持""尝试新技术""成功契机"等；A项"挑战难题"不符合，关键是坚持；B项"更多科学发现和技术发明"不符合原意"尝试新技术"；C项"做好"不符合原意；E项"敢于挑战大公司"不符合原意。

2016-47 许多人不仅不理解别人，而且也不理解自己，尽管他们可能曾经试图理解别人，但这样的努力注定会失败，因为不理解自己的人是不可能理解别人的。可见，那些缺乏自我理解的人是不会理解别人的。

以下哪项最能说明上述论证的缺陷？

A. 使用了"自我理解"概念，但并未给出定义。

B. 没有考虑"有些人不愿意理解自己"这样的可能性。

C. 没有正确把握理解别人和理解自己之间的关系。

D. 结论仅仅是对其论证前提的简单重复。

E. 间接指责人们不能换位思考，不能相互理解。

【解析】本题的关键是找到证据与结论。证据：不理解自己的人是不可能理解别人的；结论：那些缺乏自我理解的人是不会理解别人的。我们发现，题干的结论是对论证前提的重复，正确答案为 D 项。

第六章 必考题型：削弱（必考分值：4—10分）

一、削弱题的题型分析

削弱题型的解题思路与假设支持题型基本一样，只不过假设、支持强调的是题干论证的证据与结论之间要有关系，而削弱则正好相反，强调的是割裂题干证据与结论之间的关系。只要将某选项放入题干的证据与结论之间，从而降低或断开题干推理成立或结论正确的可能性，这个选项就是削弱。

一般来说，削弱题思路与假设支持题型正好相反，有以下几种形式：

（一）直接削弱

1. 题干论证的证据与结论之间没有联系；其证据与结论之间有重大差异；方法不可行或方法达不到目的；类比不当；以偏概全；直接否定题干的结论。

2. 有因无果；无因有果。

3. 因果倒置。

（二）间接削弱

1. 除了题干所说的理由之外还有别的因素影响其结论。

2. 由确定的他因导致了题干的结果。

无论如何，只要选项是割裂其证据和结论之间关系的或者推翻题干结论的，就是削弱。以上削弱的思路没有强弱之分，最有力的选项的关键在于与题干证据、结论的关键信息保持高度一致，注意排除干扰选项（干扰信息一般为似是而非的表达，考生要注意限定词）。

二、削弱题型解题必考思路

削弱思路1：直接推翻结论，断开证据与结论之间关系——断桥

2011-32 随着互联网的发展，人们的购物方式有了新的选择。很多年轻人喜欢在网络上选择自己满意的商品，通过快递送上门，购物足不出户，非常便捷。刘教授据此认为，那些实体商场的竞争力会受到互联网的冲击，在不远的将来，会有更多的网络商店取代实体商店。

以下哪项如果为真，最能削弱刘教授的观点？

A. 网络购物虽然有某些便利，但容易导致个人信息被不法分子利用。

B. 有些高档品牌的专卖店，只愿意采取街面实体商店的销售方式。

C. 网络商店与快递公司在货物丢失或损坏的赔偿方面经常互相推诿。

D. 购买黄金珠宝等贵重物品，往往需要现场挑选，且不适宜网络支付。

E. 在通常情况下，网络商店只有在其实体商店的支撑下才能生存。

【解析】要求削弱刘教授的观点。刘教授证据：网络购物便捷；结论：实体商店会受到互联网的冲击，不远的将来会有更多的网络商店取代实体商店。直接削弱结论：不远的将来不会有更多的网络商店取代实体商店。如果E项真，则说明实体商店不可能被取代，因为网络商店生存的前提是实体商店，那就说明实体商店不能被取代，最能削弱。

A项不一定能削弱，因为就算存在"个人信息被泄露"这些缺点，也不代表不会有更多的网络商店取代实体商店；B、D两项都是某些特殊类的商品，也不能削弱刘教授的观点；C项与A项性质类似，也不一定能削弱。注意：某些特殊类的个案不能削弱普遍性的趋势。

2011-37 3D立体技术代表了当前电影技术的尖端水准，由于使电影实现了高度可信的空间感，它可能成为未来电影的主流。3D立体电影中的银幕角色虽然由计算机生成，但是那些包括动作和表情的电脑角色的"表演"，都以真实演员的"表演"为基础，就像数码时代的化妆技术一样。这也引起了某些演员的担心：随着计算机技术的发展，未来计算机生成的图像和动画会替代真人表演。

以下哪项如果为真，最能减弱上述演员的担心？

A. 所有电影的导演只能和真人交流，而不是和电脑交流。
B. 任何电影的拍摄都取决于制片人的选择，演员可以跟上时代的发展。
C. 3D立体电影目前的高票房只是人们一时图新鲜的结果，未来尚不可知。
D. 掌握3D立体技术的动画专业人员不喜欢去电影院看3D电影。
E. 电影故事只能用演员的心灵、情感来表现，其表现形式与导演的喜好无关。

【解析】题干要求减弱演员的担心。演员的论证证据：3D立体电影技术的出现，计算机技术的发展；结论：担心未来计算机生成的图像和动画会替代真人表演。削弱思路：两种，直接割裂证据与结论关系，或寻找间接削弱。E项如果为真，"电影故事只能用演员的心灵、情感来表现"，则说明计算机不可能替代演员的表演，不用担心会被计算机替代，最能减弱担心。E项的后半句为干扰信息，与题干无关。E项为一个联言命题，如果为真，则其所有表达的信息都为真，前半句为真就可减弱演员的担心。

A项不一定削弱，因为只能和真人交流，也可以与电脑动画的制作者交流，但不代表演员表演不可以被动画替代，使用了似是而非的概念；B项如果真，则说明取决于制片人的选择，还是有被替代的可能；C项"未来不可知"，不代表就不能被替代；D项与是否被替代无关。

2011-38 公达律师事务所以为刑事案件的被告进行有效辩护而著称，成功率达90%以上。老余是一位以专门为离婚案件的当事人成功辩护而著称的律师。因此，老余不可能是公达律师事务所的成员。

以下哪项最为确切地指出了上述论证的漏洞？

A. 公达律师事务所具有的特征，其成员不一定具有。
B. 没有确切指出老余为离婚案件的当事人辩护的成功率。
C. 没有确切指出老余为刑事案件的当事人辩护的成功率。

D. 没有提供公达律师事务所统计数据的来源。

E. 老余具有的特征，其所在工作单位不一定具有。

【解析】证据：公达律师事务所以刑事案件的辩护著称，老余却是专门办理离婚案件著称的律师；结论：老余不可能是公达律师事务所的成员。题干推理把"一家律师事务所的总体属性"，看成了"每一个成员"的属性，偷换了概念。注意：一个集合概念（一个集体）具有的属性，不能推出这个集体中的每一个都具有。A项明确指出了这一推论的缺陷，A项正确；E项弄反了推理的方向，题干推理是从集体推到个体，不是从个体推到集体；其余选项为无关选项。漏洞题型解题关键是题干的"证据与结论"的结构与关键信息。

2012-35 比较文字学者张教授认为，在不同的民族语言中，字形与字义的关系有不同的表现。他提出，汉字是象形文字，其中大部分是形声字，这些字的字形与字义相互关联；而英语是拼音文字，其字形与字义往往关联度不大，需要某种抽象的理解。

以下哪项如果为真，最不符合张教授的观点？

A. 汉语中的"日""月"是象形字，从字形可以看出其所指的对象；而英语中的 sun 与 moon 则感觉不到这种形义结合。

B. 汉语中的"日"与"木"结合，可以组成"東""杲""杳"等不同的字，并可以猜测其语义。而英语中则不存在与此类似的 sun 与 wood 的结合。

C. 英语中，也有与汉语类似的象形文字，如，eye 是人的眼睛的象形，两个 e 代表眼睛，y 代表中间的鼻子；bed 是床的象形，b 和 d 代表床的两端。

D. 英语中的 sunlight 与汉语中的"阳光"相对应，而英语的 sun 与 light 和汉语中的"阳"与"光"相对应。

E. 汉语的"星期三"与英语中的 Wednesday 和德语中的 Mittwoch 意思相同。

【解析】C项直接说明英语中也有象形文字，直接否定张教授的观点，当然最不符合。

2012-50 探望病人通常会送上一束鲜花，但某国曾有报道说，医院花瓶的水可能含有很多细菌，鲜花会在夜间与病人争夺氧气，还可能影响病房里电子设备的工作。这引起了人们对鲜花的恐慌，该国一些医院甚至禁止在病房内摆放鲜花。尽管后来证实鲜花并未导致更多的病人受感染，并且权威部门也澄清，未见任何感染病例与病房里的植物有关，但这并未减轻医院对鲜花的反感。

以下除哪项外，都能减轻医院对鲜花的担心？

A. 鲜花并不比病人身边的餐具、饮料和食物带有更多可能危害病人健康的细菌。

B. 在病房里放置鲜花让病人感到心情愉悦、精神舒畅，有助于病人康复。

C. 给鲜花换水、修剪需要一定的人工，如果花瓶倒了还会导致危险产生。

D. 已有研究证明，鲜花对病房空气的影响微乎其微，可以忽略不计。

E. 探望病人所送的鲜花大都花束小、需水量少、花粉少，不会影响电子设备工作。

【解析】A、D、E三项说明鲜花带来的危害很小，B项说明鲜花有益，这些都减轻了医院对鲜花的担心。C项不能减轻医院对鲜花的担心，反而有可能增加担心。

2013-44 足球是一项集体运动,若想不断取得胜利,每个强队都必须有一位核心队员,他总能在关键场次带领全队赢得比赛。友南是某国甲级联赛强队西海队队员。据某记者统计,在上赛季参加的所有比赛中,有友南参加的场次,西海队胜率高达75.5%,另有16.3%的平局,8.2%场次输球;而在友南缺阵的情况下,西海队胜率只有58.9%,输球的比率高达23.5%。该记者由此得出结论,友南是上赛季西海队的核心队员。

以下哪项如果为真,是能质疑该记者的结论?

A. 上赛季友南上场且西海队输球的比赛,都是西海队与传统强队对阵的关键场次。

B. 西海队队长表示:"没有友南我们将失去很多东西,但我们会找到解决办法。"

C. 本赛季开始以来,在友南上阵的情况下,西海队胜率暴跌20%。

D. 上赛季友南缺席且西海队输球的比赛,都是小组赛中西海队已经确定出线后的比赛。

E. 西海队教练表示:"球队是一个整体,不存在有友南的西海队和没有友南的西海队。"

【解析】**证据:**一个队伍中的核心队员一定是总能在关键场次带领全队赢得比赛;已知友南上赛季上场且胜率高。**结论:**友南是上赛季核心。这个论证必须假设:友南上赛季上场且胜率高的场次都是关键场次,才能把证据与结论结合起来。

削弱:直接断开、割裂证据与结论两者直接的假设联系。A项说明:关键场次,友南上场但输球。所以,答案为A项。本题关键是:核心队员的定义。

2014-49 不仅人上了年纪会难以集中注意力,就连蜘蛛也有类似的情况。年轻蜘蛛结的网整齐均匀,角度完美;年老蜘蛛结的网可能出现缺口,形状怪异。蜘蛛越老,结的网就越没有章法。科学家由此认为,随着时间的流逝,这种动物的大脑也会像人脑一样退化。

以下哪项如果为真,最能质疑科学家的上述论证?

A. 优美的蜘蛛网更能受到异性蜘蛛的青睐。

B. 年老蜘蛛的大脑较之年轻蜘蛛,其脑容量明显偏小。

C. 运动器官的老化会导致年老蜘蛛结网能力下降。

D. 蜘蛛结网行为只是一种本能的行为,并不受大脑的控制。

E. 形状怪异的蛛网较之整齐均匀的蛛网,其功能没有大的差别。

【解析】**证据:**蜘蛛越老,结的网就越没有章法;**结论:**随着时间的流逝,这种动物的大脑也会像人脑一样退化。科学家假设了"蜘蛛的网的章法"与"蜘蛛的大脑"之间的关系,D项如果真,则说明"蜘蛛结网"与"大脑"没有关系,直接割裂证据与结论之间关系,答案为D项。

C项通过他因来进行削弱,但C项的话题关键词是"结网能力的下降",并不一定表现为"没有章法",比如可以是"结网速度"下降,这也是"结网能力",关键词与题干信息中的关键词并不一致,削弱能力要弱一些。另外,有他因导致这个结果,不能排除大脑退化也是原因之一。

2016-33 研究人员发现，人类存在3种核苷酸基因类型：AA型、AG型以及GG型。一个人有36%的几率是AA型，有48%的几率是AG型，有16%的几率是GG型。在1 200名参与实验的老年人中，拥有AA型和AG型基因类型的人都在上午11时之前去世，而拥有GG型基因类型的人几乎都在下午6时左右去世。研究人员据此认为：GG型基因类型的人会比其他人平均晚死7个小时。

以下哪项如果为真，最能质疑上述研究人员的观点？

A. 平均寿命的计算依据应是实验对象的生命存续长度，而不是实验对象的死亡时间。

B. 当死亡临近的时候，人体会还原到一种更加自然的生理节律感应阶段。

C. 有些人是因为疾病或者意外事故等其他因素而死亡的。

D. 对人死亡时间的比较，比一天中的哪一时刻更重要的是哪一年、哪一天。

E. 拥有GG型基因类型的实验对象容易患上心血管疾病。

【解析】证据：在1 200名参与实验的老年人中，拥有AA型和AG型基因类型的人都在上午11时之前去世，而拥有GG型基因类型的人几乎都在下午6时左右去世；结论：GG型基因类型的人会比其他人平均晚死7小时。这个推论有问题，因为题干证据中没有说明他们是在同一天的11点和6点，如果一个GG型在昨天下午6点，一个AA型在今天上午11点，则题干的结论被推翻。答案为D项。

为什么不是A项呢？因为题干没有涉及几种人的寿命长短问题，题干只是提及3种类型的人的死亡早晚。注意证据结论关键概念的一致性是这类试题解题关键。

2016-34 某市消费者权益保护条例明确规定，消费者对其所购商品可以"7天内无理由退货"。但这项规定出台后并未得到顺利执行，众多消费者在7天内"无理由"退货时，常常遭遇商家的阻挠，他们以商品已作特价处理、商品已经开封或使用等理由拒绝退货。

以下哪项如果为真，最能质疑商家阻挠退货的理由？

A. 开封验货后，如果商品规格、质量等问题来自消费者本人，他们应为此承担责任。

B. 那些作特价处理的商品，本来质量就没有保证。

C. 如果不开封验货，就不能知道商品是否存在质量问题。

D. 政府总偏向消费者，这对于商家来说是不公平的。

E. 商品一旦开封或使用了，即使不存在问题，消费者也可以选择退货。

【解析】商家以商品已作特价处理、商品已经开封或使用等理由拒绝退货。选项E直接推翻了商家拒绝退货的理由，即没有问题也要退货，与题干"无理由退货"关键词最接近，答案为E项。

C项并没有回应"无理由退货"，其意思是"要知道存在质量问题，需要开封"，言下之意仍然是"有质量问题才能退货"，而不是"无理由退货"，也不涉及"特价处理""使用"等概念。注意保持题干与选项的证据结论关键概念的尽可能一致性。

2016-36 近年来，越来越多的机器人被用于在战场上执行侦察、运输、拆弹等任务，甚至将来冲锋陷阵的都不再是人，而是形形色色的机器人。人类战争正在经历自核武器诞生以来最深刻的革命。有专家据此分析指出，机器人战争技术的出现可以使人类远离危险，更安全、更有效率地实现战争目标。

以下哪些选项如果为真，最能质疑上述专家的观点？

A. 现代人类掌控机器人，但未来机器人可能会掌控人类。

B. 因不同国家军事科技实力的差距，机器人战争技术只会让部分国家远离危险。

C. 机器人战争技术有助于摆脱以往大规模杀戮的血腥模式，从而让现代战争变得更为人道。

D. 掌握机器人战争技术的国家为数不多，将来战争的发生更为频繁也更为血腥。

E. 全球化时代的机器人战争技术要消耗更多资源，破坏生态环境。

【解析】专家观点：机器人战争技术的出现可以使人类远离危险，更安全、更有效地实现战争目标。A项涉及未来，与题干无关；B项不质疑，因为还是让"部分国家"远离危险了，也就是说能让部分人类远离危险；C项支持了题干结论；D项"更为血腥"与专家观点相反；E项话题与专家观点无关。

2017-45 人们通常认为，幸福能够增进健康、有利于长寿，而不幸福则是健康状况不佳的直接原因，但最近研究人员对3 000多人的生活状态调查后发现，幸福或不幸福并不意味着死亡的风险会相应地变得更低或更高。他们由此指出，疾病可能会导致不幸福，但不幸福本身并不会对健康状况造成损害。

以下哪项如果为真，最能质疑上述研究人员的论证？

A. 幸福是个体的一种心理体验，要求被调查对象准确断定其幸福程度有一定的难度。

B. 有些高寿老人的人生经历较为坎坷，他们有时过得并不幸福。

C. 有些患有重大疾病的人乐观向上，积极与疾病抗争，他们的幸福感比较高。

D. 人的死亡风险低并不意味着健康状况好，死亡风险高也不意味着健康状况差。

E. 少数个体死亡风险的高低难以进行准确评估。

【解析】证据：调查后发现，幸福或不幸福并不意味着死亡的风险会相应地变得更低或更高。结论：疾病可能会导致不幸福，但不幸福本身并不会对健康状况造成损害。证据中的"死亡的风险"概念与结论中的"疾病""健康状况"并不一致。D项则明确指出了这一错误，割裂了证据与结论的关系。正确答案为D项。

削弱思路2：有因无果式直接割裂

思路说明：有此因，但无此结果。（满足此条件，但没有这个结果）即题干的条件（理由）已经满足了，但并没有产生题干所说的结果。

有因无果思路适用范围：题干一般为基于某个条件（理由），然后得出（推出、推断）某个结论。

2013-33 某科研机构对市民所反映的一种奇异现象进行研究,该现象无法用已有的科学理论进行解释。助理研究员小王有此断言:该现象是错觉。

以下哪项如果为真,最可能使小王的断言不成立?

A. 错觉都可以用已有的科学理论进行解释。

B. 所有错觉都不能用已有的科学理论进行解释。

C. 已有的科学理论尚不能完全解释错觉是如何形成的。

D. 有些错觉不能用已有的科学理论进行解释。

E. 有些错觉可以用已有的科学理论进行解释。

【解析】证据:该现象无法用已有的科学理论进行解释;结论:该现象是错觉。其矛盾命题是:无法用已有的科学理论进行解释,但不是错觉。即有因无果。

选项 A 的意思:如果不能用已有的科学理论进行解释,则不是错觉。这和小王的话相反。正确答案为 A 项。

2014-26 随着光纤网络带来的网速大幅度提高,高速下载电影、在线看大片等都不再是困扰我们的问题。即使在社会生产力发展水平较低的国家,人们也可以通过网络随时随地获得最快的信息、最贴心的服务和最佳体验。有专家据此认为:光纤网络将大幅提高人们的生活质量。

以下哪项如果为真,最能质疑该专家的观点?

A. 随着高速网络的普及,相关上网费用也随之增加。

B. 即使没有光纤网络,同样可以创造高品质的生活。

C. 快捷的网络服务可能使人们将大量时间消耗在娱乐上。

D. 人们生活质量的提高仅决定于社会生产力的发展水平。

E. 网络上所获得的贴心服务和美妙体验有时是虚幻的。

【解析】论证观点:光纤网络将大幅提高人们的生活质量。其观点结构为:条件 A 将会带来结果 B。削弱思路:有 A 但没有 B,A 与 B 没有关系。选项 D 指出"人们生活质量的提高仅决定于社会生产力的发展水平",即生活质量的提高与光纤网络无关,直接反驳了题干的观点,故削弱力度最强。注意 D 项中"仅决定于"的意思。

选项 B 的干扰比较大,题干说的是"光纤网络"将大幅度提高"生活质量",这个表达为一个充分条件的判断,削弱必须是"有条件"但"没有结果"。B 选项无法确认有光纤网络的情况如何,本质上与题干无关。另外,"高品质的生活"也不等同于"大幅提高人们的生活质量",关键概念不一样。故正确答案为 D 项。

削弱思路 3:无因有果式直接割裂

2013-26 某公司去年初开始实施一项"办公用品节俭计划",每位员工每月只能免费领用限量的纸笔等各类办公用品。年末统计时发现,公司用于办公用品的支出较上年度下降了 30%。在未实施该计划的过去 5 年间,公司年平均消耗办公用品 10 万元。公司总经理由此得出:该计划去年已经为公司节约了不少经费。

以下哪项如果为真，最能构成对总经理推论的质疑？

A.另一家与该公司规模及其他基本情况均类似的公司，未实施类似的节俭计划，在过去的5年间办公用品消耗额年均也为10万元。

B.在过去的5年间，该公司大力推广无纸化办公，并且取得很大成就。

C."办公用品节俭计划"是控制支出的重要手段，但说该计划为公司"一年内节约不少经费"，没有严谨的数据分析。

D.另一家与该公司规模及其他基本情况均类似的公司，未实施类似的节俭计划，但在过去的5年间办公用品人均消耗额越来越低。

E.去年，该公司在员工困难补助、交通津贴等方面的开支增加了3万元。

【解析】证据：求异法实验，即去年实施计划，公司用于办公用品的支出较上年度下降了30%。在未实施该计划的过去5年间，公司年平均消耗办公用品10万元。结论：该计划去年已经为公司节约了不少经费。论证建立了"公司用于办公用品的支出较上年度下降了30%"与"去年实施的办公节俭计划"的关系。D项如果为真，则通过情况完全类似的一家公司来类比说明，没有实施节俭计划，公司用于办公用品的支出也有不断降低。由于题干只涉及一家公司，所以，类比进行无因有果削弱也是比较有力的。但需要注意，类比进行评估，必须保证两个事物之间情况高度一致，没有重大的或者影响结果的差异。因此，正确答案为D项。

削弱思路4：方法达不到目的

适用题干：为了达到某个目的，提出了某个方法、建议。

思路：方法本身就达不到目的，与目的没有关系；方法本身不可行，当然也不能达到目的。

2011-53 一些城市，由于作息时间比较统一，加上机动车太多，很容易形成交通早高峰和晚高峰。市民们在高峰时间上下班很不容易。为了缓解人们上下班的交通压力，某政府顾问提议采取不同时间段上下班制度，即不同单位可以在不同的时间段上下班。

以下哪项如果为真，最可能使该顾问的提议无法取得预期效果？

A.有些上班时间段与员工的用餐时间冲突，会影响他们生活的乐趣，从而影响他们的工作积极性。

B.许多上班时间段与员工的正常作息时间不协调，他们需要较长一段时间来调整适应，这段时间的工作效率难以保证。

C.许多单位的大部分工作通常需要员工们在一起讨论，集体合作才能完成。

D.该市的机动车数量持续增加，即使不在早晚高峰期，交通拥堵也时有发生。

E.有些单位员工的住处与单位很近，步行即可上下班。

【解析】本题要求削弱顾问的提议。顾问为解决作息时间一致导致的交通早晚高峰时的拥堵问题，提议错开上下班时间段。"目的方法"类题干，削弱一般就是让其方法不能达到目的

（可以通过方法实际上行不通，或者方法与目的根本没有关系来进行削弱）。如果D项为真，"不在早晚高峰也有拥堵"则说明该市的交通拥堵问题不是由于作息时间一致导致的，而是"机动车数量持续增加"导致的，说明即使错开上下班高峰，也不能解决拥堵问题，彻底削弱顾问建议。A项如果真，不能说明其方法达不到目的，记住，即使方法有些副作用，但不能说其达不到目的，其中"有些"也弱化了削弱力度，个案与副作用，永远不能推翻普遍概率性趋势；B项同A项类似；C项与题干"不同单位"不一致；E项也是"有些"，不能否定普遍性。

2012-26 1991年6月15日，菲律宾吕宋岛上的皮纳图博火山突然大喷发，2 000万吨二氧化硫气体冲入平流层，形成的霾像毯子一样盖在地球上空，把部分要射入地球的阳光阻挡回太空。几年之后，气象学家发现这层霾使得当时地球表面的温度累计下降了0.5℃，而皮纳图博火山喷发前的一个世纪，因人类活动而造成的温室效应已经使地球表面温度升高了1℃。某位持"人工气候改造论"的科学家据此认为，可以用火箭弹等方式将二氧化硫充入大气层，阻挡部分阳光，达到地球表面降温的目的。

以下哪项如果为真，最能对科学家提议的有效性构成质疑？

A. 如果利用火箭弹将二氧化硫充入大气层，会导致航空乘客呼吸不适。
B. 如果在大气层上空放置反光物，就可以避免地球表面受到强烈阳光的照射。
C. 可以把大气中的碳提取出来存储在地下，减少大气层中的碳含量。
D. 不论何种方式，"人工气候改造论"都将破坏地球大气层的结构。
E. 火山喷发形成的降温效应只是暂时的，经过一段时间温度将再次回升。

【解析】题干结构为达到目的"使地球表面由于温室效应提高的温度降温"，提出方法"火箭弹喷二氧化硫"；**证据：**已经证实菲律宾火山喷发的二氧化硫形成的霾可以使地球降温。**削弱思路：**割裂证据与结论之间的关系。E项指出，火山的降温效应是暂时的，一段时间后又会再次回升，因此，仿照此种方法的"火箭弹发射二氧化硫"也达不到降温的目的。削弱思路是"此种方法本身就达不到目的"。容易误选的是D项。但破坏大气层结构并不代表达不到降温目的，也没有割裂证据与结论的关系。

2015-27 长期以来，手机产生的电磁辐射是否威胁人体健康一直是极具争议的话题。一项长达10年的研究显示，每天使用移动电话通话30分钟以上的人患神经胶质瘤的风险比从未使用者要高出40%。由此某专家建议，在取得进一步证据的之前，人们应该采取更加安全的措施，如尽量使用固定电话通话或使用短信进行沟通。

以下哪项如果为真，最能表明该专家的建议不切实际？

A. 大多数手机产生电磁辐射强度符合国家规定的安全标准。
B. 现在人类生活空间中的电磁辐射强度已经超过手机通话产生的电磁辐射强度。
C. 经过较长一段时间，人的身体能够逐渐适应强电磁辐射的环境。
D. 上述实验期间，有些人每天使用移动电话通话超过40分钟，但他们很健康。
E. 即使以手机短信进行沟通，发送和接收信息的瞬间也会产生较强的电磁辐射。

【解析】题干论证：某专家建议，在取得进一步证据之前，人们应该采取更加安全的措施，如尽量使用固定电话通话或使用短信进行沟通。如果 B 项为真，则说明专家的建议没有意义。答案为 B 项。E 项没有说明固定电话不可行；D 项为反例，但不能削弱普遍高概率现象，削弱力度较弱。

削弱思路 5：因果倒置

2013-52 某组研究人员报告说，与心跳速度每分钟低于 58 次的人相比，心跳速度每分钟超过 78 次者心脏病发作或者发生其他心血管问题的几率高出 39%，死于这类疾病的风险高出 77%，其整体死亡率高出 65%。研究人员指出，长期心跳过快导致了心血管疾病。

以下哪项如果为真，最能够对该研究人员的观点提出质疑？

A. 各种心血管疾病影响身体的血液循环机能，导致心跳过快。

B. 在老年人中，长期心跳过快的不到 39%。

C. 在老年人中，长期心跳过快的超过 39%。

D. 野外奔跑的兔子心跳很快，但是很少发现他们患心血管疾病。

E. 相对老年人，年轻人生命力旺盛，心跳较快。

【解析】证据：心跳快的心血管疾病发病几率高；结论：长期心跳快导致了心血管疾病。A 项如果为真，则说明是心血管疾病的出现才导致了心跳快，说明心血管疾病才是原因。原论证犯了因果倒置的错误。

削弱思路 6：以偏概全

2014-30 人们普遍认为适量的体育运动能够有效降低中风的发生率，但科学家还注意到有些化学物质也有降低中风风险的作用。番茄红素是一种让番茄、辣椒、西瓜和番木瓜等果蔬呈现红色的化学物质。研究人员选取一千余名年龄在 46 至 55 岁之间的人，进行了长达 12 年的追踪调查，发现其中番茄红素水平最高的四分之一的人中有 11 人中风，番茄红素水平最低的四分之一的人中有 25 人中风。他们由此得出结论：番茄红素能降低中风的发生率。

以下哪项如果为真，最能对上述研究结论提出质疑？

A. 番茄红素水平较低的中风者中有三分之一的人病情较轻。

B. 吸烟、高血压和糖尿病等会诱发中风。

C. 如果调查 56 至 65 岁之间的人，情况也许不同。

D. 番茄红素水平高的人约有四分之一喜爱进行适量的体育运动。

E. 被研究的另一半人中有 50 人中风。

【解析】证据：取番茄红素水平最高和最低的四分之一共一半的人统计情况；结论：番茄红素高的比低的能降低中风发生率。此论证最严重的漏洞就是没有考查到另外的一半的情况。E 项明确指出了这个漏洞。如果被研究的另一半人中有 50 人中风，那就意味着"番茄红素高与低"与"降低中风发生率"之间的数据关系并不存在，严重质疑了番茄红素能降低中风发生率这一结论。答案为 E 项。

削弱思路7：有确定其他原因导致了这个结果

2018-36 最近一项调研发现，某国 30 岁至 45 岁人群中，去医院治疗冠心病、骨质疏松等病症的人越来越多，而原来患有这些病症的大多是老年人。调研者由此认为，该国年轻人中"老年病"发病率有不断增加的趋势。

以下哪项如果为真，最能质疑上述调研结论？

A. 由于国家医疗保障水平的提高，相比以往，该国民众更有条件关注自己的身体健康。

B. "老年人"的最低年龄比以前提高了，"老年病"的患者范围也有所变化。

C. 近年来，由于大量移民涌入，该国 45 岁以下年轻人的数量急剧增加。

D. 尽管冠心病、骨质疏松等病症是常见的"老年病"，老年人患的病未必都是"老年病"。

E. 近几十年来，该国人口老龄化严重，但健康老龄人口的比重在不断增大。

【解析】证据： 这是一个现象，"某国 30 岁至 45 岁人群中，去医院治疗冠心病、骨质疏松等病症的人越来越多"；**结论：** 对此现象的解释，"该国年轻人中'老年病'发病率有不断增加的趋势"。A 项通过他因来解释了去医院看老年病的人数多，但并没有具体解释为什么是这个年龄段的人增加了。C 项通过他因解释了去医院看病的 45 岁以下的人增多，是因为这个年龄段的人基数大大增加了。两个选项都削弱，找话题最接近和语气词最坚决的，故 C 项最能削弱。

2011-33 受多元文化和价值观的冲击，甲国居民的离婚率明显上升。最近一项调查表明，甲国的平均婚姻存续时间为 8 年。张先生为此感慨，现在像钻石婚、金婚、白头偕老这样的美丽故事已经很难得，人们淳朴的爱情婚姻观一去不复返了。

以下哪项如果为真，最可能表明张先生的理解不确切？

A. 现在有不少闪婚一族，他们经常在很短的时间里结婚又离婚。

B. 婚姻存续时间长并不意味着婚姻的质量高。

C. 过去的婚姻主要由父母包办，现在主要是自由恋爱。

D. 尽管婚姻存续时间短，但年轻人谈恋爱的时间比以前增加很多。

E. 婚姻是爱情的坟墓，美丽感人的故事更多体现在恋爱中。

【解析】 张先生论证的结构——**证据：** 甲国的平均婚姻存续时间为 8 年；**结论：** 钻石婚、白头偕老等婚姻很少了。这个论证有个漏洞，平均值陷阱漏洞，一个集合的平均值下降到 8 年，不代表这个集合中的每一个数字都是接近 8 年，很有可能有其他确定原因。比如，如果集合中最高值与最低值差距过大，或者某个区间占比过大，都会影响平均值。比如，平均婚姻长度 8 年，当两三个月长度的婚姻占比大的时候，不代表金婚、钻石婚等长婚姻的会比过去少。如果 A 项为真，则说明平均值的下降是由不少闪婚一族引起的，钻石婚等婚姻并不一定会减少，有力说明了张先生的理解不准确，没有考虑平均值的陷阱。

2011-29 某教育专家认为："男孩危机"是指男孩调皮捣蛋、胆小怕事、学习成绩不如女孩好等现象。近些年，这种现象已经成为儿童教育专家关注的一个重要问题。这位专家在列出一系列统计数据后,提出了"今日男孩为什么从小学、中学到大学全面落后于同年龄段的女孩"的疑问,这无疑加剧了无数男生家长的焦虑。该专家通过分析指出,恰恰是家庭和学校不适当的教育方法导致了"男孩危机"现象。

以下哪项如果为真,最能对该专家的观点提出质疑?

A. 家庭对独生子女的过度呵护,在很大程度上限制了男孩发散思维的拓展和冒险性格的养成。

B. 现在的男孩比以前的男孩在女孩面前更喜欢表现出"绅士"的一面。

C. 男孩在发展潜能方面要优于女孩,大学毕业后他们更容易在事业上有所成就。

D. 在家庭、学校教育中,女性充当了主要角色。

E. 现代社会游戏泛滥,男孩天性比女孩更喜欢游戏,这耗去了他们大量的精力。

【解析】本题为削弱题型,要求对专家的观点做出最有力的质疑。快速找到证据与结论,证据:近年来的男孩全面落后女孩的危机现象;结论:是家庭和学校不恰当的教育方法导致的"男孩危机"现象。现象-原因类论证结构,削弱一般有两种思路:直接割裂证据与结论的关系或寻找其他确定原因来解释此种现象的出现。如果 E 项为真,则说明是因为男孩的天性好玩,耗去了大量的精力,从而导致全面落后女孩,说明男孩危机现象与教育方法无关,属于他因式削弱。A 项说明是家庭的教育方法不当,支持专家;B 项中的"绅士"一面与男孩危机无关,不要胡乱发挥;C 项的"大学后"与题干的"小学、中学、大学"时间不一致,为不相关选项;D 项与"男孩危机"现象无关。因此,E 项最能削弱。

2011-45 国外某教授最近指出,长着一张娃娃脸的人意味着他将享有更长的寿命,因为人们的生活状况很容易反映在脸上。从 1990 年春季开始,该教授领导的研究小组对 1 826 对 70 岁以上的双胞胎进行了体能和认知测试,并拍了他们的面部照片。在不知道他们确切年龄的情况下,三名研究助手先对不同年龄组的双胞胎进行年龄评估,结果发现,即使是双胞胎,被猜出的年龄也相差很大。然后,研究小组用若干年时间对这些双胞胎的晚年生活进行了跟踪调查,直至他们去世。调查表明:双胞胎中,外表年龄差异越大,看起来老的那个就越可能先去世。

以下哪项如果为真,最能形成对该教授调查结论的反驳?

A. 如果把调查对象扩大到 40 岁以上的双胞胎,结果可能有所不同。

B. 三名研究助手比较年轻,从事该项研究的时间不长。

C. 外表年龄是每个人生活环境、生活状况和心态的集中体现,与生命老化关系不大。

D. 生命老化的原因在于细胞分裂导致染色体末端不断损耗。

E. 看起来越老的人,在心理上一般较为成熟,对于生命有更深刻的理解。

【解析】证据:双胞胎中,外表年龄差异越大,看起来老的那个就越可能先去世;结论:外表年龄显得老,则其衰老更快。现象-原因类论证,削弱一般有两种思路,一是直接削弱,即外表年龄与生命老化没有关系;二是他因式间接削弱,即外表年龄老死得快是由确定的他因导致的。C 项指出外表年龄是由生活环境等因素的影响（这是他因式削弱），与生命老化无关（直接进行削弱），C 项为最强削弱。A 项不一定削弱，因为其脱离了题干限定的条件，与题干条件范围不一致，且"可能"字眼也降低了其削弱力；B 项属于无关选项，一个人是否有能力与其是否年轻并无直接关系，犯了"诉诸无关背景"的错误；D 项虽然说明生命老化的原因是"细胞分裂导致染色体末端损耗"，但这个与"外表年龄是否有关"并不清楚，不如 C 项明确（注意：并不是有他因就是削弱，必须是这个结果是由他因导致，与原先的解释无关，这才是削弱）；E 项是在讲对"生命的理解"，并不是题干的"生命老化、死亡"等关键词语，属于无关选项。

2015-35 某市推出一项月度社会公益活动，市民报名踊跃。由于活动规模有限，主办方决定通过摇号抽签方式选择参与者，第一个月中签率为 1∶20，随后连创新低，到下半年的十月份已达 1∶70，大多数市民屡摇不中。但从今年 7 月到 10 月，"李祥"这个名字连续四个月中签，不少市民据此认为有人作弊，并对主办方提出质疑。

以下哪项如果为真，最能消除市民质疑？

A. 已经中签的申请者中，叫"张磊"的有 7 人。

B. 曾有一段时间，家长给孩子取名不回避重名。

C. 在报名市民中，名叫"李祥"的近 300 人。

D. 摇号抽签全过程是在有关部门监督下进行的。

E. 在摇号系统中，每一位申请人都被随机赋予了一个不重复的编码。

【解析】证据："李祥"这个名字连续四个月中签。结论：不少市民据此认为有人作弊。现象解释类题型，削弱一般可以考虑有其他更好的解释。B 项并没有直接说是"李祥"重名。C 项如果真，则意味着现象"'李祥'这个名字连续四个月中签"是可能的。E 不能消除怀疑，如果 E 真，每个人号码不重复，怎么解释现象"'李祥'这个名字连续四个月中签"。其他选项与题干证据结论话题无关。

2016-51 田先生认为，绝大部分笔记本电脑运行速度慢的原因不是 CPU 性能太差，也不是内存容量太小，而是硬盘速度太慢，给老旧的笔记本电脑换装固态硬盘可以大幅提升使用者的游戏体验。

以下哪项如果为真，最能质疑田先生的观点？

A. 固态硬盘很贵，给老旧笔记本换装硬盘费用不低。

B. 销售固态硬盘的利润远高于销售传统的笔记本电脑硬盘。

C. 少部分老旧笔记本电脑的 CPU 性能很差，内存也小。

D. 使用者的游戏体验很大程度上取决于笔记本的电脑显卡，而老旧笔记本电脑显卡较差。

E. 一些笔记本电脑使用者的使用习惯不好，使得许多运行程序占据大量内存，导致电脑运行速度缓慢。

【解析】论证结构：游戏体验不好是因为硬盘速度太慢，所以给老旧的笔记本电脑换硬盘能大幅提升使用者的游戏体验。D项如果为真，则说明游戏体验取决于电脑的显卡，这就说明换硬盘达不到大幅提升游戏体验的目的，这里是他因式削弱，所以D项最有力地削弱了题干的观点。注意题干论证证据与结论的关键词。

第七章　必考题型：加强（必考分值：4—10分）

一、加强题型分析

加强类试题一般有两种提问方式：假设、支持。

（一）假设题型分析

假设题型的题干一般来说都有一个较为完整的论证，有证据、结论。在题干所给的信息中，给出一个推理或者论证，有理由，也有结论。但其理由和结论之间的关系并不充分，前提并不足以推出结论，或者其前提和结论之间存在缺陷，或者其证据不足。这样，需要补充一个前提或证据，来加强论证的可接受性。

在试题中的表现为：

（1）若题干的前提与结论之间有明显的跳跃，那么，这个段落推理成立所隐含的一个假设是前提的讨论对象与结论的讨论对象是有本质联系的，这就是所谓的"搭桥"。

请体会：

人都是自私的，所以，我们都是自私的。

假设了：我们都是人。

这是从正面角度来说的。

（2）题干是由于某个原因导致某个结果，则其假设之一就是：这个理由确实可以导致这个结果。如果选项被否定的话，则上面的原因不能产生上面所说的结果。

假设是寻找这样一个选项：

这个选项建立了题干证据与结论之间的联系，使得证据与结论之间断开的部分建立了联系。

这个选项也可以是上面题干推论成立的必要条件，即如果这个选项不成立（对选项取非），则题干中的推理被严重削弱或推翻。饶老师提醒：此种方法切勿滥用，仅限于必须假设题型。如果每一个选项都进行取非，则会把容易的题目做错。

一般来说，假设只有两个思路。

①直接假设

直接建立证据与结论之间的关系，即在证据与结论断开的部分建立联系。具体地说，有三种：

a.证据与结论确实有联系，有内在因果联系。

或者：题干的理由与结论（或现象与解释）之间确实是有联系的。

b.没有这个原因（方法），则没有这个结果。

如果题干是现象Y原因X型，那么"没有原因X，就没有现象Y（结果）出现"就是它的假设，也是它的最有力的支持，也是它可以推出的结论。

没有 X，没有 Y；等于只有 X，才 Y；除非 X 否则不能 Y。

如果题干是"目的－方法型"，则思路为：

方法（建议）可以达到目的；方法与目的有关系；没有其他的方法可以达到这样的目的；方法是可行的，能够达到目的。

c. 因必须是原因，不是结果。

题干论证结构如果是"由于某个原因 X，所以导致某个结果 Y"，则其假设之一就是这个 X 原因确实是 Y 结果的原因，不是 Y 的结果。

②间接假设

通过迂回的方法进行假设，"现象－因果类"试题，必须假设没有其他原因会导致这个结果。

具体说，包括除了他所说的原因（方法），没有其他方面的差异（方法）；在 X 方面大家是基本相同的，没有差异的；没有其他的原因会导致这样的结果；或者说不是 X 这个因素导致的结果。

以上思路没有强弱之分，最有力的选项的关键在于与题干证据结论的关键信息保持高度一致，注意排除干扰选项。

（二）支持题型分析

根据上述论述，我们可以知道，所有的"假设"本身就是支持，只不过"假设"是一种必要性的支持。所以，做支持题可以先按照假设题思路进行。找不到答案的情况下，考虑以下：

充分条件支持也是支持。

只要说论证的合理性的都是支持。

直接支持结论也是支持。

不管怎么说，只要选项是建立和加强题干的理由和结论之间联系的，或者是直接支持结论的，都是支持。当然，选项如果是题干推论成立的充分条件，这样的支持力度最强；如果选项不是题干推论成立的充分条件，但只要是对推理成立或对结论正确起到支持作用的，或者使结论成立的可能性程度增大，这样的选项都是支持。

所以，支持题型的答案可以是题干推论成立的充分条件，也可以是其中一个必要条件，也可以是既不充分也不必要的支持。

支持题型的做题技巧：

首先，快速找到题干的论证结构，寻找到题干推论的理由和结论。然后，阅读选项，只要选项符合下面的任何一种类型的，就是支持。

① 选项加强题干推论中的理由和结论之间关系，认为"理由"和"结论"之间有联系的；

② 选项认为题干中所提出的解释、方法是可行的、有意义的；

③ 选项认为没有题干的所说的原因，就没有题干所说的结果的；

④ 选项认为，除了题干所认为的原因之外，没有别的原因会产生同样的结果的；

⑤ 除了题干所陈述的原因外，认为大家在其他的方面差不多、没什么差异的；

⑥ 选项直接支持结论的。

以上思路没有强弱之分，最有力的选项的关键在于与题干证据结论的关键信息保持高度一致，注意排除干扰选项（干扰信息一般为似是而非的表达，考生要注意限定词）。

二、假设、支持等加强类题型必考解题思路

加强思路1：直接支持结论

2018-28　现在许多人很少在深夜11点以前安然入睡，他们未必都在熬夜用功，大多是在玩手机或看电视，其结果就是晚睡，第二天就会头昏脑涨、哈欠连天。不少人常常对此感到后悔，但一到晚上他们多半还会这么做。有专家就此指出，人们似乎从晚睡中得到了快乐，但这种快乐其实隐藏着某种烦恼。

以下哪项如果为真，最能支持上述专家的结论？

A. 晨昏交替，生活周而复始，安然入睡是对当天生活的满足和对明天生活的期待，而晚睡者只想活在当下，活出精彩。

B. 晚睡者具有积极的人生态度。他们认为，当天的事须当天完成，哪怕晚睡也在所不惜。

C. 大多数习惯晚睡的人白天无精打采，但一到深夜就感觉自己精力充沛，不做点有意义的事情就觉得十分可惜。

D. 晚睡其实是一种表面难以察觉的、对"正常生活"的抵抗，它提醒人们现在的"正常生活"存在着某种令人不满的问题。

E. 晚睡者内心并不愿意睡得晚，也不觉得手机或电视有趣，甚至都不记得玩过或看过什么，但他们总是要在睡觉前花较长时间磨蹭。

【解析】证据：晚睡的人会在第二天后悔晚睡行为，但是还是会继续晚睡；结论：人们似乎从晚睡中得到了快乐，但这种快乐其实隐藏着某种烦恼。D项直接说了晚睡与烦恼（令人不满）之间的关系，D项最能加强。E项不一定能加强，因为E项虽然说了晚睡的人内心不愿意晚睡，但没有直接说明"其实隐藏着某种烦恼"，E项只是重复了晚睡的现象，不如D项的"存在着某种令人不满的问题"这样直接支持。

2018-29　分心驾驶是指驾驶人为满足自己的身体舒适、心情愉悦等需求而没有将注意力全部集中于驾驶过程的驾驶行为，常见的分心行为有抽烟、饮水、进食、聊天、刮胡子、使用手机、照顾小孩等。某专家指出，分心驾驶已成为我国道路交通事故的罪魁祸首。

以下哪项如果为真，最能支持上述专家的观点？

A. 一项统计研究表明，相对于酒驾、药驾、超速驾驶、疲劳驾驶等情形，我国由分心驾驶导致的交通事故占比最高。

B. 驾驶人正常驾驶时反应时间为 0.3～1.0 秒，使用手机时反应时间则延迟 3 倍左右。

C. 开车使用手机会导致驾驶人注意力下降 20%；如果驾驶人边开车边发短信，则发生车祸的概率是其正常驾驶时的 23 倍。

D. 近来使用手机已成为我国驾驶人分心驾驶的主要表现形式，59% 的人开车过程中看微信，31% 的人玩自拍，36% 的人刷微博、微信朋友圈。

E. 一项研究显示，在美国超过 1/4 的车祸是由驾驶人使用手机引起的。

【解析】 题干**结论**：分心驾驶已成为我国道路交通事故的罪魁祸首，论述了分心与交通事故罪魁祸首之间的关系。A 项直接说明"分心驾驶导致的交通事故占比最高"，直接支持了题干的论证。

2011-46 由于含糖饮料的卡路里含量高，容易导致肥胖，因此无糖饮料开始流行。经过一段时期的调查，李教授认为：无糖饮料尽管卡路里含量低，但并不意味它不会导致体重增加。因为无糖饮料可能导致人们对于甜食的高度偏爱，这意味着可能食用更多的含糖类食物。而且无糖饮料几乎没什么营养，喝得过多就限制了其他健康饮品的摄入，比如茶和果汁等。

以下哪项如果为真，最能支持李教授的观点？

A. 茶是中国的传统饮料，长期饮用有益健康。

B. 有些瘦子也爱喝无糖饮料。

C. 有些胖子爱吃甜食。

D. 不少胖子向医生报告他们常喝无糖饮料。

E. 喝无糖饮料的人很少进行健身运动。

【解析】 李教授证据"因为无糖饮料可能导致人们对于甜食的高度偏爱，这意味着可能食用更多的含糖类食物"；李教授结论"无糖饮料尽管卡路里含量低，但并不意味它不会导致体重增加"，即"无糖饮料会使你吃更多的含糖类食物，可能会导致体重增加"。思路可以是直接支持，即无糖饮料增加了体重；也可以是间接支持，即无糖饮料会使你更多的增加体重的食物。D 项如果真，则说明无糖饮料也会导致发胖。

A 项讲的是茶与健康，与李教授话题不一致；B 项"有些瘦子也爱喝无糖饮料"与李教授的思路相反；C 项没有讲"无糖饮料"；E 项讲了"无糖饮料"，但没有涉及体重的问题，与题干论证无关，故排除。

有的考生会把自己的生活经验代入解题，其实与题干所给信息无关。例如，有考生假设，"喝无糖饮料的人"很少健身，很少健身导致体重增加（这一段解释属于过度联想，题干信息并没有提及）。

2011-39 科学研究中使用的形式语言和日常生活中使用的自然语言有很大的不同。形式语言看起来像天书，远离大众，只有一些专业人士才能理解和运用。但其实这是一种误解，自然语言和形式语言的关系就像肉眼与显微镜的关系。肉眼的视域广阔，可以从整体上把握事物的信息；显微镜可以帮助人们看到事物的细节和精微之处，尽管用它看到的范围小。所以，形式语言和自然语言都是人们交流和理解信息的重要工具，把它们结合起来使用，具有强大的力量。

以下哪项如果为真，最能支持上述结论？

A.通过显微镜看到的内容可能成为新的"风景"，说明形式语言可以丰富自然语言的表达，我们应重视形式语言。

B.正如显微镜下显示的信息最终还是要通过肉眼观察一样，形式语言表述的内容最终也要通过自然语言来实现，说明自然语言更基础。

C.科学理论如果仅用形式语言表达，很难被普通民众理解；同样，如果仅用自然语言表达，有可能变得冗长且很难表达准确。

D.科学的发展很大程度上改善了普通民众的日常生活，但人们并没有意识到科学表达的基础——形式语言的重要性。

E.采用哪种语言其实不重要，关键在于是否表达了真正想表达的思想内容。

【解析】证据：自然语言和形式语言的关系就像肉眼与显微镜的关系，一个可以从整体上把握事物的信息，另一个可以帮助人们看到事物的细节和精微之处；结论：所以，形式语言和自然语言都是人们交流和理解信息的重要工具，把它们结合起来使用，具有强大的力量。关键信息：自然语言与形式语言要结合起来用。A项"应重视形式语言"与"结合起来用"不一致；B项说"自然语言更好"；C项说明单独用都不行，必须结合起来用，与题干信息高度一致，答案为C项；D项强调形式语言；E项话题与题干"结合起来用"不相关，属于瞎扯胡拉。C项如果真，则说明不结合起来不行，强有力地支持"结合起来用"。

加强思路2：建立证据与结论之间关系——搭桥

2018-49 有研究发现，冬季在公路上撒盐除冰，会让本来要成为雌性的青蛙变成雄性，这是因为这些路盐中的钠元素会影响青蛙的受体细胞并改变原可能成为雌性青蛙的性别。有专家据此认为，这会导致相关区域青蛙数量的下降。

以下哪项如果为真，最能支持上述专家的观点？

A.大量的路盐流入池塘可能会给其他水生物造成危害，破坏青蛙的食物链。

B.如果一个物种以雄性为主，该物种的个体数量就可能受到影响。

C.在多个盐含量不同的水池中饲养青蛙，随着水池中盐含量的增加，雌性青蛙的数量不断减少。

D.如果每年冬季在公路上撒很多盐，盐水流入池塘，就会影响青蛙的生长发育过程。

E.雌雄比例会影响一个动物种群的规模，雌性数量的充足对物种的繁衍生息至关重要。

【解析】题干论证结构：撒盐会导致雌性青蛙变成雄性，专家认为"雌性青蛙减少"会导致"此区域青蛙数量下降"这个结果，认为两者之间有关系。只有E项讲述雌雄比例与物种种群数量之间是有关系的，正确答案为E项。C项讲述了撒盐与雌性青蛙数量的关系，但没有讲述这种行为与青蛙总体数量的关系，没有建立与结论之间的关系，不能确定整个区域青蛙数量会下降；其余选项均没有确定这种行为与青蛙数量下降的关系。支持类题型必须准确定位证据与结论之间的关系信息。

2011-36 在一次围棋比赛中，参赛选手陈华不时地挤捏指关节，发出的声响干扰了对手的思考。在比赛封盘间歇时，裁判警告陈华：如果再次在比赛中挤捏指关节并发出声响，将判其违规。对此，陈华反驳说，他挤捏指关节是习惯性动作，并不是故意的，因此，不应被判违规。

以下哪项如果成立，最能支持陈华对裁判的反驳？

A. 在此次比赛中，对手不时打开、合拢折扇，发出的声响干扰了陈华的思考。
B. 在围棋比赛中，只有选手的故意行为，才能成为判罚的根据。
C. 在此次比赛中，对手本人并没有对陈华的干扰提出抗议。
D. 陈华一向恃才傲物，该裁判对其早有不满。
E. 如果陈华为人诚实、从不说谎，那么他就不应该被判违规。

【解析】陈华的论证证据：他挤捏指关节是习惯性动作，并不是故意的；结论：不应被判违规。支持就是建立证据与结论之间的关系，即不是故意的，就不应该判违规。"不X，就不Y"这个表达等于"只有X，才Y"，等于"如果Y，则X"。答案为B项，"只有选手故意行为，才能判罚"，等于说"如果不是故意的，则不能判罚"，直接支持了陈华的观点。

2011-51 某公司总裁曾经说过："当前任总裁批评我时，我不喜欢那感觉，因此，我不会批评我的继任者。"

以下哪项最有可能是该总裁上述言论的假设？

A. 当遇到该总裁的批评时，他的继任者和他的感觉不完全一致。
B. 只有该总裁的继任者喜欢被批评的感觉，他才会批评继任者。
C. 如果该总裁喜欢被批评，那么前任总裁的批评也不例外。
D. 该总裁不喜欢批评他的继任者，但喜欢批评其他人。
E. 该总裁不喜欢被前任总裁批评，但喜欢被其他人批评。

【解析】证据：我不喜欢前任总裁批评我时的感觉；结论：我不会批评我的继任者。其中所蕴涵的假设为"如果我的继任者不喜欢被批评的感觉，那么我不会批评我的继任者"，等价于"只有我的继任者喜欢被批评的感觉，我才会批评继任者"，即B项。

2011-55 有医学研究显示，行为痴呆症患者大脑组织中往往含有过量的铝。同时有化学研究表明，一种硅化合物可以吸收铝。陈医生据此认为，可以用这种硅化合物治疗行为痴呆症。

以下哪项是陈医生最可能依赖的假设？

A. 行为痴呆症患者大脑组织的含铝量通常过高，但具体数量不会变化。
B. 该硅化合物在吸收铝的过程中不会产生副作用。
C. 用来吸收铝的硅化合物的具体数量与行为痴呆症患者的年龄有关。

D. 过量的铝是导致行为痴呆症的原因，患者脑组织中的铝不是痴呆症引起的结果。

E. 行为痴呆症患者脑组织中的铝含量与病情的严重程度有关。

【解析】证据：行为痴呆症患者大脑组织中往往含有过量的铝，而一种硅胶化合物可以吸收铝；结论：可以用这种硅化合物治疗行为痴呆症。这个论证至少需要假设：这种过量的铝就是行为痴呆症的病因。如果这样，硅化合物吸收铝，铝是行为痴呆症病因，则硅化合物能治疗行为痴呆症，建立了证据与结论之间关系。D项正确。D项的后半句也是假设，必须保证患者脑组织中的铝不是痴呆症引起的结果，否则，如果过量的铝仅仅是痴呆症的结果，则说明硅化合物吸收的只是结果，不能解决病因，会导致论证不能成立。A项无关；B项中的有无副作用与这种东西能否治病没有必然联系，即使有副作用，也是可以治病的；C项如果真，只能说明与年龄有关，不代表就能治病。记住，假设就是建立证据与结论之间的关系。

2013-41 新近一项研究发现，海水颜色能够让飓风改变方向，也就是说，如果海水变色，飓风的移动路径也会变向。这也就意味着科学家可以根据海水的"脸色"判断哪些地区将被飓风袭击，哪些地区会幸免于难。值得关注的是，全球气候变暖可能已经让海水变色。

以下哪项最可能是科学家做出判断所依赖的前提？

A. 海水温度升高会导致生成的飓风数量增加。

B. 海水温度变化会导致海水改变颜色。

C. 海水颜色与飓风移动路径之间存在某种相对确定的联系。

D. 全球气候变暖是最近几年飓风频发的重要原因之一。

E. 海水温度变化与海水颜色变化之间的联系尚不明朗。

【解析】证据：海水颜色能够让飓风改变方向，也就是说，如果海水变色，飓风的移动路径也会变向；结论：意味着科学家可以根据海水的"脸色"判断哪些地区将被飓风袭击，哪些地区会幸免于难。C项直接建立"海水颜色"与"飓风移动方向"之间的联系，从而加强证据与结论的关系。

2015-36 美国扁桃仁于20世纪70年代出口到我国，当时被误译为"美国大杏仁"。这种误译导致大多数消费者根本不知道扁桃仁、杏仁是两种完全不同的产品。对此，我国林业专家一再努力澄清，但学界的声音很难传达到相关企业和民众中，因此，必须制定林果的统一标准，这样才能还相关产品以本来面目。

以下哪项是上述论证的假设？

A. 美国扁桃仁和中国大杏仁的外形很相似。

B. 我国相关工业和民众并不认可我国林业专家意见。

C. 进口商品名称的误译会扰乱我国企业正常对外贸易活动。

D. 长期以来，我国没有林果的统一标准。

E. 美国"大杏仁"在中国市场上销量超过中国杏仁。

【解析】题干：扁桃仁和大杏仁被误认，专家澄清不能传递到企业与民众中，所以，必须制定林果的统一行业标准，才能还相关产品以本来面目。那么，至少需要假设原先没有制定统一标准。D 项有必要。如果我国已经有了林果的统一行业标准，那么就不需要制定这一标准了。

2015-49 张教授指出，生物燃料是指利用生物资源生产的燃料乙醇或生物柴油，它们可以替代由石油制取的汽油和柴油，是可再生能源开发利用的重要方向。受世界石油资源短缺、环保和全球气候变化的影响，20 世纪 70 年代以来，许多国家日益重视生物燃料的发展，并取得显著成效。所以，应该大力开发和利用生物燃料。

以下哪项最可能是张教授论证的预设？

A. 发展生物燃料可有效降低人类对石油等化石燃料的消耗。
B. 发展生物燃料会减少粮食供应，而当今世界有数以百万计的人食不果腹。
C. 生物柴油和燃料乙醇是现代社会能源供给体系的适当补充。
D. 生物燃料在生产与运输的过程中需要消耗大量的水、电和石油等。
E. 目前我国生物燃料的开发和利用已经取得很大成绩。

【解析】张教授结论：大力开发和利用生物燃料；理由：可以替代由石油制取的汽油和柴油。假设必须建立"生物燃料"能够"替代石油"两者之间的关系。必须假设 A 项是正确的。

2014-39 长期以来，人们认为地球是已知唯一能支持生命存在的星球，不过这一情况开始出现改观。科学家近期指出，在其他恒星周围，可能还存在着更加宜居的行星。他们尝试用崭新的方法展开地外生命探索，即搜集放射性元素钍和铀。行星内部含有这些元素越多，其内部温度就会越高，这在一定程度上有助于行星的板块运动，而板块运动有助于维系行星表面的水体，因此板块运动可被视为行星存在宜居环境的标志之一。

以下哪项最可能为科学家的假设？

A. 虽然尚未证实，但地外生命一定存在。
B. 没有水的行星也可能存在生命。
C. 行星内部温度越高，越有助于它的板块运动。
D. 行星板块运动都是由放射性元素钍和铀驱动的。
E. 行星如能维系水体，就可能存在生命。

【解析】证据：行星内部含有元素钍和铀越多，其内部温度就越高，在一定程度上有助于行星的板块运动，而板块运动有助于维系行星表面的水体；结论：板块运动可被视为行星存在宜居环境的标志之一。假设：必须搭桥，建立"元素钍和铀""温度""水体"与结论"宜居"之间的关系。E 项最可能是假设。注意 D 项的表述"都是"，而题干仅仅是"含有越多"，一定要学会排除干扰项。

2015-29 人类经历了上百万年的自然进化，产生了直觉、多层次抽象等独特智能。尽管现代计算机已具备一定的学习能力，但这种能力还需要人类指导，完全的自我学习能力还有待进一步发展。因此，计算机要达到甚至超过人类的智能水平是不可能的。

以下哪项最可能是上述论证的预设？

A. 计算可以形成自然进化能力。

B. 计算机很难真正懂得人类语言，更不可能理解人类的感情。

C. 理解人类复杂的社会关系需要自我学习能力。

D. 计算机如果具备完全的自我学习能力，就能形成直觉、多层次抽象等智能。

E. 直觉、多层次抽象等这些人类的独特智能无法通过学习获得。

【解析】证据：直觉、多层次抽象等是人类独特智能，尽管现代计算机已经具备了一定的学习能力，但这种独特智能还需要人类的指导；结论：计算机不可能达到甚至超过人类的智能水平。论证假设：直觉、多层次抽象等人类独特智能是计算机无法通过学习获得的，只能由人类指导。直觉等独特智能无法通过学习获得，则计算机就算会学习，也无法达到或者超过人类智能水平；如果计算机通过学习可以学会"直觉、多层次抽象等独特智能"，那么计算机就可能达到或者超过人类的智能水平，其论证结论就有可能被推翻，所以，E项必须假设。

2016-46 超市中销售的苹果常常留有一定的油脂痕迹，表面显得油光滑亮。牛师傅认为，这是残留在苹果上的农药所致，水果在收摘之前都喷洒了农药，因此，消费者在超市购买水果后，一定要清洗干净方能食用。

以下哪项最可能是牛师傅看法所依赖的假设？

A. 除了苹果，其他许多水果运至超市时也留有一定的油脂痕迹。

B. 超市里销售的水果并未得到彻底清洗。

C. 只有那些在水果上能留下油脂痕迹的农药才可能被清洗掉。

D. 许多消费者并不在意超市销售的水果是否清洗过。

E. 在水果收摘之前喷洒的农药大多数会在水果上留下油脂痕迹。

【解析】牛师傅的观点：超市水果表面有残留农药，所以消费者在超市购买水果后，一定要清洗干净方能食用。那至少假设了 B 项，如果 B 项真，加上已知有农药，当然支持牛师傅的看法"一定要清洗干净才能食用"。如果 B 项不成立，则其结论也不能成立。关键是找到题干证据结论的核心。E 项的关键词与结论"一定要清洗干净方能食用"无关。因为，即使水果会有农药，但如果超市已经清洗干净了呢？正确答案为 B 项。

2017-38 婴儿通过触碰物体、四处玩耍和观察成人的行为等方式来学习，但机器人通常只能按照编订的程序进行学习。于是，有些科学家试图研制学习方式更接近于婴儿的机器人。他们认为，既然婴儿是地球上最有效率的学习者，为什么不设计出能像婴儿那样不费力气就能学习的机器人呢？

以下哪项最可能是上述科学家观点的假设？

A. 婴儿的学习能力是天生的，他们的大脑与其他动物幼崽不同。

B. 通过碰触、玩耍和观察等方式来学习是地球上最有效率的学习方式。

C. 即使是最好的机器人，他们的学习能力也无法超过最差的婴儿学习者。

D. 如果机器人能像婴儿那样学习，他们的智能就有可能超过人类。

E. 成年人和现有的机器人都不能像婴儿那样毫不费力地学习。

【解析】证据：婴儿通过触碰物体、四处玩耍和观察成人的行为等方式来学习，但机器人不能（机器人只能按照程序学习）；结论：因为婴儿是地球上最有效率的学习者，所以应该研制学习方式更接近于婴儿的机器人。对 B 选项进行取非验证，如果通过触碰、玩耍和观察等方式来学习不是地球上最有效率的，那就直接否定了科学家结论中的理由，再去研制学习方式更接近于婴儿的机器人也就没有意义了。E 项是干扰项，成年人的学习方式是无关信息，而机器人不能像婴儿那样去学习是题干已知信息，无需假设。因此，答案为 B 项。

2012-46 葡萄酒中含有白藜芦醇和类黄酮等对心脏有益的抗氧化剂。一项新研究表明，白藜芦醇能防止骨质疏松和肌肉萎缩。由此，有关研究人员推断，那些长时间在国际空间站或宇宙飞船上的宇航员或许可以补充一下白藜芦醇。

以下哪项如果为真，最能支持上述研究人员的推断？

A. 研究人员发现由于残疾或者其他因素而很少活动的人会比经常活动的人更容易出现骨质疏松和肌肉萎缩等症状，如果能喝点葡萄酒，则可以获益。

B. 研究人员模拟失重状态，对老鼠进行试验，一个对照组未接受任何特殊处理，另一组则每天服用白藜芦醇。结果对照组的老鼠骨头和肌肉的密度都降低了，而服用白藜芦醇的一组则没有出现这些症状。

C. 研究人员发现由于残疾或者其他因素而很少活动的人，如果每天服用一定量的白藜芦醇，则可以改善骨质疏松和肌肉萎缩等症状。

D. 研究人员发现，葡萄酒能对抗失重所造成的负面影响。

E. 某医学博士认为，白藜芦醇或许不能代替锻炼，但它能减缓人体某些机能的退化。

【解析】证据：白藜芦醇能防止骨质疏松和肌肉萎缩；结论：那些长时间在国际空间站或宇宙飞船上的宇航员或许可以补充一下白藜芦醇。必须假设国际空间站或宇宙飞船上的宇航员可能会得骨质疏松。B、C 两项都有加强。找最相关的选项 B。

2017-30 离家 300 米的学校不能上，却被安排到 2 公里外的学校就读，某市一位适龄儿童在上小学时就遭遇了所在区教育局这样的安排，而这一安排是区教育局根据儿童户籍所在施教区做出的。根据该市教育局规定的"就近入学"原则，儿童家长将区教育局告上法院，要求撤销原来安排，让其孩子就近入学。法院对此作出一审判决，驳回原告请求。

下列哪项最可能是法院的合理依据？

A. "就近入学"不是"最近入学"，不能将入学儿童户籍地和学校直线距离作为划分施教区的唯一依据。

B. 按照特定的地理要素划分，施教区中的每所小学不一定处于该施教区的中心位置。

C. 儿童入学究竟应上哪一所学校，不是让适龄儿童或其家长听自主选择，而是要听从政府主管部门的行政安排。

D. "就近入学"仅仅是一个需要遵循的总体原则，儿童具体入学安排还要根据特定的情况加以变通。

E. 该区教育局划分施教区的行政行为符合法律规定，而原告孩子户籍所在施教区的确需要去离家 2 公里外的学校就读。

【解析】证据：区教育局的安排是根据儿童户籍所在施教区做出的。所以，如果 E 项真，直接支持法院的判决。其他选项与证据不相关。

2014-31 最新研究发现，恐龙腿骨化石都有一定的弯曲度，这意味着恐龙其实没有人们想象的那么重。以前根据其腿骨为圆柱形的假定计算动物体重时，会使得计算结果比实际体重高出 1.42 倍。科学家由此认为，过去那种计算方式高估了恐龙腿部所能承受的最大身体重量。

以下哪项如果为真，最能支持上述科学家的观点？

A. 圆柱形腿骨能够承受的重量比弯曲的腿骨大。

B. 恐龙腿骨所能承受的重量比之前所认为的要大。

C. 恐龙腿部的肌肉对于支撑其体重作用不大。

D. 与陆地上的恐龙相比，翼龙的腿骨更接近圆柱形。

E. 恐龙身体越重，其腿部骨骼也越粗壮。

【解析】证据：现在发现恐龙腿骨化石都有一定的弯曲度；结论：过去那种按腿骨为圆柱形的计算方式高估了恐龙腿部所能承受的最大身体重量。本题必须建立"弯的腿"不如"圆柱状腿"承重能力强的关系，A 项建立了题干证据与结论之间的关系。

2014-35 实验发现，孕妇适当补充维生素 D 可降低新生儿感染呼吸道合胞病毒的风险。科研人员检测了 156 名新生儿脐带血中维生素 D 的含量，其中 54% 的新生儿被诊断为维生素 D 缺乏，这当中有 12% 的孩子在出生后一年内感染了呼吸道合胞病毒，这一比例远高于维生素 D 正常的孩子。

以下哪项如果为真，最能对科研人员的上述发现提供支持？

A. 上述实验中，54% 的新生儿维生素 D 缺乏是由于他们的母亲在妊娠期间没有补充足够的维生素 D 造成的。

B. 孕妇适当补充维生素 D 可降低新生儿感染流感病毒的风险，特别是在妊娠后期补充维生素 D，预防效果会更好。

C. 上述实验中，46% 补充维生素 D 的孕妇所生的新生儿也有一些在出生一年内感染呼吸道合胞病毒。

D. 科研人员实验时所选的新生儿在其他方面跟一般新生儿的相似性没有得到明确验证。

E. 维生素 D 具有多种防病健体功能，其中包括提高免疫系统功能、促进新生儿呼吸系统发育、预防新生儿呼吸道病毒感染等。

【解析】题干中科研人员发现"孕妇适当补充维生素 D 可降低新生儿感染呼吸道合胞病毒的风险"，支持可找论据说明结论讲得有道理，例如强调维生素 D 促进新生儿呼吸系统发育、预防新生儿呼吸道病毒感染等。选项A只是涉及到了孕妇是如何缺乏维生素D的，没有给题干论证提供任何新的证据，与题干结论无直接关系；选项B、D属于无关选项，很容易排除；选项C答案其实为削弱，可排除。

2014-50 某研究中心通过实验对健康男性和女性听觉的空间定位能力进行了研究。起初，每次只发出一种声音，要求被试者说出声源的准确位置，男性和女性都非常轻松地完成了任务；后来，多种声音同时发出，要求被试者只关注一种声音并对声源进行定位，与男性相比，女性完成这项任务要困难得多，有时她们甚至认为声音是从声源相反方向传来的。研究人员由此得出：在嘈杂环境中准确找出声音来源的能力，男性要胜过女性。

以下哪项如果为真，最能支持研究者的结论？

A. 在实验使用的嘈杂环境中，有些声音是女性熟悉的声音。

B. 在实验使用的嘈杂环境中，有些声音是男性不熟悉的声音。

C. 在安静的环境中，女性注意力更易集中。

D. 在嘈杂的环境中，男性注意力更易集中。

E. 在安静的环境中，人的注意力容易分散；在嘈杂的环境中，人的注意力容易集中。

【解析】在嘈杂环境中准确找出声音来源的能力，男性要胜过女性。如果D项真，则与话题概念一致，可能增强题干结论。其他选项不相关。C项说的是"安静环境"，与题干所说的"嘈杂环境"不一致；E项是比较两种环境下，人的注意力的差别，没有分别阐述男性和女性注意力的差别；A、B两项中的"熟悉"与否与"声音来源"的关系没有说明。

2015-52 研究人员安排了一次实验，将100名受试者分为两组：喝一小杯红酒的实验组和不喝酒的对照组。随后，让两组受试者计算某段视频中篮球队员相互传球的次数。结果发现，对照组的受试者都计算准确，而实验组中只有18%的人计算准确。经测试，实验组受试者的血液中酒精浓度只有酒驾法定值的一半。由此专家指出，这项研究结果或许应该让立法者重新界定酒驾法定值。

以下哪项如果为真，最能支持上述专家的观点？

A. 酒驾法定值设置过低，可能会把许多未饮酒者界定为酒驾。

B. 即使血液中酒精浓度只有酒驾法定值的一半，也会影响视力和反应速度。

C. 只要血液中酒精浓度不超过酒驾法定值，就可以驾车上路。

D. 即使酒驾法定值设置较高，也不会将少量饮酒的驾车者排除在酒驾范围之外。

E. 饮酒过量不仅损害身体健康，而且影响驾车安全。

【解析】证据：经测试，实验组受试者的血液中酒精浓度只有现有酒驾法定值的一半，但出现较高的计算失误率；结论：应该让立法者重新界定酒驾法定值（即现有法定值比较高，不能预防酒驾危害）。如果B项真，则意思与题干一样。即血液中酒精浓度只有酒驾法定值的一半，也会影响视力和反应速度。建立了证据（实验数据）与结论（酒驾危害）之间的关系。

2016-39 有专家指出，我国城市规划缺少必要的气象论证，城市的高楼建得高耸而密集，阻碍了城市的通风循环。有关资料显示，近几年国内许多城市的平均风速已下降10%。风速下降，意味着大气扩散能力减弱，导致大气污染物滞留时间延长，易形成雾霾天气和热岛效应。为此，有专家提出建立"城市风道"的设想，即在城市里制造几条畅通的通风走廊，让风在城市中更加自由地进出，促进城市空气的更新循环。

以下哪项如果为真，最能支持上述建立"城市风道"的设想？

A. 城市风道形成的"穿街风"，对建筑物的安全影响不大。

B. 风从八方来，"城市风道"的设想过于主观和随意。

C. 有风道但没有风，就会让城市风道成为无用的摆设。

D. 有些城市已拥有建立"城市风道"的天然基础。

E. 城市风道不仅有利于"驱霾"，还有利于散热。

【解析】题干建立"城市风道"的设想是为了让风在城市中自由地进出，更新城市空气，解决雾霾与热岛效应。支持试题，必须寻找一个选项建立证据与结论关系。E项直接建立了"城市风道"与"驱除雾霾""散热"之间的关系，所以，E项最能支持。B选项质疑了城市风道的可行性，C选项质疑了城市风道的效果，D选项未提及建成城市风道的效果，并且其主语是有些城市，故其支持力度十分有限。A项与题干证据结论关键词无关。

2016-50 如今，电子学习机已全面进入儿童的生活。电子学习机将文字与图像、声音结合起来，既生动形象，又富有趣味性，使儿童独立阅读成为可能。但是，一些儿童教育专家却对此发出警告，电子学习机可能不利于儿童成长。他们认为，父母应该抽时间陪孩子一起阅读纸质图书。陪孩子一起阅读纸质图书，并不是简单地让孩子读书识字，而是在交流中促进其心灵的成长。

以下哪项如果为真，最能支持上述专家的观点？

A. 纸质图书有利于保护儿童视力，有利于父母引导儿童形成良好的阅读习惯。

B. 在使用电子学习机时，孩子往往更多关注其使用功能而非学习内容。

C. 接触电子产品越早，就越容易上瘾，长期使用电子学习机会形成"电子瘾"。

D. 现代生活中年轻父母工作压力较大，很少有时间能与孩子一起共同阅读。

E. 电子学习机最大的问题是让父母从孩子的阅读行为中走开，减少了父母与孩子的日常交流。

【解析】专家的观点是：电子学习机可能不利于儿童成长；理由是：交流中促进孩子心灵成长。论证假设了"电子学习机不利于交流"。E项说，电子学习机减少了父母与孩子的交流，直接有力地支持了题干专家的观点，所以E项正确。C、D两项的关键词与专家观点的内容无关。

2017-32 通识教育重在帮助学生掌握尽可能全面的基础知识，即帮助学生了解各个学科领域的基本常识；而人文教育则重在培育学生了解生活世界的意义，并对自己及他人行为的价值和意义做出合理的判断，形成"智识"。因此有专家指出，相比较而言，人文教育对个人未来生活的影响会更大一些。

以下哪项如果为真，最能支持上述专家的断言？

A. 当今我国有些大学开设的通识教育课程要远远多于人文教育课程。

B. "知识"是事实判断，"智识"是价值判断，两者不能相互替代。

C. 没有知识就会失去应对未来生活挑战的勇气，而错误的价值可能会误导人的生活。

D. 关于价值和意义的判断事关个人的幸福和尊严，值得探究和思考。

E. 没有知识，人依然可以活下去；但如果没有价值和意义的追求，人只能成为没有灵魂的躯壳。

【解析】证据：通识教育培养知识与常识，人文教育培育了解和判断价值、意义等智识；结论：人文教育对个人未来生活的影响会更大一些。论证假设了证据与结论两者之间的关系。B项不能支持结论；C项没有比较两者谁更重要；D项没有比较；E项说明人文教育带来的价值和意义比知识更为重要一些，建立证据与结论的关系，直接支持了专家观点的正确性。正确答案为E项。

2017-36 进入冬季以来，内含大量有毒颗粒物的雾霾频繁袭击我国部分地区。有关调查显示，持续接触高浓度污染物会直接导致10%至15%的人患有眼睛慢性炎症或干眼症。有专家由此认为，如果不采取紧急措施改善空气质量，这些疾病的发病率和相关的并发症将会增加。

以下哪项如果为真，最能支持上述专家的观点？

A. 有毒颗粒物会刺激并损害人的眼睛，长期接触会影响泪腺细胞。

B. 空气质量的改善不是短期内能做到的，许多人不得不在污染的环境中工作。

C. 眼睛慢性炎症或眼干症等病例通常集中出现于花粉季。

D. 上述被调查的眼疾患者中有65%是年龄在20～40岁之间的男性。

E. 在重污染环境中采取戴护目镜，定期洗眼等措施有助于预防干眼症等眼疾。

【解析】证据：持续接触高浓度污染物会直接导致10%至15%的人患有眼睛慢性炎症或干眼症；结论：如果不采取紧急措施改善空气质量，这些疾病的发病率和相关的并发症将会增加。论证假设了空气中的有毒颗粒物与相关疾病的关联。A项如果为真，建立了有毒颗粒物与眼睛相关疾病之间的关系，加强了专家的观点。B项没有讲到眼睛相关的疾病；C、D两项没有涉及空气质量问题；E项没有直接建立证据结论之间关系，关键词偏离。

2011-30 抚仙湖虫是泥盆纪澄江动物群中特有的一种，属于真节肢动物中比较原始的类型，成虫体长10厘米，有31个体节，外骨骼分为头、胸、腹三部分，它的背、腹分节数目不一致。泥盆纪直虾是现代昆虫的祖先，抚仙湖虫化石与直虾类化石类似，这间接表明了抚仙湖虫是昆虫的远祖。研究者还发现，抚仙湖虫的消化道充满泥沙，这表明它是食泥的动物。

以下除哪项外，均能支持上述论证？

A. 昆虫的远祖也有不食泥的生物。

B. 泥盆纪直虾的外骨骼分为头、胸、腹三部分。

C. 凡是与泥盆纪直虾类似的生物都是昆虫的远祖。

D. 昆虫是由真节肢动物中比较原始的生物进化而来的。

E. 抚仙湖虫消化道中的泥沙不是在化石形成过程中由外界渗透进去的。

【解析】凡是支持题干信息的选项都不能选择。A项信息与题干信息"抚仙湖虫是昆虫的远祖，它是食泥的动物"为下反对关系，不能支持题干论证。A项正确。B项与题干信息一致，支持题干论证；C项如果真，则说明抚仙湖虫是远祖，支持题干论证；D项如果真，则说明抚仙湖虫是昆虫的远祖的可能性增加，支持题干论证；E项如果真，则支持消化道内的泥沙可能是吃进去的。

加强思路3：有因就有果，无因则无果

2013-34 人们知道鸟类能感觉到地球磁场，并利用它们导航。最近某国科学家发现，鸟类其实是利用右眼"查看"地球磁场的。为检验该理论，当鸟类开始迁徙的时候，该国科学家把若干知更鸟放进一个漏斗形状的庞大的笼子里，并给其中部分知更鸟的一只眼睛戴上一种可屏蔽地球磁场的特殊金属眼罩。笼壁上涂着标记性物质，鸟要通过笼子细口才能飞出去。如果鸟碰到笼壁，就会黏上标记性物质，以此判断鸟能否找到方向。

以下哪项如果为真，最能支持研究人员的上述发现？

A. 没戴眼罩的鸟顺利从笼中飞了出去；戴眼罩的鸟，不论左眼还是右眼，朝哪个方向飞的都有。

B. 没戴眼罩的鸟和左眼戴眼罩的鸟顺利从笼中飞了出去，右眼戴眼罩的鸟朝哪个方向飞的都有。

C. 没戴眼罩的鸟和左眼戴眼罩的鸟朝哪个方向飞的都有，右眼戴眼罩的鸟顺利从笼中飞了出去。

D. 没戴眼罩的鸟和右眼戴眼罩的鸟顺利从笼中飞了出去，左眼戴眼罩的鸟朝哪个方向飞的都有。

E. 戴眼罩的鸟，不论左眼还是右眼，顺利从笼中飞了出去，没戴眼罩的鸟朝哪个方向飞的都有。

【解析】研究人员的发现：鸟类其实是利用右眼"查看"地球磁场的。运用因果关系的判断和求异法可以得知：有右眼，可以导航；没有右眼，无法导航。**思路**：有这个原因就有这个结果，没有这个原因则没有这个结果。B项正确。

2015-48 自闭症会影响社会交往、语言交流和兴趣爱好等方面的行为。研究人员发现，实验鼠体内神经连接蛋白的蛋白质如果合成过多，会导致自闭症。由此他们认为，自闭症与神经连接蛋白质合成量具有重要关联。

以下哪项如果为真，最能支持上述观点？

A. 生活在群体之中的实验鼠较之独处的实验鼠患自闭症的比例要小。

B. 雄性实验鼠患自闭症的比例是雌性实验鼠的 5 倍。

C. 抑制神经连接蛋白的蛋白质合成可缓解实验鼠的自闭症状。

D. 如果将实验鼠控制蛋白合成的关键基因去除，其体内的神经连接蛋白就会增加。

E. 神经连接蛋白正常的老年实验鼠患自闭症的比例很低。

【解析】证据：实验鼠体内神经连接蛋白的蛋白质如果合成过多，会导致自闭症；结论：自闭症与神经连接蛋白质合成量具有重要关联。建立证据与结论之间的关系选项即为支持。C 项正确。本题支持套路：求异法支持（没有这个原因，就没有这个结果）。

加强思路 4：方法可行，能够达到目的

2017-39 针对癌症患者，医生常采用化疗手段将药物直接注入人体杀伤癌细胞，但这也可能将正常细胞和免疫细胞一同杀灭，产生较强的副作用。近来，有科学家发现，黄金纳米粒子很容易被人体癌细胞吸收，如果将其包上一层化疗药物，就可作为"运输工具"，将化疗药物准确地投放到癌细胞中。他们由此断言，微小的黄金纳米粒子能提升癌症化疗的效果，并降低化疗的副作用。

以下哪项如果为真，最能支持上述科学家所做出的论断？

A. 黄金纳米粒子用于癌症化疗的疗效有待大量临床检验。

B. 在体外用红外线加热已进入癌细胞的黄金纳米粒子，可从内部杀灭癌细胞。

C. 因为黄金所具有的特殊化学物质，黄金纳米粒子不会与人体细胞发生反应。

D. 现代医学手段已能实现黄金纳米粒子的精准投送，让其所携带的化疗药物只作用于癌细胞，并不伤及其他细胞。

E. 利用常规计算机断层扫描，医生容易判定黄金纳米粒子是否已经投放到癌细胞中。

【解析】证据：常规化疗手段可能将正常细胞和免疫细胞一同杀灭，有副作用，而黄金纳米粒子很容易被人体癌细胞吸收，可以精准投放到癌细胞中；结论：微小的黄金纳米粒子能提升癌症化疗的效果，并降低化疗的副作用。D 项如果为真，说明这个方法可以实行，也没有杀伤其他细胞，最能加强两者关系；A 项不能支持，因为还有待临床检验；B 项能够支持，但未讲有无副作用；C、E 两项没有涉及疗效。

第八章　必考题型：结构类似（必考分值：2—8分）

一、类似题型的基本理论分析

类似结构型题目是论证评价型题目中的一种，考试分值2—8分。这类题型整体难度不大，只要我们仔细关注题干和选项的语言形式和逻辑形式，然后依葫芦画瓢即可解决。

其题干特征：题干给出了一个推理过程或者论证结构，要求我们从选项中找一个推理过程或者论证结构与题干最相似的选项。

提问形式：以下哪项推理方式（方法、结构、论证方法等）与题干最为相似或类似？

解题技巧：依葫芦画瓢。要去找题干与选项的相似，相似度越高越符合正确选项。

1. 语言形式相似：指的是句式、行文方式或者形式上一致。
2. 逻辑结构相似：演绎推理的结构，如充分必要条件间的推理和性质命题三段论推理等；归纳类比结构的类似，如因果方法联系、类比推理、简单归纳、科学归纳等。

二、结构类似必考解题技巧

（一）演绎推理的结构类似

必考知识点：性质命题的推理结构；三段论的推理结构；联言选言命题的推理结构；充分必要条件假言命题的推理结构。

2018-34　刀不磨要生锈，人不学要落后。所以，如果你不想落后，就应该多磨刀。

以下哪项与上述论证方式最为相似？

A. 妆未梳成不见客，不到火候不揭锅。所以，如果揭了锅，就应该是到了火候。

B. 兵在精而不在多，将在谋而不在勇。所以，如果想获胜，就应该兵精将勇。

C. 马无夜草不肥，人无横财不富。所以，如果你想富，就应该让马多吃夜草。

D. 金无足赤，人无完人。所以，如果你想做完人，就应该有真金。

E. 有志不在年高，无志空活百岁。所以，如果你不想空活百岁，就应该立志。

【解析】 题干为类比推理、充分条件命题否后必定否前推理，其逻辑形式为"如果人不学习，那么就要落后；如果你不想落后，则……"，C项逻辑形式与语言形式与题干完全一致。D项的逻辑形式与题干看上去有些类似，但推理的前提"人无完人"并没有题干的条件关系，不是一个充分条件的假言命题。

2018-51　甲：知难行易，知然后行。乙：不对。知易行难，行然后知。

以下哪项与上述对话方式最为相似？

A. 甲：知人者智，自知者明。

　　乙：不对。知人不易，知己更难。

B. 甲：不破不立，先破后立。

乙：不对。不立不破，先立后破。

C. 甲：想想容易做起来难，做比想更重要。

乙：不对。想到就能做到，想比做更重要。

D. 甲：批评他人易，批评自己难；先批评他人后批评自己。

乙：不对。批评自己易，批评他人难；先批评自己后批评他人。

E. 甲：做人难做事易，先做人再做事。

乙：不对。做人易做事难，先做事再做人。

【解析】题干甲的论证形式为知与行比较，理由是先知后行；乙的意思对其反驳，知与行的比较与甲的意思相反，理由是先行后知；双方的论证都是把事情的"难易"与事情的"先后"结合起来评价。只有E项的逻辑形式与语言形式与题干完全一致。正确答案为E项。

2011-41 所有重点大学的学生都是聪明的学生，有些聪明的学生喜欢逃学，小杨不喜欢逃学；所以，小杨不是重点大学的学生。

以下除哪项外，均与上述推理的形式类似？

A. 所有经济学家都懂经济学，有些懂经济学的爱投资企业，你不爱投资企业；所以，你不是经济学家。

B. 所有的鹅都吃青菜，有些吃青菜的也吃鱼，兔子不吃鱼；所以，兔子不是鹅。

C. 所有的人都是爱美的，有些爱美的还研究科学，亚里士多德不是普通人；所以，亚里士多德不研究科学。

D. 所有被高校录取的学生都是超过录取分数线的，有些超过录取分数线的是大龄考生，小张不是大龄考生；所以小张没有被高校录取。

E. 所有想当外交官的都需要学外语，有些学外语的重视人际交往，小王不重视人际交往；所以小王不想当外交官。

【解析】本题寻找唯一一个推理方法与题干不类似的选项。题干为性质命题的连锁推理，形式为"所有P都是M，有些M是N，S不是N；所以，S不是P"，只有C项的结构不一致，其结论不是对第一句话的前面的词语进行否定。结构类似题型一定要先弄清楚题干的论证结构，注意逻辑形式与语言形式的比较。

2012-28 经过反复核查，质检员小李向厂长汇报说："726车间生产的产品都是合格的，所以不合格的产品都不是726车间生产的。"

以下哪项和小李的推理结构最为相似？

A. 所有入场的考生都经过了体温测试，所以没能入场的考生都没有经过体温测试。

B. 所有出厂设备都是检测合格的，所以检测合格的设备都已出厂。

C. 所有已发表文章都是认真校对过的，所以认真校对过的文章都已经发表。

D. 所有真理都是不怕批评的，所以怕批评的都不是真理。

E. 所有不及格的学生都没有好好复习，所以没好好复习的学生都不及格。

【解析】题干推理结构为"所有S是P，所以，所有不是P的都不是S"。D项与题干相同。

2013-45 只要每个司法环节都能坚守程序正义，切实履行监督制约职能，结案率就会大幅度提高。去年某国结案率比上一年提高了70%，所以，该国去年每个司法环节都能坚守程序正义，切实履行监督制约职能。

以下哪项与上述论证方式最为相似？

A. 在校期间品学兼优，就可以获得奖学金。李明在校期间不是品学兼优，所以他不可能获得奖学金。

B. 李明在校期间品学兼优，但是没有获得奖学金。所以，在校期间品学兼优，不一定可以获得奖学金。

C. 在校期间品学兼优，就可以获得奖学金。李明获得了奖学金，所以他在校期间一定品学兼优。

D. 在校期间品学兼优，就可以获得奖学金。李明没有获得奖学金，所以他在校期间一定不是品学兼优。

E. 只有在校期间品学兼优，才能获得奖学金。李明获得了奖学金，所以在校期间一定品学兼优。

【解析】题干论证结构为"如果P，那么Q。既然Q，所以P"。这是充分条件假言命题的肯定后件来肯定前件式推理。C项与题干相似，E项为必要条件推理。

2013-27 公司经理：我们招聘人才时最看重的是综合素质和能力，而不是分数。人才招聘中，高分低能者并不鲜见，我们显然不希望招到这样的"人才"。从你的成绩单可以看出，你的学业分数很高，因此我们有点怀疑你的能力和综合素质。

以下哪项和经理得出结论的方式最为类似？

A. 公司管理者并非都是聪明人，陈然不是公司管理者，所以陈然可能是聪明人。

B. 猫都爱吃鱼，没有猫患近视，所以吃鱼可以预防近视。

C. 人的一生中健康开心最重要，名利都是浮云，张立名利双收，所以可能张立并不开心。

D. 有些歌手是演员，所有的演员都很富有，所以有些歌手可能不富有。

E. 闪光的物体并非都是金子，考古队挖到了闪闪发光的物体，所以考古队挖到的可能不是金子。

【解析】题干推理模式：高分的并非都是高能（有些高分者是低能的），你的分数很高，所以你可能不是高能（可能是低能），为三段论推理。只有E项高度类似：闪光的物体并非都是金子（有些闪光的不是金子），考古队发现了闪光的东西，所以，可能不是金子。注意本题中的语言表达形式。

A项是否前推理，题干是肯前推理，A项排除；B项中项都在两个命题的前面位置，结论肯定，题干结论否定，中项位置不一样，排除B项；C项不是三段论，排除C项；D项语言形式与逻辑形式和题干不同，排除D项。

2014-27 李栋善于辩论，也喜欢诡辩。有一次他论证道："郑强知道数字87654321，陈梅家的电话号码正好是87654321，所以郑强知道陈梅家的电话号码。"

以下哪项与李栋论证中所犯的错误最为类似？

A. 所有蚂蚁是动物，所以所有大蚂蚁是大动物。
B. 中国人是勤劳勇敢的，李岚是中国人，所以李岚是勤劳勇敢的。
C. 张冉知道如果1:0的比分保持到终场，他们的队伍就出线，现在张冉听到了比赛结束的哨声，所以张冉知道他们的队伍出线了。
D. 黄兵相信晨星在早晨出现，而晨星其实就是暮星，所以黄兵相信暮星在早晨出现。
E. 金砖是由原子构成的，原子不是肉眼可见的，所以，金砖不是肉眼可见的。

【解析】题干是一个三段论推理，其中还有一个"知道"的概念，"郑强知道数字87654321"并不代表他知道这个数字所代表的一切东西。D项错误与题干一样，"黄兵相信晨星在早晨出现"但并不代表他相信晨星就是暮星。B项所犯错误是"混淆集合概念与非集合概念"，"中国人勇敢"并不代表每一个中国人勇敢，且B项中项位置也与题干不一样。A项是性质命题直接推理，不是三段论，且两次"大"的含义不一样。C项不一定有错误。E项的结论为否定，与题干不一样。注意：结构类似题的关键是比较逻辑形式与语言形式，需要一定的逻辑基础知识。答案为D项。

2017-43 赵默是一位优秀的企业家。因为一个人既拥有国内外知名学府和研究机构工作的经历，又有担任项目负责人的管理经验，那么他就能成为一位优秀的企业家。

以下哪项与上述论证最为相似？

A. 李然是信息技术领域的杰出人才。因为一个人不具有前瞻性目光、国际化视野和创新思维，就不能成为信息技术领域的杰出人才。
B. 袁清是一位好作家。因为好作家都具有较强的观察能力、想象能力及表达能力。
C. 青年是企业发展的未来。因此，企业只有激发青年的青春力量，才能促其早日成才。
D. 人力资源是企业的核心资源。因为如果不开展各类文化活动，就不能提升员工岗位技能，也不能增强团队的凝聚力和战斗力。
E. 风云企业具有凝聚力。因为一个企业能引导和帮助员工树立目标、提升能力，就能使企业具有凝聚力。

【解析】题干论证逻辑形式：如果有P且有Q，那么R；（某个人有P且Q），所以，他R。E项逻辑形式与题干完全一样。A项结构是"如果不X，就不Y"；B项结构是"如果P，则那么Q且R"；C项必要条件，逻辑形式为"只有X，才Y"；D项逻辑形式为"如果不P，则不Q且不R"，逻辑形式与语言形式和题干不一致。

2018-42 甲：读书最重要的目的是增长见识、开阔视野。

乙：你只见其一，不见其二。读书最重要的是陶冶性情、提升境界。没有陶冶性情、提升境界，就不能达到读书的真正目的。

以下哪项与上述反驳方式最为相似？

A. 甲：文学创作最重要的是阅读优秀文学作品。

　乙：你只见现象，不见本质。文学创作最重要的是要观察生活、体验生活。任何优秀的文学作品都来源于火热的社会生活。

B. 甲：做人最重要的是要讲信用。

　乙：你说得不全面，做人最重要的是要遵纪守法。如果不遵纪守法，就没法讲信用。

C. 甲：作为一部优秀的电视剧，最重要的是得到广大观众的喜爱。

　乙：你只见其表，不见其里。作为一部优秀的电视剧最重要的是具有深刻寓意与艺术魅力。没有深刻寓意与艺术魅力，就不能成为优秀的电视剧。

D. 甲：科学研究最重要的是研究内容的创新。

　乙：你只见内容，不见方法。科学研究最重要的是研究方法的创新。只有实现研究方法的创新，才能真正实现研究内容的创新。

E. 甲：一年中最重要的季节是收获的秋天。

　乙：你只看结果，不问原因。一年中最重要的季节是播种的春天。没有春天的播种，哪来秋天的收获？

【解析】题干甲认为"读书最重要的是A"，乙认为"最重要的是B"，使用的方法是"寻找他因"，然后通过必要条件形式"没有……，就不能……"这种语言形式证明自己的观点。两种逻辑方法都完全一样的选项为C项。正确答案为C项。

A选项语言形式与题干不一致，乙的第三句未表达出来"文学创作"和"观察生活、体验生活"的关系。

B选项语言形式与题干不一致，乙的第三句未表达出来"遵纪守法"和"做人"的关系。

D选项语言形式与题干不一致，乙的第三句未表达出来"科学研究"和"研究方法的创新"的关系。

E选项语言形式与题干不一致，乙的第三句未表达出来"一年"和"春天"的关系。

（二）论证结构的类似

必考知识点包括：诉诸无知（权威、公众、传统）等论证模式；归纳论证模式（简单归纳、科学归纳、求同法、求异法、共变法、类比法）等。

2011-40 一艘远洋帆船载着5位中国人和几位外国人由中国开往欧洲。途中，除5位中国人外，全患上了败血症。同乘一艘船，同样是风餐露宿，漂洋过海，为什么中国人和外国人如此不同呢？原来这5位中国人都有喝茶的习惯，而外国人却没有。于是得出结论：喝茶是这5位中国人未得败血症的原因。

以下哪项和题干中得出结论的方法最为相似？

A. 警察锁定了犯罪嫌疑人，但是从目前掌握的事实看，都不足以证明他犯罪。专案组由此得出结论，必有一种未知的因素潜藏在犯罪嫌疑人身后。

B. 在两块土壤情况基本相同的麦地上，对其中一块施氮肥和钾肥，另一块只施钾肥。结果施氮肥和钾肥的那块麦地的产量远高于另一块。可见，施氮肥是麦地产量较高的原因。

C. 孙悟空："如果打白骨精，师父会念紧箍咒；如果不打，师父就会被妖精吃掉。"孙悟空无奈得出结论："我还是回花果山算了。"

D. 天文学家观测到天王星的运行轨道有特征a、b、c，已知特征a、b分别是由两颗行星甲、乙的吸引造成的，于是猜想还有一颗未知行星造成天王星的轨道特征c。

E. 一定压力下的一定量气体，温度升高，体积增大；温度降低，体积缩小。气体体积与温度之间存在一定的相关性，说明气体温度的改变是其体积改变的原因。

【解析】题干使用了逻辑上的求异法（两组对比，寻找差异）。A项、D项都是剩余法，两项的差别仅在于结论中的"必有"与"猜想"；B项为求异法，为最类似的方法；C项为两难推理；E项为共变法，主要探讨温度变化与气体体积变化之间的关系，主要是量变之间的关系，不是"有"与"没有"之间的求异法。此题考点为探求因果联系的方法。如果上面解析不能理解，需要掌握归纳推理探求因果联系的方法的理论基础。

2012-40 居民苏女士在菜市场看到某摊位出售的鹌鹑蛋色泽新鲜、形态圆润，且价格便宜，于是买了一箱。回家后发现有些鹌鹑蛋打不破，甚至丢到地上也摔不坏，再细闻已经打破的鹌鹑蛋，有一股刺鼻的消毒液味道。她投诉至菜市场管理部门，结果一位工作人员声称鹌鹑蛋目前还没有国家质量标准，无法判定它有质量问题，所以他坚持这箱鹌鹑蛋没有质量问题。

以下哪项与该工作人员作出结论的方式最为相似？

A. 不能证明宇宙是没有边际的，所以宇宙是有边际的。

B. "驴友论坛"还没有论坛规范，所以管理人员没有权利删除贴子。

C. 小偷在逃跑途中跳入2米深的河中，事主认为没有责任，因此不予施救。

D. 并非外星人不存在，所以外星人存在。

E. 慈善晚会上的假唱行为不属于商业管理范围，因此相关部门无法对此进行处罚。

【解析】题干根据"无法判定它有质量问题推出没有质量问题"是一种诉诸无知的推理。A项也是诉诸无知的推理：不能证明没有边际推出有边际。

2012-43 我国著名的地质学家李四光，在对东北的地质结构进行了长期、深入的调查研究后发现，松辽平原的地质结构与中亚细亚极其相似。他推断，既然中亚细亚蕴藏大量的石油，那么松辽平原很可能也蕴藏大量的石油。后来，大庆油田的开发证明了李四光的推断是正确的。

以下哪项与李四光的推理方式最为相似？

A. 他山之石，可以攻玉。

B. 邻居买彩票中了大奖，小张受此启发，也去买了体育彩票，结果没有中奖。

C. 某乡镇领导在考察了荷兰等地的花卉市场后认为要大力发展规模经济，回来后组织全乡镇种大葱，结果导致大葱严重滞销。

D. 每到炎热的夏季，许多商店腾出一大块地方卖羊毛衫、长袖衬衣、冬靴等冬令商品，进行反季节销售，结果都很有市场。小王受此启发，决定在冬季种植西瓜。

E. 乌兹别克地区盛产长绒棉。新疆塔里木河流域与乌兹别克地区在日照情况、霜期长短、气温高低、降雨量等方面均相似，科研人员受此启发，将长绒棉移植到塔里木河流域，果然获得了成功。

【解析】题干推理为类比推理。根据A和B在某些方面相同或相似推出在其他方面也相同或相似。E项最为相似。

第九章　必考题型：解释（必考分值：2—8分）

一、解释题型的特征与解题思路

解释题往往给出一段关于某些事实或现象或统计数据的客观描述，要求你对这些事实、现象或数据表面上的矛盾做出合理的解释。

从题型上看，一般分为：最能解释、最不能解释、能解释、除了……都能解释等。

饶思中老师提醒做题技巧：一定要看清题干所给的现象是什么，然后在假定选项为真的情况下看能不能合理解释题干所给的现象。在做题的过程中，不需要对选项进行过度发挥和联想，也不需要能够完美解释现象。

如果要求解释矛盾现象，也就是要求能够解释两个看似矛盾的现象，则不能只解释一个方面，要通过选项合理解释两个方面。

关键：看清现象关键词，看清问题。

二、解释题型必考技巧

（一）解释单面现象

2011-35　随着数字技术的发展，音频、视频的播放形式出现了革命性转变。人们很快接受了一些新形式，比如 MP3、CD、DVD 等。但是对于电子图书的接受并没有达到专家所预期的程度，现在仍有很大一部分读者喜欢捧着纸质出版物。纸质书籍在出版业中依然占据重要地位。因此有人说，书籍可能是数字技术需要攻破的最后一个堡垒。

以下哪项最不能对上述现象提供解释？

A. 人们固执地迷恋着阅读纸质书籍时的舒适体验，喜欢纸张的质感。

B. 在显示器上阅读，无论是笨重的阴极射线管显示器还是轻薄的液晶显示器，都会让人无端地心浮气躁。

C. 现在仍有一些怀旧爱好者喜欢收藏经典图书。

D. 电子书显示设备技术不够完善，图像显示速度较慢。

E. 电子书和纸质书籍的柔软沉静相比，显得面目可憎。

【解析】题干的现象是"电子图书的接受没有达到专家预期，纸质书籍仍然占着重要地位，很大一部分读者喜欢捧着纸质书籍"。A项如果真，能解释"很大一部分读者喜欢捧着纸质书籍"；B项如果真，能解释纸质书籍的存在；C项如果真，说明喜欢收藏经典图书，注意，这是收藏、怀旧，是对已经出版了的纸质书籍进行收藏，不能解释"纸质书籍出版依然占据重要地位"；D项通过电子图书的缺点来解释纸质书籍的存在；E项和D项思路一致。只有C项不能解释为什么现在出版业还有大量的"纸质书籍"出版，答案为C项。

2012-36 乘客使用手机及便携式电脑等电子设备会通过电磁波谱频繁传输信号，机场的无线电话和导航网络等也会使用电磁波谱，但电信委员会已根据不同用途把电磁波谱分成了几大块。因此，用手机打电话不会对专供飞机通讯系统或全球定位系统使用的波段造成干扰。尽管如此，各大航空公司仍然规定，禁止机上乘客使用手机等电子设备。

以下哪项如果为真，能解释上述现象？

Ⅰ.乘客在空中使用手机等电子设备可能对地面导航网络造成干扰。

Ⅱ.乘客在起飞和降落时使用手机等电子设备，可能影响机组人员工作。

Ⅲ.便携式电脑或者游戏设备可能导致自动驾驶仪出现断路或仪器显示发生故障。

A.仅Ⅰ。　　　　　B.仅Ⅱ。　　　　　C.仅Ⅰ、Ⅱ。

D.仅Ⅱ、Ⅲ。　　　E.Ⅰ、Ⅱ和Ⅲ。

【解析】Ⅰ、Ⅱ和Ⅲ三项都说明了禁止机上乘客使用手机等电子设备的原因，所以均能解释。

2015-26 晴朗的夜晚可以看到满天星斗，其中有些是自身发光的恒星，有些是自身不发光，但可以反射附近恒星光的行星。恒星尽管遥远但是有些可以被现有的光学望远镜"看到"。和恒星不同，由于行星本身不发光，而且体积还小于恒星，所以，太阳系外的行星大多无法用现有的光学望远镜"看到"。

以下哪项如果为真，最能解释上述现象？

A.如果行星的体积够大，现有的光学望远镜就能"看到"。

B.太阳系外的行星因距离遥远，很少能将恒星光反射到地球上。

C.现有的光学望远镜只能"看到"自身发光或者反射光的天体。

D.有些恒星没有被现有光学望远镜"看到"。

E.太阳系内的行星大多可用现有光学望远镜"看到"。

【解析】题干现象：恒星尽管遥远但是有些可以被现有的光学望远镜"看到"。和恒星不同，由于行星本身不发光，而且体积还小于恒星，所以，太阳系外的行星大多无法用现有的光学望远镜"看到"。注意其中关键词：太阳系外的行星为什么用现有光学望远镜看不到？B项如果为真，则行星自己不发光，又不能反射光到地球上，则可以解释看不到。D、E两项无关题干现象"太阳系外行星"，A、C两项不能解释看不到。

（二）解释特殊现象、不一致的现象

2018-39 我国中原地区如果降水量比往年偏低，该地区河流水位会下降，流速会减缓。这有利于河流中的水草生长，河流中的水草总量通常也会随之增加。不过，去年该地区在经历了一次极端干旱之后，尽管该地区某河流的流速十分缓慢，但其中的水草总量并未随之而增加，只是处于一个很低的水平。

以下哪项如果为真，最能解释上述看似矛盾的现象？

A. 经过极端干旱之后，该河流中以水草为食物的水生动物数量大量减少。
B. 我国中原地区多平原，海拔差异小，其地表河水流速比较缓慢。
C. 该河流在经历了去年极端干旱之后干涸了一段时间，导致大量水生物死亡。
D. 河水流速越慢，其水温变化就越小，这有利于水草的生长和繁殖。
E. 如果河中水草数量达到一定的程度，就会对周边其他物种的生存产生危害。

【解析】矛盾现象为"一般情况下，干旱则水量少，则水草总量增加"，但"去年极端干旱后，水草没有增加"。定位关键信息"去年"，只有C项涉及了去年，能解释这个矛盾。A项增加矛盾，其余项无"干旱""去年"。

2011-26 巴斯德认为，空气中的微生物浓度与环境状况、气流运动和海拔高度有关。他在山上的不同高度分别打开装着煮过的培养液的瓶子，发现海拔越高，培养液被微生物污染的可能性越小。在山顶上，20个装了培养液的瓶子，只有1个长出了微生物。普歇另用干草浸液做材料重复了巴斯德的实验，却得出不同的结果：即使在海拔很高的地方，所有装了培养液的瓶子都很快长出了微生物。

以下哪项如果为真，最能解释普歇和巴斯德实验所得到的不同结果？

A. 只要有氧气的刺激，微生物就会从培养液中自发地生长出来。
B. 培养液在加热消毒、密封、冷却的过程中会被外界细菌污染。
C. 普歇和巴斯德的实验设计都不够严密。
D. 干草浸液中含有一种耐高温的枯草杆菌，培养液一旦冷却，枯草杆菌的孢子就会复活，迅速繁殖。
E. 普歇和巴斯德都认为，虽然他们用的实验材料不同，但是经过煮沸，细菌都能被有效地杀灭。

【解析】巴斯德的实验：在山顶上，20个装了培养液的瓶子，只有1个长出了微生物；普歇的实验：另用干草浸液做材料重复了巴斯德的实验，却得出不同的结果，即使在海拔很高的地方，所有装了培养液的瓶子都很快长出了微生物。不同之处：培养液与甘草浸液不同；结果不同，1个瓶子与所有的瓶子。根据对比，其他情况相同，只有培养液与甘草浸液不同，所以，如果D项真，则说明甘草浸液会繁殖细菌，最能解释这两个不同的现象。

2011-31 2010年某省物价总水平仅上涨2.4%，涨势比较温和，涨幅甚至比2009年回落了0.6个百分点。可是，普通民众觉得物价涨幅较高，一些统计数据也表明，民众的感觉有据可依。2010年某月的统计报告显示，该月禽蛋类商品价格涨幅达12.3%，某些反季节蔬菜涨幅甚至超过20%。

以下哪项如果为真，最能解释上述看似矛盾的现象？

A. 人们对数据的认识存在偏差，不同来源的统计数据会产生不同的结果。
B. 影响居民消费品价格总水平变动的各种因素互相交织。
C. 虽然部分日常消费品涨幅很小，但居民感觉很明显。

D. 在物价指数体系中占相当权重的工业消费品价格持续走低。

E. 不同的家庭，其收入水平、消费偏好、消费结构都有很大的差异。

【解析】矛盾的现象：2010年，某省物价总水平仅上涨2.4%，涨势温和；普通民众感受涨幅较高，禽蛋、蔬菜等涨幅超过12.3%。如果D项真，则可以解释物价总水平上涨很少，而百姓感受却相反，因为工业消费品价格走低使得物价总水平涨幅不高，但每天要买的日常禽蛋、蔬菜的价格涨幅过高，感受明显。其余选项均不能明确解释上面的看似矛盾的现象。注意：(1) 已知的两个看上去相反的现象必须都是真的，然后选项为真能解释它们的合理存在，两个现象都要能解释才为最好解释。不要对选项进行过多发挥，不要对选项添加题干没有提到的信息；(2) 选项要具体关涉上述现象，不要讲空话或大道理的套话。例如A项，并不能确定说明上述两个数字。

2011-48 随着文化知识越来越重要，人们花在读书上的时间越来越多，文人学子中近视患者的比例也越来越高。即便是在城里工人、乡镇农民中，也能看到不少人戴近视眼镜。然而，在中国古代很少发现患有近视的文人学子，更别说普通老百姓了。

以下除哪项外，均可以解释上述现象？

A. 古时候，只有家庭条件好或者有地位的人才读得起书；即便读书，用在读书上的时间也很少，那种头悬梁、锥刺股的读书人更是凤毛麟角。

B. 古时交通工具不发达，出行主要靠步行、骑马，足量的运动对于预防近视有一定的作用。

C. 古人生活节奏慢，不用担心交通安全，所以即使患了近视，其危害也非常小。

D. 古代自然科学不发达，那时学生读的书很少，主要是四书五经，一本《论语》要读好几年。

E. 古人书写用的是毛笔，眼睛和字的距离比较远，写的字也相对大些。

【解析】现象：现在的文人、工人、农民中的近视患者比例越来越高，可能与读书时间越来越多有关，但中国古代近视患者就很少。A项能解释，因为A项如果真，则说明古代读书人很少，读书时间也很少，从原因与基数上解释了古今近视患者数量的差别；B项能解释，因为通过他因"运动"能预防近视，说明古今差别；C项如果真，说的是生活节奏慢，即使患有近视也不影响交通安全，与近视的出现多少没有关系，不能解释古今近视多少的差别；D项能解释，通过古今书籍的少与多，说明古代人读书基本上都不用看了，一本书读几年，说明很熟悉了；E项能解释，说明古今的字有大小不同，眼睛与字的距离不同，能够部分解释近视现象的差别。

2012-47 一般商品只有在多次流通过程中才能不断增值，但艺术品作为一种特殊商品却体现出了与一般商品不同的特性。在拍卖市场上，有些古玩、字画的成交价有很大的随机性，往往会直接受到拍卖现场气氛、竞价激烈程度、买家心理变化等偶然因素的影响，成交价有时会高于底价几十倍乃至数百倍，使得艺术品在一次"流通"中实现大幅度增值。

以下哪项最无助于解释上述现象？

A. 艺术品的不可再造性决定了其交换价格有可能超过其自身价值。

B. 不少买家喜好收藏，抬高了艺术品的交易价格。

C. 有些买家就是为了炒作艺术品，以期获得高额利润。

D. 虽然大量赝品充斥市场，但是对艺术品的交易价格没有什么影响。

E. 国外资金进入艺术品拍卖市场，对价格攀升起到了拉动作用。

【解析】题干需要解释的现象为：一般商品只有在多次流通过程中才能不断增值，而艺术品仅需一次"流通"就可能实现大幅度增值。D项不能解释。其他各项或多或少都能对其大幅增值进行解释。

2013-37 若成为白领的可能性无性别差异，按正常男女出生率102：100计算，当这批人中的白领谈婚论嫁时，女性和男性数量应当大致相等。但实际上，某市妇联近几年举办的历次大型白领相亲活动中，报名的男女比例约为3：7，有时甚至达到2：8。这说明，文化越高的女性越难嫁，文化低的反而好嫁；男性则正好相反。

以下除哪项外，都有助于解释上述分析与实际情况不一致？

A. 男性因长相身高、家庭条件者等被女性淘汰者多于女性因长相身高、家庭条件等被男性淘汰者。

B. 与男性白领不同，女性白领要求高，往往只找比自己更优秀的男性。

C. 大学毕业后出国的精英分子中，男性多于女性。

D. 与本地女性竞争的外地优秀女性多于与本地男性竞争的外地优秀男性。

E. 一般来说，男性参加大型相亲会的积极性不如女性。

【解析】不一致的信息：本来男女数量相当，但是相亲活动中，报名的男女比例约为3：7。要求进行解释，能够解释的排除。A项如果真，则男性被淘汰者多于女性，即男性剩下的会越来越多，怎么解释报名的男性会越来越少呢？所以，A项不能解释。其他选项都或多或少能解释报名的女性为什么会多于男性。做此种试题，不能对选项做过多钻牛角尖式的发挥与理解。

2013-39 某大学的哲学学院和管理学院今年招聘新教师，招聘结束后受到了女权主义代表的批评，因为他们在12名女性应聘者中录用了6名，但在12名男性应聘者中却录用了7名。该大学对此解释说，今年招聘新教师的两个学院中，女性应聘者的录用率都高于男性应聘者的录用率。具体情况是：哲学学院在8名女性应聘者中录用了3名，而在3名男性应聘者中录用了1名；管理学院在4名女性应聘者中录用了3名，而在9名男性应聘者中录用了6名。

以下哪项最有助于解释女权主义代表和大学之间的分歧？

A. 整体并不是局部的简单相加。

B. 有些数字规则不能解释社会现象。

C. 人们往往从整体角度考虑问题，不管局部如何，最终的整体结果才是最重要的。

D. 现代社会提倡男女平等，但实际执行中还是有一定难度。

E. 各个局部都具有的性质在整体上未必具有。

【解析】双方对录用率有不同的看法。女权：整体上低；大学：每个学院的录用率都是女性高。局部录用率高，不代表整体上录用率高，选项 E 更具体解释。A 项不够具体。

2014-36 英国有家小酒馆采取客人吃饭付费"随便给"的做法，即让顾客享用葡萄酒、蟹柳及三文鱼等美食后，自己决定付账金额。大多数顾客均以公平或慷慨的态度结账，实际金额比那些酒水菜肴本来的价格高出 20%。该酒馆老板另有 4 家酒馆，而这 4 家酒馆每周的利润与付账"随便给"的酒馆相比少 5%。这位老板因此认为，"随便给"的营销策略很成功。

以下哪项如果为真，最能解释老板营销策略的成功？

A. 部分顾客希望自己看上去有教养，愿意掏足够甚至更多的钱。

B. 如果顾客所付低于成本价，就会受到提醒而补足差价。

C. 对于过分吝啬的顾客，酒馆老板常常也无可奈何。

D. 另外 4 家酒馆位置不如这家"随便给"酒馆。

E. 客人常常不知道酒水菜肴的实际价格，不知道该付多少钱。

【解析】题干现象：大多数顾客均以公平或慷慨的态度结账，实际金额比那些酒水菜肴本来的价格高出 20%。该酒馆老板另有 4 家酒馆，而这 4 家酒馆每周的利润与付账"随便给"的酒馆相比少 5%。A、B 两项都能进行一定的解释。A 项的"部分顾客"不能确保利润增加；B 项如果真，则说明，给少的人都要求补齐成本，加上"大多数顾客公平或慷慨"，可以保证利润的增加。答案为 B 项。注意：题目是假设选项为真时来解释。

2014-41 有气象专家指出，全球变暖已经成为人类发展最严重的问题之一，南北极地区的冰川由于全球变暖而加速融化，已导致海平面上升；如果这一趋势不变，今后势必淹没很多地区。但近几年来，北半球许多地区的民众在冬季感到相当寒冷，一些地区甚至出现了超强降雪和超低气温，人们觉得对近期气候的确切描述似乎更应该是"全球变冷"。

以下哪项如果为真，最能解释上述现象？

A. 除了南极洲，南半球近几年冬季的平均温度接近常年。

B. 近几年来，全球夏季的平均气温比常年偏高。

C. 近几年来，由于两极附近海水温度升高导致原来洋流中断或者减弱，而北半球经历严寒冬季的地区正是原来暖流影响的主要区域。

D. 近几年来，由于赤道附近海水温度升高导致了原来洋流增强，而北半球经历严寒冬季的地区不是原来寒流影响的主要区域。

E. 北半球主要是大陆性气候，冬季和夏季的温差通常比较大，近年来冬季极地寒流南侵比较频繁。

【解析】题干表面上矛盾：全球变暖已经是趋势，但近几年为什么北半球许多地区在冬季觉得异常寒冷呢？如果 C 项真，则"近几年来，由于两极附近海水温度升高导致原来洋流中断或者减弱,而北半球经历严寒冬季的地区正是原来暖流影响的主要区域",说明,全球变暖是真的,两极地区变暖也是真的,且解释了北半球异常寒冷是因为影响北半球这一地区的暖流因全球变暖而被中断或减弱,两个现象都得到了解释。其余选项关键词不对,注意关键词"全球变暖""两极地区""北半球"等。

2016-40 2014年,为迎接APEC会议的召开,北京、天津、河北等地实施"APEC治理模式",采取了有史以来最严格的减排措施。果然,令人心醉的"APEC蓝"出现了。然而,随着会议的结束,"APEC蓝"也逐渐消失了。对此,有些人士表示困惑,既然政府能在短期内实施"APEC治理模式"取得良好效果,为什么不将这一模式长期坚持下去呢?

以下除哪项外,均能解释人们的困惑?

A. 最严格的减排措施在落实过程中已产生很多难以解决的实际困难。

B. 如果近期将"APEC治理模式"常态化,将会严重影响地方经济和社会发展。

C. 任何环境治理都需要付出代价,关键在于付出的代价是否超出收益。

D. 短期严格的减排措施只能是权宜之计,大气污染治理仍需从长计议。

E. 如果APEC会议期间北京雾霾频发,就会影响我们国家的形象。

【解析】解释人们的困惑:政府能在短期内实施"APEC治理模式"取得良好效果,为什么不将这一模式长期坚持下去呢?A项能解释,因为已产生很多难以解决的实际问题,所以有可能不能将这一模式长期坚持下去;B项能够解释,因为严重影响地方经济和社会发展;C项可能解释,因为长期坚持这一模式可能使付出的代价超出收益;D项可能解释不能长期坚持下去,因为这种方法是权宜之计;E项能够说明的是为什么要采取"APEC治理模式",而不能解释为什么不将这一模式长期坚持下去这个困惑。正确答案为E项。

2016-42 某公司办公室茶水间提供自助式收费饮料。职员拿完饮料后,自己把钱放到特设的收款箱中。研究者为了判断职员在无人监督时,其自律水平会受哪些因素的影响,特地在收款箱上方贴了一张装饰图片,每周一换。装饰图片有时是一些花朵,有时是一双眼睛。一个有趣的现象出现了:贴着"眼睛"的那一周,收款箱里的钱远远超过贴其他图片的情形。

以下哪项如果为真,最能解释上述实验现象?

A. 该公司职员看到"眼睛"图片时,就能联想到背后可能有人看着他们。

B. 在该公司工作的职员,其自律能力超过社会中的其他人。

C. 该公司职员看着"花朵"图片时,心情容易变得愉快。

D. 眼睛是心灵的窗口,该公司职员看到"眼睛"图片时会有一种莫名的感动。

E. 在无人监督的情况下,大部分人缺乏自律能力。

【解析】题干实验现象"为什么贴着'眼睛'的那一周,收款箱里的钱远远超过贴其他图片的情形"。A项指出该公司职员看到"眼睛"图片时,就能联想到背后可能有人看着他们,这样就与"有人监督"相似,能够合理解释上述现象。其他选项不能合理解释贴着"眼睛"与收到更多的钱发生关系。比如D项,"莫名的感动"是否就会多交钱?这不一定。正确答案为A项。

2016-45 在一项关于"社会关系如何影响人的死亡率"的课题研究中,研究人员惊奇地发现:不论种族、收入、体育锻炼等因素,一个乐于助人、和他人相处融洽的人,其平均寿命长于一般人,在男性中尤其如此;相反,心怀恶意、损人利己、和他人相处不融洽的人70岁之前的死亡率比正常人高出1.5至2倍。

以下哪项如果为真,最能解释上述发现?

A. 身心健康的人容易和他人相处融洽,而心理有问题的人与他人很难相处。

B. 男性通常比同年龄段的女性对他人有更强的"敌视情绪",多数国家男性的平均寿命也因此低于女性。

C. 与人为善带来轻松愉悦的情绪,有益身体健康;损人利己则带来紧张的情绪,有损身体健康。

D. 心存善念、思想豁达的人大多精神愉悦、身体健康。

E. 那些自我优越感比较强的人通常"敌视情绪"也比较强,他们长时间处于紧张状态。

【解析】关键在于"现象"是什么?题干发现:乐于助人、相处融洽,平均寿命长一些;损人利己、相处不融洽,死亡率较高。C项指出与人为善带来轻松愉悦的情绪,有益身体健康;损人利己则带来紧张的情绪,有损身体健康,解释了上述发现。C项从两个方面都做了解释,且与题干发现相关;其他选项大都只做单方面说明,或者干脆与上述"发现"的关键词无关。因此,正确答案为C项。

2017-49 通常情况下,长期在寒冷环境中生活的居民可以有更强的抗寒能力。相比于我国的南方地区,我国北方地区冬天的平均气温要低很多。然而有趣的是,现在许多北方地区的居民并不具有我们所认为的抗寒能力,相当多的北方人到南方来过冬,竟然难以忍受南方的寒冷天气,怕冷程度甚至远超过当地人。

以下哪项如果为真,最能解释上述现象?

A. 一些北方人认为南方温暖,他们去南方过冬时往往对保暖工作做得不够充分。

B. 南方地区冬天虽然平均气温比北方高,但也存在极端低温的天气。

C. 北方地区在冬天通常启用供暖设备,其室内温度往往比南方高出许多。

D. 有些北方人是从南方迁过去的,他们还没有完全适应北方的气候。

E. 南方地区湿度较大,冬天感受到的寒冷程度超出气象意义上的温度指标。

【解析】本题属于原因解释题,题干矛盾在于长期在寒冷环境中生活的居民可以有更强的抗寒能力,但很多北方人到南方后比南方人还怕冷。C项说明由于供暖设备,北方冬天的室内温度往往被南方高出很多,即现在大多数北方人并未长期在寒冷的环境中生活,所以他们并不一定具有较强的抗寒能力,解释了题干的现象;其余项均为无关选项。故答案为C项。

下篇
历年真题及答案解析

2011年管理类联考逻辑真题

三、逻辑推理：第26～55小题，每小题2分，共60分。下列每题给出的A、B、C、D、E五个选项中，只有一项是符合试题要求的。请在答题卡上将所选项的字母涂黑。

26. 巴斯德认为，空气中的微生物浓度与环境状况、气流运动和海拔高度有关。他在山上的不同高度分别打开装着煮过的培养液的瓶子，发现海拔越高，培养液被微生物污染的可能性越小。在山顶上，20个装了培养液的瓶子，只有1个长出了微生物。普歇另用干草浸液做材料重复了巴斯德的实验，却得出不同的结果：即使在海拔很高的地方，所有装了培养液的瓶子都很快长出了微生物。

以下哪项如果为真，最能解释普歇和巴斯德实验所得到的不同结果？

A. 只要有氧气的刺激，微生物就会从培养液中自发地生长出来。

B. 培养液在加热消毒、密封、冷却的过程中会被外界细菌污染。

C. 普歇和巴斯德的实验设计都不够严密。

D. 干草浸液中含有一种耐高温的枯草杆菌，培养液一旦冷却，枯草杆菌的孢子就会复活，迅速繁殖。

E. 普歇和巴斯德都认为，虽然他们用的实验材料不同，但是经过煮沸，细菌都能被有效地杀灭。

27. 张教授的所有初中同学都不是博士；通过张教授而认识其哲学研究所同事的都是博士；张教授的一个初中同学通过张教授认识了王研究员。

以下哪项能作为结论从上述断定中推出？

A. 王研究员是张教授的哲学研究所同事。

B. 王研究员不是张教授的哲学研究所同事。

C. 王研究员是博士。

D. 王研究员不是博士。

E. 王研究员不是张教授的初中同学。

28. 一般将缅甸所产的经过风化或经河水搬运至河谷、河床中的翡翠大砾石，称为"老坑玉"。老坑玉的特点是"水头好"、质坚、透明度高，其上品透明如玻璃，故称"玻璃种"或"冰种"。同为老坑玉，其质量相对也有高低之分，有的透明度高一些，有的透明度稍差些，所以价值也有差别。在其他条件都相同的情况下，透明度高的老坑玉比透明度低的单位价值高，但是开采的实践告诉人们，没有单位价值最高的老坑玉。

以上陈述如果为真，可以得出以下哪项结论？

A. 没有透明度最高的老坑玉。

B. 透明度高的老坑玉未必"水头好"。

C. "新坑玉"中也有质量很好的翡翠。

D. 老坑玉的单位价值还决定于其加工的质量。

E. 随着年代的增加,老坑玉的单位价值会越来越高。

29. 某教育专家认为:"男孩危机"是指男孩调皮捣蛋、胆小怕事、学习成绩不如女孩好等现象。近些年,这种现象已经成为儿童教育专家关注的一个重要问题。这位专家在列出一系列统计数据后,提出了"今日男孩为什么从小学、中学到大学全面落后于同年龄段的女孩"的疑问,这无疑加剧了无数男生家长的焦虑。该专家通过分析指出,恰恰是家庭和学校不适当的教育方法导致了"男孩危机"现象。

以下哪项如果为真,最能对该专家的观点提出质疑?

A. 家庭对独生子女的过度呵护,在很大程度上限制了男孩发散思维的拓展和冒险性格的养成。

B. 现在的男孩比以前的男孩在女孩面前更喜欢表现出"绅士"的一面。

C. 男孩在发展潜能方面要优于女孩,大学毕业后他们更容易在事业上有所成就。

D. 在家庭、学校教育中,女性充当了主要角色。

E. 现代社会游戏泛滥,男孩天性比女孩更喜欢游戏,这耗去了他们大量的精力。

30. 抚仙湖虫是泥盆纪澄江动物群中特有的一种,属于真节肢动物中比较原始的类型,成虫体长10厘米,有31个体节,外骨骼分为头、胸、腹三部分,它的背、腹分节数目不一致。泥盆纪直虾是现代昆虫的祖先,抚仙湖虫化石与直虾类化石类似,这间接表明了抚仙湖虫是昆虫的远祖。研究者还发现,抚仙湖虫的消化道充满泥沙,这表明它是食泥的动物。

以下除哪项外,均能支持上述论证?

A. 昆虫的远祖也有不食泥的生物。

B. 泥盆纪直虾的外骨骼分为头、胸、腹三部分。

C. 凡是与泥盆纪直虾类似的生物都是昆虫的远祖。

D. 昆虫是由真节肢动物中比较原始的生物进化而来的。

E. 抚仙湖虫消化道中的泥沙不是在化石形成过程中由外界渗透进去的。

31. 2010年某省物价总水平仅上涨2.4%,涨势比较温和,涨幅甚至比2009年回落了0.6个百分点。可是,普通民众觉得物价涨幅较高,一些统计数据也表明,民众的感觉有据可依。2010年某月的统计报告显示,该月禽蛋类商品价格涨幅达12.3%,某些反季节蔬菜涨幅甚至超过20%。

以下哪项如果为真,最能解释上述看似矛盾的现象?

A. 人们对数据的认识存在偏差,不同来源的统计数据会产生不同的结果。

B. 影响居民消费品价格总水平变动的各种因素互相交织。

C. 虽然部分日常消费品涨幅很小,但居民感觉很明显。

D. 在物价指数体系中占相当权重的工业消费品价格持续走低。

E. 不同的家庭，其收入水平、消费偏好、消费结构都有很大的差异。

32. 随着互联网的发展，人们的购物方式有了新的选择。很多年轻人喜欢在网络上选择自己满意的商品，通过快递送上门，购物足不出户，非常便捷。刘教授据此认为，那些实体商场的竞争力会受到互联网的冲击，在不远的将来，会有更多的网络商店取代实体商店。

以下哪项如果为真，最能削弱刘教授的观点？

A. 网络购物虽然有某些便利，但容易导致个人信息被不法分子利用。

B. 有些高档品牌的专卖店，只愿意采取街面实体商店的销售方式。

C. 网络商店与快递公司在货物丢失或损坏的赔偿方面经常互相推诿。

D. 购买黄金珠宝等贵重物品，往往需要现场挑选，且不适宜网络支付。

E. 在通常情况下，网络商店只有在其实体商店的支撑下才能生存。

33. 受多元文化和价值观的冲击，甲国居民的离婚率明显上升。最近一项调查表明，甲国的平均婚姻存续时间为 8 年。张先生为此感慨，现在像钻石婚、金婚、白头偕老这样的美丽故事已经很难得，人们淳朴的爱情婚姻观一去不复返了。

以下哪项如果为真，最可能表明张先生的理解不确切？

A. 现在有不少闪婚一族，他们经常在很短的时间里结婚又离婚。

B. 婚姻存续时间长并不意味着婚姻的质量高。

C. 过去的婚姻主要由父母包办，现在主要是自由恋爱。

D. 尽管婚姻存续时间短，但年轻人谈恋爱的时间比以前增加很多。

E. 婚姻是爱情的坟墓，美丽感人的故事更多体现在恋爱中。

34. 某集团公司有四个部门，分别生产冰箱、彩电、电脑和手机。根据前三个季度的数据统计，四个部门经理对 2010 年全年的赢利情况作了如下预测：

冰箱部门经理：今年手机部门会赢利。

彩电部门经理：如果冰箱部门今年赢利，那么彩电部门就不会赢利。

电脑部门经理：如果手机部门今年没赢利，那么电脑部门也没赢利。

手机部门经理：今年冰箱和彩电部门都会赢利。

全年数据统计完成后，发现上述四个预测只有一个符合事实。

关于该公司各部门的全年赢利情况，以下除哪项外，均可能为真？

A. 彩电部门赢利，冰箱部门没赢利。

B. 冰箱部门赢利，电脑部门没赢利。

C. 电脑部门赢利，彩电部门没赢利。

D. 冰箱部门和彩电部门都没赢利。

E. 冰箱部门和电脑部门都赢利。

35. 随着数字技术的发展，音频、视频的播放形式出现了革命性转变。人们很快接受了一些新形式，比如 MP3、VCD、DVD 等。但是对于电子图书的接受并没有达到专家所预期的程度，现在仍有很大一部分读者喜欢捧着纸质出版物。纸质书籍在出版业中依然占据重要地位。因此有人说，书籍可能是数字技术需要攻破的最后一个堡垒。

以下哪项最不能对上述现象提供解释？

A. 人们固执地迷恋着阅读纸质书籍时的舒适体验，喜欢纸张的质感。

B. 在显示器上阅读，无论是笨重的阴极射线管显示器还是轻薄的液晶显示器，都会让人无端地心浮气躁。

C. 现在仍有一些怀旧爱好者喜欢收藏经典图书。

D. 电子书显示设备技术不够完善，图像显示速度较慢。

E. 电子书和纸质书籍的柔软沉静相比，显得面目可憎。

36. 在一次围棋比赛中，参赛选手陈华不时地挤捏指关节，发出的声响干扰了对手的思考。在比赛封盘间歇时，裁判警告陈华：如果再次在比赛中挤捏指关节并发出声响，将判其违规。对此，陈华反驳说，他挤捏指关节是习惯性动作，并不是故意的，因此，不应被判违规。

以下哪项如果成立，最能支持陈华对裁判的反驳？

A. 在此次比赛中，对手不时打开、合拢折扇，发出的声响干扰了陈华的思考。

B. 在围棋比赛中，只有选手的故意行为，才能成为判罚的根据。

C. 在此次比赛中，对手本人并没有对陈华的干扰提出抗议。

D. 陈华一向恃才傲物，该裁判对其早有不满。

E. 如果陈华为人诚实、从不说谎，那么他就不应该被判违规。

37. 3D 立体技术代表了当前电影技术的尖端水准，由于使电影实现了高度可信的空间感，它可能成为未来电影的主流。3D 立体电影中的银幕角色虽然由计算机生成，但是那些包括动作和表情的电脑角色的"表演"，都以真实演员的"表演"为基础，就像数码时代的化妆技术一样。这也引起了某些演员的担心：随着计算机技术的发展，未来计算机生成的图像和动画会替代真人表演。

以下哪项如果为真，最能减弱上述演员的担心？

A. 所有电影的导演只能和真人交流，而不是和电脑交流。

B. 任何电影的拍摄都取决于制片人的选择，演员可以跟上时代的发展。

C. 3D 立体电影目前的高票房只是人们一时图新鲜的结果，未来尚不可知。

D. 掌握 3D 立体技术的动画专业人员不喜欢去电影院看 3D 电影。

E. 电影故事只能用演员的心灵、情感来表现，其表现形式与导演的喜好无关。

38. 公达律师事务所以为刑事案件的被告进行有效辩护而著称，成功率达 90% 以上。老余是一位以专门为离婚案件的当事人成功辩护而著称的律师。因此，老余不可能是公达律师事务所的成员。

以下哪项最为确切地指出了上述论证的漏洞？

A. 公达律师事务所具有的特征，其成员不一定具有。

B. 没有确切指出老余为离婚案件的当事人辩护的成功率。

C. 没有确切指出老余为刑事案件的当事人辩护的成功率。

D. 没有提供公达律师事务所统计数据的来源。

E. 老余具有的特征，其所在工作单位不一定具有。

39. 科学研究中使用的形式语言和日常生活中使用的自然语言有很大的不同。形式语言看起来像天书，远离大众，只有一些专业人士才能理解和运用。但其实这是一种误解，自然语言和形式语言的关系就像肉眼与显微镜的关系。肉眼的视域广阔，可以从整体上把握事物的信息；显微镜可以帮助人们看到事物的细节和精微之处，尽管用它看到的范围小。所以，形式语言和自然语言都是人们交流和理解信息的重要工具，把它们结合起来使用，具有强大的力量。

以下哪项如果为真，最能支持上述结论？

A. 通过显微镜看到的内容可能成为新的"风景"，说明形式语言可以丰富自然语言的表达，我们应重视形式语言。

B. 正如显微镜下显示的信息最终还是要通过肉眼观察一样，形式语言表述的内容最终也要通过自然语言来实现，说明自然语言更基础。

C. 科学理论如果仅用形式语言表达，很难被普通民众理解；同样，如果仅用自然语言表达，有可能变得冗长且很难表达准确。

D. 科学的发展很大程度上改善了普通民众的日常生活，但人们并没有意识到科学表达的基础——形式语言的重要性。

E. 采用哪种语言其实不重要，关键在于是否表达了真正想表达的思想内容。

40. 一艘远洋帆船载着5位中国人和几位外国人由中国开往欧洲。途中，除5位中国人外，全患上了败血症。同乘一艘船，同样是风餐露宿，漂洋过海，为什么中国人和外国人如此不同呢？原来这5位中国人都有喝茶的习惯，而外国人却没有。于是得出结论：喝茶是这5位中国人未得败血症的原因。

以下哪项和题干中得出结论的方法最为相似？

A. 警察锁定了犯罪嫌疑人，但是从目前掌握的事实看，都不足以证明他犯罪。专案组由此得出结论，必有一种未知的因素潜藏在犯罪嫌疑人身后。

B. 在两块土壤情况基本相同的麦地上，对其中一块施氮肥和钾肥，另一块只施钾肥。结果施氮肥和钾肥的那块麦地的产量远高于另一块。可见，施氮肥是麦地产量较高的原因。

C. 孙悟空："如果打白骨精，师父会念紧箍咒；如果不打，师父就会被妖精吃掉。"孙悟空无奈得出结论："我还是回花果山算了。"

D. 天文学家观测到天王星的运行轨道有特征a、b、c，已知特征a、b分别是由两颗行星甲、乙的吸引造成的，于是猜想还有一颗未知行星造成天王星的轨道特征c。

E. 一定压力下的一定量气体，温度升高，体积增大；温度降低，体积缩小。气体体积与温度之间存在一定的相关性，说明气体温度的改变是其体积改变的原因。

41. 所有重点大学的学生都是聪明的学生，有些聪明的学生喜欢逃学，小杨不喜欢逃学；所以，小杨不是重点大学的学生。

以下除哪项外，均与上述推理的形式类似？

A. 所有经济学家都懂经济学，有些懂经济学的爱投资企业，你不爱投资企业；所以，你不是经济学家。

B. 所有的鹅都吃青菜，有些吃青菜的也吃鱼，兔子不吃鱼；所以，兔子不是鹅。

C. 所有的人都是爱美的，有些爱美的还研究科学，亚里士多德不是普通人；所以，亚里士多德不研究科学。

D. 所有被高校录取的学生都是超过录取分数线的，有些超过录取分数线的是大龄考生，小张不是大龄考生；所以小张没有被高校录取。

E. 所有想当外交官的都需要学外语，有些学外语的重视人际交往，小王不重视人际交往；所以小王不想当外交官。

42. 按照联合国开发计划署2007年的统计，挪威是世界上居民生活质量最高的国家，欧美和日本等发达国家也名列前茅。如果统计1990年以来生活质量改善最快的国家，发达国家则落后了。至少在联合国开发计划署统计的116个国家中，17年来，非洲东南部国家莫桑比克的生活质量提高最快，2007年其生活质量指数比1990年提高了50%。很多非洲国家取得了和莫桑比克类似的成就。作为世界上最受瞩目的发展中国家，中国的生活质量指数在过去17年中也提高了27%。

以下哪项可以从联合国开发计划署的统计中得出？

A. 2007年，发展中国家的生活质量指数都低于西方国家。

B. 2007年，莫桑比克的生活质量指数不高于中国。

C. 2006年，日本的生活质量指数不高于中国。

D. 2006年，莫桑比克的生活质量的改善快于非洲其他各国。

E. 2007年，挪威的生活质量指数高于非洲各国。

43. 某次认知能力测试，刘强得了118分，蒋明的得分比王丽高，张华和刘强的得分之和大于蒋明和王丽的得分之和，刘强的得分比周梅高；此次测试120分以上为优秀，五人之中有两人没有达到优秀。

根据以上信息，以下哪项是上述五人在此次测试中得分由高到低的排列？

A. 张华、王丽、周梅、蒋明、刘强。

B. 张华、蒋明、王丽、刘强、周梅。

C. 张华、蒋明、刘强、王丽、周梅。

D. 蒋明、张华、王丽、刘强、周梅。

E. 蒋明、王丽、张华、刘强、周梅。

44. 近日，某集团高层领导研究了发展方向问题。王总经理认为：既要发展纳米技术，也要发展生物医药技术；赵副总经理认为：只有发展智能技术，才能发展生物医药技术；李副总经理认为：如果发展纳米技术和生物医药技术，那么也要发展智能技术。最后经过董事会研究，只有其中一位的意见被采纳。

根据以上陈述，以下哪项符合董事会的研究决定？

A. 发展纳米技术和智能技术，但是不发展生物医药技术。

B. 发展生物医药技术和纳米技术，但是不发展智能技术。

C. 发展智能技术和生物医药技术，但是不发展纳米技术。

D. 发展智能技术，但是不发展纳米技术和生物医药技术。

E. 发展生物医药技术、智能技术和纳米技术。

45. 国外某教授最近指出，长着一张娃娃脸的人意味着他将享有更长的寿命，因为人们的生活状况很容易反映在脸上。从1990年春季开始，该教授领导的研究小组对1 826对70岁以上的双胞胎进行了体能和认知测试，并拍了他们的面部照片。在不知道他们确切年龄的情况下，三名研究助手先对不同年龄组的双胞胎进行年龄评估，结果发现，即使是双胞胎，被猜出的年龄也相差很大。然后，研究小组用若干年时间对这些双胞胎的晚年生活进行了跟踪调查，直至他们去世。调查表明：双胞胎中，外表年龄差异越大，看起来老的那个就越可能先去世。

以下哪项如果为真，最能形成对该教授调查结论的反驳？

A. 如果把调查对象扩大到40岁以上的双胞胎，结果可能有所不同。

B. 三名研究助手比较年轻，从事该项研究的时间不长。

C. 外表年龄是每个人生活环境、生活状况和心态的集中体现，与生命老化关系不大。

D. 生命老化的原因在于细胞分裂导致染色体末端不断损耗。

E. 看起来越老的人，在心理上一般较为成熟，对于生命有更深刻的理解。

46. 由于含糖饮料的卡路里含量高，容易导致肥胖，因此无糖饮料开始流行。经过一段时期的调查，李教授认为：无糖饮料尽管卡路里含量低，但并不意味它不会导致体重增加。因为无糖饮料可能导致人们对于甜食的高度偏爱，这意味着可能食用更多的含糖类食物。而且无糖饮料几乎没什么营养，喝得过多就限制了其他健康饮品的摄入，比如茶和果汁等。

以下哪项如果为真，最能支持李教授的观点？

A. 茶是中国的传统饮料，长期饮用有益健康。

B. 有些瘦子也爱喝无糖饮料。

C. 有些胖子爱吃甜食。

D. 不少胖子向医生报告他们常喝无糖饮料。

E. 喝无糖饮料的人很少进行健身运动。

47. 只有公司相应部门的所有员工都考评合格了，该部门的员工才能得到年终奖金；财务部有些员工考评合格了；综合部所有员工都得到了年终奖金；行政部的赵强考评合格了。

如果以上陈述为真，则以下哪项可能为真？

Ⅰ．财务部员工都考评合格了。

Ⅱ．赵强得到了年终奖金。

Ⅲ．综合部有些员工没有考评合格。

Ⅳ．财务部员工没有得到年终奖金。

A．仅Ⅰ、Ⅱ。　　　B．仅Ⅱ、Ⅲ。　　　C．仅Ⅰ、Ⅱ、Ⅳ。

D．仅Ⅰ、Ⅱ、Ⅲ。　　E．仅Ⅱ、Ⅲ、Ⅳ。

48. 随着文化知识越来越重要，人们花在读书上的时间越来越多，文人学子中近视患者的比例也越来越高。即便是在城里工人、乡镇农民中，也能看到不少人戴近视眼镜。然而，在中国古代很少发现患有近视的文人学子，更别说普通老百姓了。

以下除哪项外，均可以解释上述现象？

A．古时候，只有家庭条件好或者有地位的人才读得起书；即便读书，用在读书上的时间也很少，那种头悬梁、锥刺股的读书人更是凤毛麟角。

B．古时交通工具不发达，出行主要靠步行、骑马，足量的运动对于预防近视有一定的作用。

C．古人生活节奏慢，不用担心交通安全，所以即使患了近视，其危害也非常小。

D．古代自然科学不发达，那时学生读的书很少，主要是四书五经，一本《论语》要读好几年。

E．古人书写用的是毛笔，眼睛和字的距离比较远，写的字也相对大些。

49～50题基于以下题干：

某家长认为，有想象力才能进行创造性劳动，但想象力和知识是天敌。人在获得知识的过程中，想象力会消失。因为知识符合逻辑，而想象力无章可循。换句话说，知识的本质是科学，想象力的特征是荒诞。人的大脑一山不容二虎：学龄前，想象力独占鳌头，脑子被想象力占据；上学后，大多数人的想象力被知识驱逐出境，他们成为知识渊博但丧失了想象力、终身只能重复前人发现的人。

49. 以下哪项是该家长论证所依赖的假设？

Ⅰ．科学是不可能荒诞的，荒诞的就不是科学。

Ⅱ．想象力和逻辑水火不相容。

Ⅲ．大脑被知识占据后很难重新恢复想象力。

A．仅Ⅰ。　　B．仅Ⅱ。　　C．仅Ⅰ和Ⅱ。　　D．仅Ⅱ和Ⅲ。　　E．Ⅰ、Ⅱ和Ⅲ。

50. 以下哪项与家长的上述观点矛盾？

A．如果希望孩子能够进行创造性劳动，就不要送他们上学。

B．如果获得了足够知识，就不能进行创造性劳动。

C. 发现知识的人是有一定想象力的。

D. 有些人没有想象力，但能进行创造性劳动。

E. 想象力被知识驱逐出境是一个逐渐的过程。

51. 某公司总裁曾经说过："当前任总裁批评我时，我不喜欢那感觉，因此，我不会批评我的继任者。"

以下哪项最有可能是该总裁上述言论的假设？

A. 当遇到该总裁的批评时，他的继任者和他的感觉不完全一致。

B. 只有该总裁的继任者喜欢被批评的感觉，他才会批评继任者。

C. 如果该总裁喜欢被批评，那么前任总裁的批评也不例外。

D. 该总裁不喜欢批评他的继任者，但喜欢批评其他人。

E. 该总裁不喜欢被前任总裁批评，但喜欢被其他人批评。

52. 在恐龙灭绝6 500万年后的今天，地球正面临着又一次物种大规模灭绝的危机。截至上个世纪末，全球大约有20%的物种灭绝。现在，大熊猫、西伯利亚虎、北美玳瑁、巴西红木等许多珍稀物种面临着灭绝的危险。有三位学者对此作了预测。

学者一：如果大熊猫灭绝，则西伯利亚虎也将灭绝；

学者二：如果北美玳瑁灭绝，则巴西红木不会灭绝；

学者三：或者北美玳瑁灭绝，或者西伯利亚虎不会灭绝；

如果三位学者的预测都为真，则以下哪项一定为假？

A. 大熊猫和北美玳瑁都将灭绝。

B. 巴西红木将灭绝，西伯利亚虎不会灭绝。

C. 大熊猫和巴西红木都将灭绝。

D. 大熊猫将灭绝，巴西红木不会灭绝。

E. 巴西红木将灭绝，大熊猫不会灭绝。

53. 一些城市，由于作息时间比较统一，加上机动车太多，很容易形成交通早高峰和晚高峰。市民们在高峰时间上下班很不容易。为了缓解人们上下班的交通压力，某政府顾问提议采取不同时间段上下班制度，即不同单位可以在不同的时间段上下班。

以下哪项如果为真，最可能使该顾问的提议无法取得预期效果？

A. 有些上班时间段与员工的用餐时间冲突，会影响他们生活的乐趣，从而影响他们的工作积极性。

B. 许多上班时间段与员工的正常作息时间不协调，他们需要较长一段时间来调整适应，这段时间的工作效率难以保证。

C. 许多单位的大部分工作通常需要员工们在一起讨论，集体合作才能完成。

D. 该市的机动车数量持续增加，即使不在早晚高峰期，交通拥堵也时有发生。

E. 有些单位员工的住处与单位很近，步行即可上下班。

54. 统计数字表明，近年来，民用航空飞行的安全性有很大提高。例如，某国 2008 年每飞行 100 万次发生恶性事故的次数为 0.2 次，而 1989 年为 1.4 次。从这些年的统计数字看，民用航空恶性事故发生率总体呈下降趋势。由此看出，乘飞机出行越来越安全。

以下哪项不能加强上述结论？

A. 近年来，飞机事故中"死里逃生"的几率比以前提高了。

B. 各大航空公司越来越注意对机组人员的安全培训。

C. 民用航空的空中交通控制系统更加完善。

D. 避免"机鸟互撞"的技术与措施日臻完善。

E. 虽然飞机坠毁很可怕，但从统计数字上讲，驾车仍然要危险得多。

55. 有医学研究显示，行为痴呆症患者大脑组织中往往含有过量的铝。同时有化学研究表明，一种硅化合物可以吸收铝。陈医生据此认为，可以用这种硅化合物治疗行为痴呆症。

以下哪项是陈医生最可能依赖的假设？

A. 行为痴呆症患者大脑组织的含铝量通常过高，但具体数量不会变化。

B. 该硅化合物在吸收铝的过程中不会产生副作用。

C. 用来吸收铝的硅化合物的具体数量与行为痴呆症患者的年龄有关。

D. 过量的铝是导致行为痴呆症的原因，患者脑组织中的铝不是痴呆症引起的结果。

E. 行为痴呆症患者脑组织中的铝含量与病情的严重程度有关。

2012年管理类联考逻辑真题

三、逻辑推理：第 26～55 小题，每小题 2 分，共 60 分。下列每题给出的 A、B、C、D、E 五个选项中，只有一项是符合试题要求的。请在答题卡上将所选项的字母涂黑。

26. 1991 年 6 月 15 日，菲律宾吕宋岛上的皮纳图博火山突然大喷发，2 000 万吨二氧化硫气体冲入平流层，形成的霾像毯子一样盖在地球上空，把部分要射入地球的阳光反射回太空。几年之后，气象学家发现这层霾使得当时地球表面的温度累计下降了 0.5℃，而皮纳图博火山喷发前的一个世纪，因人类活动而造成的温室效应已经使地球表面温度升高了 1℃。某位持"人工气候改造论"的科学家据此认为，可以用火箭弹等方式将二氧化硫充入大气层，阻挡部分阳光，达到地球表面降温的目的。

以下哪项如果为真，最能对科学家提议的有效性构成质疑？

A. 如果利用火箭弹将二氧化硫充入大气层，会导致航空乘客呼吸不适。
B. 如果在大气层上空放置反光物，就可以避免地球表面受到强烈阳光的照射。
C. 可以把大气中的碳提取出来存储在地下，减少大气层中的碳含量。
D. 不论何种方式，"人工气候改造论"都将破坏地球大气层的结构。
E. 火山喷发形成的降温效应只是暂时的，经过一段时间温度将再次回升。

27. 只有具有一定文学造诣且具有生物学专业背景的人，才能读懂这篇文章。
如果上述命题为真，以下哪项不可能为真？

A. 小张没有读懂这篇文章，但他的文学造诣是大家所公认的。
B. 计算机专业的小王没有读懂这篇文章。
C. 从未接触过生物学知识的小李读懂了这篇文章。
D. 小周具有生物学专业背景，但他没有读懂这篇文章。
E. 生物学博士小赵读懂了这篇文章。

28. 经过反复核查，质检员小李向厂长汇报说："726 车间生产的产品都是合格的，所以不合格的产品都不是 726 车间生产的。"

以下哪项和小李的推理结构最为相似？

A. 所有入场的考生都经过了体温测试，所以没能入场的考生都没有经过体温测试。
B. 所有出厂设备都是检测合格的，所以检测合格的设备都已出厂。
C. 所有已发表文章都是认真校对过的，所以认真校对过的文章都已经发表。
D. 所有真理都是不怕批评的，所以怕批评的都不是真理。
E. 所有不及格的学生都没有好好复习，所以没好好复习的学生都不及格。

29. 王涛和周波是理科（1）班同学，他们是无话不说的好朋友。他们发现班里每一个人或者喜欢物理，或者喜欢化学。王涛喜欢物理，周波不喜欢化学。

根据以上陈述，以下哪项必定为真？

Ⅰ．周波喜欢物理。

Ⅱ．王涛不喜欢化学。

Ⅲ．理科（1）班不喜欢物理的人喜欢化学。

Ⅳ．理科（1）班一半人喜欢物理，一半人喜欢化学。

A．仅Ⅰ。　　B．仅Ⅲ。　　C．仅Ⅰ和Ⅱ。　　D．仅Ⅰ和Ⅲ。　　E．仅Ⅱ、Ⅲ和Ⅳ。

30．李明、王兵、马云三位股民对股票A和股票B分别作了如下预测：

李明：只有股票A不上涨，股票B才不上涨。

王兵：股票A和股票B至少有一个不上涨。

马云：股票A上涨当且仅当股票B上涨。

若三人的预测都为真，则以下哪项符合他们的预测？

A．股票A上涨，股票B不上涨。

B．股票A不上涨，股票B上涨。

C．股票A和股票B均上涨。

D．股票A和股票B均不上涨。

E．只有股票A上涨，股票B才不上涨。

31．临江市地处东部沿海，下辖临东、临西、江南、江北四个区。近年来，文化旅游产业成为该市的经济增长点。2010年，该市一共吸引全国数十万人次游客前来参观旅游。12月底，关于该市四个区吸引游客人数多少的排名，各位旅游局长作了如下预测：

临东区旅游局长：如果临西区第三，那么江北区第四；

临西区旅游局长：只有临西区不是第一，江南区才第二；

江南区旅游局长：江南区不是第二；

江北区旅游局长：江北区第四。

最终的统计表明，只有一位局长的预测符合事实，则临东区当年吸引游客人次的排名是

A．第一。　　B．第二。　　C．第三。　　D．第四。　　E．在江北区之前。

32．小张是某公司营销部的员工。公司经理对他说："如果你争取到这个项目，我就奖励你一台笔记本电脑或者给你项目提成。"

以下哪项如果为真，说明该经理没有兑现承诺？

A．小张没争取到这个项目，该经理没给他项目提成，但送了他一台笔记本电脑。

B．小张没争取到这个项目，该经理没奖励他笔记本电脑，也没给他项目提成。

C．小张争取到了这个项目，该经理给他项目提成，但并未奖励他笔记本电脑。

D．小张争取到了这个项目，该经理奖励他一台笔记本电脑并且给他三天假期。

E．小张争取到了这个项目，该经理未给他项目提成，但奖励了他一台台式电脑。

33.《文化新报》记者小白周四去某市采访陈教授与王研究员。次日，其同事小李问小白："昨天你采访到那两位学者了吗？"小白说："不，没那么顺利。"小李又问："那么，你一个都没采访到？"小白说："也不是。"

以下哪项最有可能是小白周四采访所发生的真实情况？

A. 小白采访到了两位学者。

B. 小白采访了李教授，但没有采访王研究员。

C. 小白根本没有去采访两位学者。

D. 两位采访对象都没有接受采访。

E. 小白采访到了其中一位，但是没有采访到另一位。

34. 只有通过身份认证的人才允许上公司内网，如果没有良好的业绩就不可能通过身份认证，张辉有良好的业绩而王纬没有良好的业绩。

如果上述断定为真，则以下哪项一定为真？

A. 允许张辉上公司内网。

B. 不允许王纬上公司内网。

C. 张辉通过身份认证。

D. 有良好的业绩，就允许上公司内网。

E. 没有通过身份认证，就说明没有良好的业绩。

35. 比较文字学者张教授认为，在不同的民族语言中，字形与字义的关系有不同的表现。他提出，汉字是象形文字，其中大部分是形声字，这些字的字形与字义相互关联；而英语是拼音文字，其字形与字义往往关联度不大，需要某种抽象的理解。

以下哪项如果为真，最不符合张教授的观点？

A. 汉语中的"日""月"是象形字，从字形可以看出其所指的对象；而英语中的sun与moon则感觉不到这种形义结合。

B. 汉语中的"日"与"木"结合，可以组成"东""杲""杳"等不同的字，并可以猜测其语义。而英语中则不存在与此类似的sun与wood的结合。

C. 英语中，也有与汉语类似的象形文字，如，eye是人的眼睛的象形，两个e代表眼睛，y代表中间的鼻子；bed是床的象形，b和d代表床的两端。

D. 英语中的sunlight与汉语中的"阳光"相对应，而英语的sun与light和汉语中的"阳"与"光"相对应。

E. 汉语的"星期三"与英语中的Wednesday和德语中的Mittwoch意思相同。

36. 乘客使用手机及便携式电脑等电子设备会通过电磁波谱频繁传输信号，机场的无线电话和导航网络等也会使用电磁波谱，但电信委员会已根据不同用途把电磁波谱分成了几大块。因此，用手机打电话不会对专供飞机通讯系统或全球定位系统使用的波段造成干扰。尽管如此，各大航空公司仍然规定，禁止机上乘客使用手机等电子设备。

以下哪项如果为真,能解释上述现象?

Ⅰ.乘客在空中使用手机等电子设备可能对地面导航网络造成干扰。

Ⅱ.乘客在起飞和降落时使用手机等电子设备,可能影响机组人员工作。

Ⅲ.便携式电脑或者游戏设备可能导致自动驾驶仪出现断路或仪器显示发生故障。

A.仅Ⅰ。　　B.仅Ⅱ。　　C.仅Ⅰ和Ⅱ。　　D.仅Ⅱ和Ⅲ。　　E.Ⅰ、Ⅱ和Ⅲ。

37. 2010年上海世博会盛况空前,200多个国家场馆和企业主题馆让人目不暇接。大学生王刚决定在学校放暑假的第二天前往世博会参观。前一天晚上,他特别上网查看了各位网友对相关热门场馆选择的建议,其中最吸引王刚的有三条:

（1）如果参观沙特馆,就不参观石油馆。

（2）石油馆和中国国家馆择一参观。

（3）中国国家馆和石油馆不都参观。

实际上,第二天王刚的世博会行程非常紧凑,他没有接受上述三条建议中的任何一条。

关于王刚所参观的热门场馆,以下哪项描述正确?

A.参观沙特馆、石油馆,没有参观中国国家馆。

B.沙特馆、石油馆、中国国家馆都参观了。

C.沙特馆、石油馆、中国国家馆都没有参观。

D.没有参观沙特馆,参观石油馆和中国国家馆。

E.没有参观石油馆,参加沙特馆、中国国家馆。

38. 经理说:"有了自信不一定赢。"董事长回应说:"但是没有自信一定会输。"

以下哪项与董事长的意思最为接近?

A.不输即赢,不赢即输。

B.如果自信,则一定会赢。

C.只有自信,才可能不输。

D.除非自信,否则不可能输。

E.只有赢了,才可能更自信。

39. 在家电产品"三下乡"活动中,某销售公司的产品受到了农村居民的广泛欢迎。该公司总经理在介绍经验时表示:只有用最流行畅销的明星产品面对农村居民,才能获得他们的青睐。

以下哪项如果为真,最能质疑总经理的论述?

A.某品牌电视由于其较强的防潮能力,尽管不是明星产品,仍然获得了农村居民的青睐。

B.流行畅销的明星产品由于价格偏高,没有赢得农村居民的青睐。

C.流行畅销的明星产品只有质量过硬,才能获得农村居民的青睐。

D.有少数娱乐明星为某些流行畅销的产品作虚假广告。

E.流行畅销的明星产品最适合城市中的白领使用。

40. 居民苏女士在菜市场看到某摊位出售的鹌鹑蛋色泽新鲜、形态圆润,且价格便宜,于是买了一箱。回家后发现有些鹌鹑蛋打不破,甚至丢到地上也摔不坏,再细闻已经打破的鹌鹑蛋,有一股刺鼻的消毒液味道。她投诉至菜市场管理部门,结果一位工作人员声称鹌鹑蛋目前还没有国家质量标准,无法判定它有质量问题,所以他坚持这箱鹌鹑蛋没有质量问题。

以下哪项与该工作人员作出结论的方式最为相似?

A. 不能证明宇宙是没有边际的,所以宇宙是有边际的。

B. "驴友论坛"还没有论坛规范,所以管理人员没有权利删除帖子。

C. 小偷在逃跑途中跳入2米深的河中,事主认为没有责任,因此不予施救。

D. 并非外星人不存在,所以外星人存在。

E. 慈善晚会上的假唱行为不属于商业管理范围,因此相关部门无法对此进行处罚。

41. 概念A与概念B之间有交叉关系,当且仅当,(1) 存在对象X,X既属于A又属于B;(2) 存在对象Y,Y属于A但不属于B;(3) 存在对象Z,Z属于B但是不属于A。

根据上述定义,以下哪项中加点的两个概念之间有交叉关系?

A. 国画按题材分主要有人物画、花鸟画、山水画等;按技法分主要有工笔画和写意画等。

B. 《盗梦空间》除了是最佳影片的有力争夺者外,它在技术类奖项的争夺中也将有所斩获。

C. 洛邑小学30岁的食堂总经理为了改善伙食,在食堂放了几个意见本,征求学生们的意见。

D. 在微波炉清洁剂中加入漂白剂,就会释放出氯气。

E. 高校教师包括教授、副教授、讲师和助教等。

42. 小李将自家护栏边的绿地毁坏,种上了黄瓜。小区物业人员发现后,提醒小李:护栏边的绿地是公共绿地,属于小区的所有人。物业为此下发了整改通知书,要求小李限期恢复绿地。小李对此辩称:"我难道不是小区的人吗?护栏边的绿地既然属于小区的所有人,当然也属于我。因此,我有权在自己的土地上种瓜。"

以下哪项论证,和小李的错误最为相似?

A. 所有人都要为他的错误行为负责,小梁没有对他的错误行为负责,所以小梁的这次行为没有错误。

B. 所有参展的兰花在这次博览会上被订购一空,李阳花大价钱买了一盆花,由此可见,李阳买的必定是兰花。

C. 没有人能够一天读完大仲马的所有作品,没有人能够一天读完《三个火枪手》,因此,《三个火枪手》是大仲马的作品之一。

D. 所有莫尔碧骑士组成的军队在当时的欧洲是不可战胜的,翼雅王是莫尔碧骑士之一,所以翼雅王在当时的欧洲是不可战胜的。

E. 任何一个人都不可能掌握当今世界的所有知识,地心说不是当今世界的知识,因此,有些人可以掌握地心说。

43. 我国著名的地质学家李四光,在对东北的地质结构进行了长期、深入的调查研究后发现,松辽平原的地质结构与中亚细亚极其相似。他推断,既然中亚细亚蕴藏大量的石油,那么松辽平原很可能也蕴藏着大量的石油。后来,大庆油田的开发证明了李四光的推断是正确的。

以下哪项与李四光的推理方式最为相似?

A. 他山之石,可以攻玉。

B. 邻居买彩票中了大奖,小张受此启发,也去买了体育彩票,结果没有中奖。

C. 某乡镇领导在考察了荷兰等地的花卉市场后认为要大力发展规模经济,回来后组织全乡镇种大葱,结果导致大葱严重滞销。

D. 每到炎热的夏季,许多商店腾出一大块地方卖羊毛衫、长袖衬衣、冬靴等冬令商品,进行反季节销售,结果都很有市场。小王受此启发,决定在冬季种植西瓜。

E. 乌兹别克地区盛产长绒棉。新疆塔里木河流域与乌兹别克地区在日照情况、霜期长短、气温高低、降雨量等方面均相似,科研人员受此启发,将长绒棉移植到塔里木河流域,果然获得了成功。

44. 如果他勇于承担责任,那么他就一定会直面媒体,而不是选择逃避;如果他没有责任,那么他就一定会聘请律师,捍卫自己的尊严。可是事实上,他不仅没有聘请律师,现在逃得连人影都不见了。

根据以上陈述,可以得出以下哪项结论?

A. 即使他没有责任,也不应该选择逃避。

B. 虽然选择了逃避,但是他可能没有责任。

C. 如果他有责任,那么他应该勇于承担责任。

D. 如果他不敢承担责任,那么说明他责任很大。

E. 他不仅有责任,而且他没有勇气承担责任。

45. 有些通信网络维护涉及个人信息安全,因而,不是所有通信网络的维护都可以外包。

以下哪项可以使上论证成立?

A. 所有涉及个人信息安全的都不可以外包。

B. 有些涉及个人信息安全的不可以外包。

C. 有些涉及个人信息安全的可以外包。

D. 所有涉及国家信息安全的都不可以外包。

E. 有些通信网络维护涉及国家信息安全。

46. 葡萄酒中含有白藜芦醇和类黄酮等对心脏有益的抗氧化剂。一项新研究表明,白藜芦醇能防止骨质疏松和肌肉萎缩。由此,有关研究人员推断,那些长时间在国际空间站或宇宙飞船上的宇航员或许可以补充一下白藜芦醇。

以下哪项如果为真，最能支持上述研究人员的推断？

A. 研究人员发现由于残疾或者其他因素而很少活动的人会比经常活动的人更容易出现骨质疏松和肌肉萎缩等症状，如果能喝点葡萄酒，则可以获益。

B. 研究人员模拟失重状态，对老鼠进行试验，一个对照组未接受任何特殊处理，另一组则每天服用白藜芦醇。结果对照组的老鼠骨头和肌肉的密度都降低了，而服用白藜芦醇的一组则没有出现这些症状。

C. 研究人员发现由于残疾或者其他因素而很少活动的人，如果每天服用一定量的白藜芦醇，则可以改善骨质疏松和肌肉萎缩等症状。

D. 研究人员发现，葡萄酒能对抗失重所造成的负面影响。

E. 某医学博士认为，白藜芦醇或许不能代替锻炼，但它能减缓人体某些机能的退化。

47. 一般商品只有在多次流通过程中才能不断增值，但艺术品作为一种特殊商品却体现出了与一般商品不同的特性。在拍卖市场上，有些古玩、字画的成交价有很大的随机性，往往会直接受到拍卖现场气氛、竞价激烈程度、买家心理变化等偶然因素的影响，成交价有时会高于底价几十倍乃至数百倍，使得艺术品在一次"流通"中实现大幅度增值。

以下哪项最无助于解释上述现象？

A. 艺术品的不可再造性决定了其交换价格有可能超过其自身价值。

B. 不少买家喜好收藏，抬高了艺术品的交易价格。

C. 有些买家就是为了炒作艺术品，以期获得高额利润。

D. 虽然大量赝品充斥市场，但是对艺术品的交易价格没有什么影响。

E. 国外资金进入艺术品拍卖市场，对价格攀升起到了拉动作用。

48. 近期国际金融危机对毕业生的就业影响非常大，某高校就业中心的陈老师希望广大同学能够调整自己的心态和预期。他在一次就业指导会上提到，有些同学对自己的职业定位还不够准确。

如果陈老师的陈述为真，则以下哪项不一定为真？

Ⅰ. 不是所有人对自己的职业定位都准确。

Ⅱ. 不是所有人对自己的职业定位都不够准确。

Ⅲ. 有些人对自己的职业定位准确。

Ⅳ. 所有人对自己的职业定位都不够准确。

A. 仅Ⅱ和Ⅳ。　　　　B. 仅Ⅲ和Ⅳ。　　　　C. 仅Ⅱ和Ⅲ。

D. 仅Ⅰ、Ⅱ和Ⅲ。　　E. 仅Ⅱ、Ⅲ和Ⅳ。

49. 一位房地产信息员通过对某地的调查发现：护城河两岸房屋的租金都比较廉价；廉租房都坐落在凤凰山北麓；东向的房屋都是别墅；非廉租房不可能具有廉价的租金；有些单室套的两限房建在凤凰山北麓；别墅也都建筑在凤凰山南麓。

根据该房地产信息员的调查，以下哪项不可能存在？

A. 东向的护城河两岸的房屋。

B. 凤凰山北麓的两限房。

C. 单室套的廉租房。

D. 护城河两岸的单室套。

E. 南向的廉租房。

50. 探望病人通常会送上一束鲜花，但某国曾有报道说，医院花瓶的水可能含有很多细菌，鲜花会在夜间与病人争夺氧气，还可能影响病房里电子设备的工作。这引起了人们对鲜花的恐慌，该国一些医院甚至禁止在病房内摆放鲜花。尽管后来证实鲜花并未导致更多的病人受感染，并且权威部门也澄清，未见任何感染病例与病房里的植物有关，但这并未减轻医院对鲜花的反感。

以下除哪项外，都能减轻医院对鲜花的担心？

A. 鲜花并不比病人身边的餐具、饮料和食物带有更多可能危害病人健康的细菌。

B. 在病房里放置鲜花让病人感到心情愉悦、精神舒畅，有助于病人康复。

C. 给鲜花换水、修剪需要一定的人工，如果花瓶倒了还会导致危险产生。

D. 已有研究证明，鲜花对病房空气的影响微乎其微，可以忽略不计。

E. 探望病人所送的鲜花大都花束小、需水量少、花粉少，不会影响电子设备工作。

51. 某公司规定，在一个月内，除非每个工作日都出勤，否则任何员工都不可能既获得当月绩效工资，又获得奖励工资。

以下哪项与上述规定的意思最为接近？

A. 在一个月内，任何员工如果所有工作日不缺勤，必然既获得当月绩效工资，又获得奖励工资。

B. 在一个月内，任何员工如果所有工作日不缺勤，都有可能既获得当月绩效工资，又获得奖励工资。

C. 在一个月内，任何员工如果有某个工作日缺勤，仍有可能获得当月绩效工资，或者获得奖励工资。

D. 在一个月内，任何员工如果有某个工作日缺勤，必然或者得不了当月绩效工资，或者得不了奖励工资。

E. 在一个月内，任何员工如果所有工作日缺勤，必然既得不了当月绩效工资，又得不了奖励工资。

52. 近期流感肆虐，一般流感患者可采用抗病毒药物治疗。虽然并不是所有流感患者均可以接受达菲等抗病毒药物的治疗，但不少医生仍强烈建议老人、儿童等易出现严重症状的患者用药。

如果以上陈述为真，则以下哪项一定为假？

Ⅰ. 有些流感患者需接受达菲等抗病毒药物的治疗。

Ⅱ. 并非有的流感患者不需接受抗病毒药物的治疗。

Ⅲ. 老人、儿童等易出现严重症状的患者不需要用药。

A. 仅Ⅰ。　　　B. 仅Ⅱ。　　　C. 仅Ⅲ。　　　D. 仅Ⅰ和Ⅱ。　　　E. 仅Ⅱ和Ⅲ。

53～55题基于以下题干：

东宇大学公开招聘3个教师职位，哲学学院、管理学院和经济学院各一个。每个职位都有分别来自南山大学、西京大学、北清大学的候选人。有位"聪明"人士李先生对招聘结果作出了如下预测：

（1）如果哲学学院录用北清大学的候选人，那么管理学院录用西京大学的候选人；

（2）如果管理学院录用南山大学的候选人，那么哲学学院也录用南山大学的候选人；

（3）如果经济学院录用北清大学或者西京大学的候选人，那么管理学院录用北清大学的候选人。

53. 如果哲学学院、管理学院和经济学院最终录用的候选人的大学归属信息依次如下，则哪项符合李先生的预测？

　　A. 南山大学、南山大学、西京大学。

　　B. 北清大学、南山大学、南山大学。

　　C. 北清大学、北清大学、南山大学。

　　D. 西京大学、北清大学、南山大学。

　　E. 西京大学、西京大学、西京大学。

54. 若哲学学院最终录用西京大学的候选人，则以下哪项表明李先生的预测错误？

　　A. 管理学院录用北清大学候选人。

　　B. 管理学院录用南山大学候选人。

　　C. 经济学院录用南山大学候选人。

　　D. 经济学院录用北清大学候选人。

　　E. 经济学院录用西京大学候选人。

55. 如果三个学院最终录用的候选人分别来自不同的大学，则以下哪项符合李先生的预测？

　　A. 哲学学院录用西京大学候选人，经济学院录用北清大学候选人。

　　B. 哲学学院录用南山大学候选人，管理学院录用北清大学候选人。

　　C. 哲学学院录用北清大学候选人，经济学院录用西京大学候选人。

　　D. 哲学学院录用西京大学候选人，管理学院录用南山大学候选人。

　　E. 哲学学院录用南山大学候选人，管理学院录用西京大学候选人。

2013年管理类联考逻辑真题

三、逻辑推理：第26～55小题，每小题2分，共60分。下列每题给出的A、B、C、D、E五个选项中，只有一项是符合试题要求的。请在答题卡上将所选项的字母涂黑。

26. 某公司去年初开始实施一项"办公用品节俭计划"，每位员工每月只能免费领用限量的纸笔等各类办公用品。年末统计时发现，公司用于办公用品的支出较上年度下降了30%。在未实施该计划的过去5年间，公司年平均消耗办公用品10万元。公司总经理由此得出：该计划去年已经为公司节约了不少经费。

以下哪项如果为真，最能构成对总经理推论的质疑？

A. 另一家与该公司规模及其他基本情况均类似的公司，未实施类似的节俭计划，在过去的5年间办公用品消耗额年均也为10万元。

B. 在过去的5年间，该公司大力推广无纸化办公，并且取得很大成就。

C. "办公用品节俭计划"是控制支出的重要手段，但说该计划为公司"一年内节约不少经费"，没有严谨的数据分析。

D. 另一家与该公司规模及其他基本情况均类似的公司，未实施类似的节俭计划，但在过去的5年间办公用品人均消耗额越来越低。

E. 去年，该公司在员工困难补助、交通津贴等方面开支增加了3万元。

27. 公司经理：我们招聘人才时最看重的是综合素质和能力，而不是分数。人才招聘中，高分低能者并不鲜见，我们显然不希望招到这样的"人才"。从你的成绩单可以看出，你的学业分数很高，因此我们有点怀疑你的能力和综合素质。

以下哪项和经理得出结论的方式最为类似？

A. 公司管理者并非都是聪明人，陈然不是公司管理者，所以陈然可能是聪明人。

B. 猫都爱吃鱼，没有猫患近视，所以吃鱼可以预防近视。

C. 人的一生中健康开心最重要，名利都是浮云，张立名利双收，所以可能张立并不开心。

D. 有些歌手是演员，所有的演员都很富有，所以有些歌手可能不富有。

E. 闪光的物体并非都是金子，考古队挖到了闪闪发光的物体，所以考古队挖到的可能不是金子。

28. 某省大力发展旅游产业，目前已经形成东湖、西岛、南山三个著名景点，每处景点都有二日游、三日游、四日游三种线路。李明、王刚、张波拟赴上述三地进行9日游，每个人都设计了各自的旅游计划。后来发现，每处景点他们三人都选择了不同的线路：李明赴东湖的计划天数与王刚赴西岛的计划天数相同，李明赴南山的计划是三日游，王刚赴南山的计划是四日游。

根据以上陈述，可以得出以下哪项？

A. 李明计划东湖二日游，王刚计划西岛二日游。

B. 王刚计划东湖三日游，张波计划西岛四日游。

C. 张波计划东湖四日游，王刚计划西岛三日游。

D. 张波计划东湖三日游，李明计划西岛四日游。

E. 李明计划东湖二日游，王刚计划西岛三日游。

29. 国际足联一直坚称，世界杯冠军队所获得的"大力神"杯是实心的纯金奖杯。某教授经过精密测量和计算认为，世界杯冠军奖杯——实心的"大力神"杯不可能是纯金制成的，否则球员根本不可能将它举过头顶并随意挥舞。

以下哪项与这位教授的意思最为接近？

A. 若球员能够将"大力神"杯举过头顶并自由挥舞，则它很可能是空心的纯金杯。

B. 只有"大力神"杯是实心的，它才可能是纯金的。

C. 若"大力神"杯是实心的纯金杯，则球员不可能把它举过头顶并随意挥舞。

D. 只有球员能够将"大力神"杯举过头顶并自由挥舞，它才由纯金制成，并且不是实心的。

E. 若"大力神"杯是由纯金制成，则它肯定是空心的。

30. 根据学习在动机形成和发展中所起的作用，人的动机可分原始动机和习得动机两种。原始动机是与生俱来的动机，它们是以人的本能需要为基础的；习得动机是指后天获得的各种动机，即经过学习产生和发展起来的各种动机。

根据以上陈述，以下哪项最可能属于原始动机？

A. 尊师重教，崇文尚武。

B. 不入虎穴，焉得虎子？

C. 宁可食无肉，不可居无竹。

D. 尊敬老人，孝敬父母。

E. 窈窕淑女，君子好逑。

31～32题基于以下题干：

互联网好比一个复杂多样的虚拟世界，每台联网主机上的信息又构成一个微观虚拟世界。若在某主机上可以访问本主机的信息，则称该主机相通于自身；若主机X能通过互联网访问主机Y的信息，则称X相通于Y。已知代号分别为甲、乙、丙、丁的四台联网主机有如下信息：

（1）甲主机相通于任一不相通于丙的主机；

（2）丁主机不相通于丙；

（3）丙主机相通于任一相通于甲的主机。

31. 若丙主机不相通于自身，则以下哪项一定为真？

A. 若丁主机相通于乙，则乙主机相通于甲。

B. 甲主机相通于丁，也相通于丙。

C. 甲主机相通于乙，乙主机相通于丙。

D. 只有甲主机不相通于丙，丁主机才相通于乙。

E. 丙主机不相通于丁，但相通于乙。

32. 若丙主机不相通于任何主机，则以下哪项一定为假？

A. 乙主机相通于自身。

B. 丁主机不相通于甲。

C. 若丁主机不相通于甲，则乙主机相通于甲。

D. 甲主机相通于乙。

E. 若丁主机相通于甲，则乙主机相通于甲。

33. 某科研机构对市民所反映的一种奇异现象进行研究，该现象无法用已有的科学理论进行解释。助理研究员小王有此断言：该现象是错觉。

以下哪项如果为真，最可能使小王的断言不成立？

A. 错觉都可以用已有的科学理论进行解释。

B. 所有错觉都不能用已有的科学理论进行解释。

C. 已有的科学理论尚不能完全解释错觉是如何形成的。

D. 有些错觉不能用已有的科学理论进行解释。

E. 有些错觉可以用已有的科学理论进行解释。

34. 人们知道鸟类能感觉到地球磁场，并利用它们导航。最近某国科学家发现，鸟类其实是利用右眼"查看"地球磁场的。为检验该理论，当鸟类开始迁徙的时候，该国科学家把若干知更鸟放进一个漏斗形状的庞大的笼子里，并给其中部分知更鸟的一只眼睛戴上一种可屏蔽地球磁场的特殊金属眼罩。笼壁上涂着标记性物质，鸟要通过笼子细口才能飞出去。如果鸟碰到笼壁，就会黏上标记性物质，以此判断鸟能否找到方向。

以下哪项如果为真，最能支持研究人员的上述发现？

A. 没戴眼罩的鸟顺利从笼中飞了出去；戴眼罩的鸟，不论左眼还是右眼，朝哪个方向飞的都有。

B. 没戴眼罩的鸟和左眼戴眼罩的鸟顺利从笼中飞了出去，右眼戴眼罩的鸟朝哪个方向飞的都有。

C. 没戴眼罩的鸟和左眼戴眼罩的鸟朝哪个方向飞的都有，右眼戴眼罩的鸟顺利从笼中飞了出去。

D. 没戴眼罩的鸟和右眼戴眼罩的鸟顺利从笼中飞了出去，左眼戴眼罩的鸟朝哪个方向飞的都有。

E. 戴眼罩的鸟，不论左眼还是右眼，顺利从笼中飞了出去，没戴眼罩的鸟朝哪个方向飞的都有。

35～36题基于以下题干：

年初，为激励员工努力工作，某公司决定根据每月的工作绩效评选"月度之星"。王某在当年前10个月恰好只在连续的4个月中当选"月度之星"，他的另三位同事郑某、吴某、周某也做到了这一点。关于这四人当选"月度之星"的月份，已知：

（1）王某和郑某仅有三个月同时当选；

（2）郑某和吴某仅有三个月同时当选；

（3）王某和周某不曾在同一个月当选；

（4）仅有2人在7月同时当选；

（5）至少有1人在1月当选。

35. 根据以上信息，有3人同时当选"月度之星"的月份是

A. 1～3月。　　　　B. 2～4月。　　　　C. 3～5月。

D. 4～6月。　　　　E. 5～7月。

36. 根据以上信息，王某当选"月度之星"的月份是

A. 1～4月。　　　　B. 3～6月。　　　　C. 4～7月。

D. 5～8月。　　　　E. 7～10月。

37. 若成为白领的可能性无性别差异，按正常男女出生率102∶100计算，当这批人中的白领谈婚论嫁时，女性和男性数量应当大致相等。但实际上，某市妇联近几年举办的历次大型白领相亲活动中，报名的男女比例约为3∶7，有时甚至达到2∶8。这说明，文化越高的女性越难嫁，文化低的反而好嫁；男性则正好相反。

以下除哪项外，都有助于解释上述分析与实际情况不一致？

A. 男性因长相身高、家庭条件者等被女性淘汰者多于女性因长相身高、家庭条件等被男性淘汰者。

B. 与男性白领不同，女性白领要求高，往往只找比自己更优秀的男性。

C. 大学毕业后出国的精英分子中，男性多于女性。

D. 与本地女性竞争的外地优秀女性多于与本地男性竞争的外地优秀男性。

E. 一般说来，男性参加大型相亲会的积极性不如女性。

38. 张霞、李丽、陈露、邓强和王硕一起坐火车去旅游，他们正好在同一车厢相对两排的五个座位上，每人各坐一个位置。第一排的座位按顺序分别记作1号和2号，第二排的座位按序号记为3、4、5号。座位1和座位3直接相对，座位2和座位4直接相对，座位5不和上述任何座位直接相对。李丽坐在4号位置；陈露所坐的位置不与李丽相邻，也不与邓强相邻（相邻指同一排上紧挨着）；张霞不坐在与陈露直接相对的位置上。

根据以上信息，张霞所坐的位置有多少种可能的选择？

A. 1种。　　B. 2种。　　C. 3种。　　D. 4种。　　E. 5种。

39. 某大学的哲学学院和管理学院今年招聘新教师，招聘结束后受到了女权主义代表的批评，因为他们在 12 名女性应聘者中录用了 6 名，但在 12 名男性应聘者中却录用了 7 名。该大学对此解释说，今年招聘新教师的两个学院中，女性应聘者的录用率都高于男性应聘者的录用率。具体情况是：哲学学院在 8 名女性应聘者中录用了 3 名，而在 3 名男性应聘者中录用了 1 名；管理学院在 4 名女性应聘者中录用了 3 名，而在 9 名男性应聘者中录用了 6 名。

以下哪项最有助于解释女权主义代表和大学之间的分歧？

A. 整体并不是局部的简单相加。

B. 有些数字规则不能解释社会现象。

C. 人们往往从整体角度考虑问题，不管局部如何，最终的整体结果才是最重要的。

D. 现代社会提倡男女平等，但实际执行中还是有一定难度。

E. 各个局部都具有的性质在整体上未必具有。

40. 教育专家李教授指出：每个人在自己的一生中，都要不断地努力，否则就会像龟兔赛跑的故事一样，一时跑得快并不能保证一直领先。如果你本来基础好又能不断努力，那你肯定能比别人更早取得成功。

如果李教授的陈述为真，以下哪项一定为假？

A. 小王本来基础好并且能不断努力，但也可能比别人更晚取得成功。

B. 不论是谁，只有不断努力，才可能取得成功。

C. 只要不断努力，任何人都可能取得成功。

D. 一时不成功并不意味着一直不成功。

E. 人的成功是有衡量标准的。

41. 新近一项研究发现，海水颜色能够让飓风改变方向，也就是说，如果海水变色，飓风的移动路径也会变向。这也就意味着科学家可以根据海水的"脸色"判断哪些地区将被飓风袭击，哪些地区会幸免于难。值得关注的是，全球气候变暖可能已经让海水变色。

以下哪项最可能是科学家做出判断所依赖的前提？

A. 海水温度升高会导致生成的飓风数量增加。

B. 海水温度变化会导致海水改变颜色。

C. 海水颜色与飓风移动路径之间存在某种相对确定的联系。

D. 全球气候变暖是最近几年飓风频发的重要原因之一。

E. 海水温度变化与海水颜色变化之间的联系尚不明朗。

42. 某金库发生了失窃案。公安机关侦查确定，这是一起典型的内盗案，可以断定金库管理员甲、乙、丙、丁中至少有一人是作案者。办案人员对四人进行了询问，四人的回答如下：

甲："如果乙不是窃贼，我也不是窃贼。"

乙："我不是窃贼，丙是窃贼。"

丙："甲或者乙是窃贼。"

丁："乙或者丙是窃贼。"

后来事实表明，他们四人中只有一人说了真话。

根据以上陈述，以下哪项一定为假？

A. 丙说的是假话。　　B. 丙不是窃贼。　　C. 乙不是窃贼。

D. 丁说的是真话。　　E. 甲说的是真话。

43. 所有参加此次运动会的选手都是身体强壮的运动员，所有身体强壮的运动员都是极少生病的，但是有一些身体不适的选手参加了此次运动会。

以下选项不能从上述前提中得出？

A. 有些身体不适的选手是极少生病的。

B. 极少生病的选手都参加了此次运动会。

C. 有些极少生病的选手感到身体不适。

D. 有些身体强壮的运动员感到身体不适。

E. 参加此次运动会的选手都是极少生病的。

44. 足球是一项集体运动，若想不断取得胜利，每个强队都必须有一位核心队员，他总能在关键场次带领全队赢得比赛。友南是某国甲级联赛强队西海队队员。据某记者统计，在上赛季参加的所有比赛中，有友南参加的场次，西海队胜率高达75.5%，另有16.3%的平局，8.2%场次输球；而在友南缺阵的情况下，西海队胜率只有58.9%，输球的比率高达23.5%。该记者由此得出结论，友南是上赛季西海队的核心队员。

以下哪项如果为真，是能质疑该记者的结论？

A. 上赛季友南上场且西海队输球的比赛，都是西海队与传统强队对阵的关键场次。

B. 西海队队长表示："没有友南我们将失去很多东西，但我们会找到解决办法。"

C. 本赛季开始以来，在友南上阵的情况下，西海队胜率暴跌20%。

D. 上赛季友南缺席且西海队输球的比赛，都是小组赛中西海队已经确定出线后的比赛。

E. 西海队教练表示："球队是一个整体，不存在有友南的西海队和没有友南的西海队。"

45. 只要每个司法环节都能坚守程序正义，切实履行监督制约职能，结案率就会大幅度提高。去年某国结案率比上一年提高了70%，所以，该国去年每个司法环节都能坚守程序正义，切实履行监督制约职能。

以下哪项与上述论证方式最为相似？

A. 在校期间品学兼优，就可以获得奖学金。李明在校期间不是品学兼优，所以他不可能获得奖学金。

B. 李明在校期间品学兼优，但是没有获得奖学金。所以，在校期间品学兼优，不一定可以获得奖学金。

C. 在校期间品学兼优，就可以获得奖学金。李明获得了奖学金，所以他在校期间一定品学兼优。

D. 在校期间品学兼优，就可以获得奖学金。李明没有获得奖学金，所以他在校期间一定不是品学兼优。

E. 只有在校期间品学兼优，才能获得奖学金。李明获得了奖学金，所以在校期间一定品学兼优。

46. 在东海大学研究生会举办的一次中国象棋比赛中，来自经济学院、管理学院、哲学学院、数学学院和化学学院的 5 名研究生（每学院 1 名）相遇在一起，有关甲、乙、丙、丁、戊 5 名研究生之间的比赛信息满足以下条件：

（1）甲仅与 2 名选手比赛过；

（2）化学学院的选手和 3 名选手比赛过；

（3）乙不是管理学院的，也没有和管理学院的选手对阵过；

（4）哲学学院的选手和丙比赛过；

（5）管理学院、哲学学院、数学学院的选手相互都交过手；

（6）丁仅与 1 名选手比赛过。

根据以上条件，请问丙来自哪个学院？

A. 经济学院。　　　　B. 管理学院。　　　　C. 哲学学院。

D. 化学学院。　　　　E. 数学学院。

47. 据统计，去年在某校参加高考的 385 名文、理科考生中，女生 189 人，文科男生 41 人，非应届男生 28 人，应届理科考生 256 人。

由此可见，去年在该校参加高考的考生中：

A. 非应届文科男生多于 20 人。

B. 应届理科女生少于 130 人。

C. 应届理科男生多于 129 人。

D. 应届理科女生多于 130 人。

E. 非应届文科男生少于 20 人。

48. 某公司人力资源管理部人士指出：由于本公司招聘职位有限，在本次招聘考试中，不可能所有的应聘者都被录用。

基于以下哪项可以得出该人士的上述结论？

A. 在本次招聘考试中，可能有应聘者被录用。

B. 在本次招聘考试中，可能有应聘者不被录用。

C. 在本次招聘考试中，必然有应聘者不被录用。

D. 在本次招聘考试中，必然有应聘者被录用。

E. 在本次招聘考试中，可能有应聘者被录用，也可能有应聘者不被录用。

49. 在某次综合性学术年会上，物理学会作学术报告的人都来自高校；化学学会作学术报告的人有些来自高校，但是大部分来自中学；其他作学术报告者均来自科学院。来自高校的学术报告者都具有副教授以上职称，来自中学的学术报告者都具有中教高级以上职称。李默、张嘉参加了这次综合性学术年会，李默并非来自中学，张嘉并非来自高校。

以上陈述如果为真，可以得出以下哪项结论？

A. 张嘉如果作了学术报告，那么他不是物理学会的。

B. 李默不是化学学会的。

C. 李默如果作了学术报告，那么他不是化学学会的。

D. 张嘉不具有副教授以上职称。

E. 张嘉不是物理学会的。

50. 根据某位国际问题专家的调查统计可知：有的国家希望与某些国家结盟，有三个以上的国家不希望与某些国家结盟；至少有两个国家希望与每个国家建交，有的国家不希望与任一国家结盟。

根据上述统计可以得出以下哪项？

A. 有些国家之间希望建交但是不希望结盟。

B. 至少有一个国家，既有国家希望与之结盟，也有国家不希望与之结盟。

C. 每个国家都有一些国家希望与之结盟。

D. 至少有一个国家，既有国家希望与之建交，也有国家不希望与之建交。

E. 每个国家都有一些国家希望与之建交。

51. 翠竹的大学同学都在某德资企业工作，溪兰是翠竹的大学同学。涧松是该德资企业的部门经理。该德资企业的员工有些来自淮安。该德资企业的员工都曾到德国研修，他们都会说德语。

以下哪项可以从以上陈述中得出？

A. 涧松与溪兰是大学同学。

B. 翠竹的大学同学有些是部门经理。

C. 翠竹与涧松是大学同学。

D. 溪兰会说德语。

E. 涧松来自淮安。

52. 某组研究人员报告说，与心跳速度每分钟低于58次的人相比，心跳速度每分钟超过78次者心脏病发作或者发生其他心血管问题的几率高出39%，死于这类疾病的风险高出77%，其整体死亡率高出65%。研究人员指出，长期心跳过快导致了心血管疾病。

以下哪项如果为真，最能够对该研究人员的观点提出质疑？

A. 各种心血管疾病影响身体的血液循环机能，导致心跳过快。

B. 在老年人中，长期心跳过快的不到39%。

C. 在老年人中，长期心跳过快的超过39%。

D. 野外奔跑的兔子心跳很快，但是很少发现他们患心血管疾病。

E. 相对老年人，年轻人生命力旺盛，心跳较快。

53. 专业人士预测：如果粮食价格保持稳定，那么蔬菜价格也将保持稳定；如果食用油价格不稳，那么蔬菜价格也将出现波动。老李由此断定：粮食价格将保持稳定，但是肉类食品价格将上涨。

根据上述专业人士的预测，以下哪项如果为真，最能对老李的观点提出质疑？

A. 如果食用油价格稳定，那么肉类食品价格将会上涨。

B. 如果食用油价格稳定，那么肉类食品价格不会上涨。

C. 如果肉类食品价格不上涨，那么食用油价格将会上涨。

D. 如果食用油价格出现波动，那么肉类食品价格不会上涨。

E. 只有食用油价格稳定，肉类食品价格才不会上涨。

54～55题基于以下题干：

晨曦公园拟在园内东、南、西、北四个区域种植四种不同的特色树木，每个区域只种植一种。选定的特色树种为：水杉、银杏、乌桕、龙柏。布局的基本要求是：

（1）如果在东区或者南区种植银杏，那么在北区不能种植龙柏或乌桕；

（2）北区或者东区要种植水杉或者银杏之一。

54. 根据上述种植要求，如果北区种植龙柏，以下哪项一定为真？

A. 西区种植水杉。

B. 南区种植乌桕。

C. 南区种植水杉。

D. 西区种植乌桕。

E. 东区种植乌桕。

55. 根据上述种植要求，如果水杉必须种植于西区或南区，以下哪项一定为真？

A. 南区种植水杉。

B. 西区种植水杉。

C. 东区种植银杏。

D. 北区种植银杏。

E. 南区种植乌桕。

2014 年管理类联考逻辑真题

三、逻辑推理：第 26～55 小题，每小题 2 分，共 60 分。下列每题给出的 A、B、C、D、E 五个选项中，只有一项是符合试题要求的。请在答题卡上将所选项的字母涂黑。

26. 随着光纤网络带来的网速大幅度提高，高速下载电影、在线看大片等都不再是困扰我们的问题。即使在社会生产力发展水平较低的国家，人们也可以通过网络随时随地获得最快的信息、最贴心的服务和最佳体验。有专家据此认为：光纤网络将大幅提高人们的生活质量。

以下哪项如果为真，最能质疑该专家的观点？

A. 随着高速网络的普及，相关上网费用也随之增加。

B. 即使没有光纤网络，同样可以创造高品质的生活。

C. 快捷的网络服务可能使人们将大量时间消耗在娱乐上。

D. 人们生活质量的提高仅决定于社会生产力的发展水平。

E. 网络上所获得的贴心服务和美妙体验有时是虚幻的。

27. 李栋善于辩论，也喜欢诡辩。有一次他论证道："郑强知道数字 87654321，陈梅家的电话号码正好是 87654321，所以郑强知道陈梅家的电话号码。"

以下哪项与李栋论证中所犯的错误最为类似？

A. 所有蚂蚁是动物，所以所有大蚂蚁是大动物。

B. 中国人是勤劳勇敢的，李岚是中国人，所以李岚是勤劳勇敢的。

C. 张冉知道如果 1:0 的比分保持到终场，他们的队伍就出线，现在张冉听到了比赛结束的哨声，所以张冉知道他们的队伍出线了。

D. 黄兵相信晨星在早晨出现，而晨星其实就是暮星，所以黄兵相信暮星在早晨出现。

E. 金砖是由原子构成的，原子不是肉眼可见的，所以，金砖不是肉眼可见的。

28. 陈先生在鼓励他孩子时说道："不要害怕暂时的困难与挫折。不经历风雨怎么见彩虹？"他孩子不服气地说："您说得不对。我经历了那么多风雨，怎么就没见到彩虹呢？"

陈先生孩子的回答最适宜用来反驳以下哪项？

A. 只要经历了风雨，就可以见到彩虹。

B. 如果想见到彩虹，就必须经历风雨。

C. 只有经历风雨，才能见到彩虹。

D. 即使经历了风雨，也可能见不到彩虹。

E. 即使见到了彩虹，也不是因为经历了风雨。

29. 在某次考试中，有 3 个关于北京旅游景点的问题，要求考生每题选择某个景点的名称作为唯一答案。其中 6 位考生关于上述 3 个问题的答案依次如下：

第一位考生：天坛、天坛、天安门；

第二位考生：天安门、天安门、天坛；

第三位考生：故宫、故宫、天坛；

第四位考生：天坛、天安门、故宫；

第五位考生：天安门、故宫、天安门；

第六位考生：故宫、天安门、故宫。

考试结果表明，每位考生都至少答对其中1道题。

根据以上陈述，可知这3个问题的正确答案依次是

A. 天安门、故宫、天坛。

B. 故宫、天安门、天安门。

C. 天坛、故宫、天坛。

D. 天坛、天坛、故宫。

E. 故宫、故宫、天坛。

30. 人们普遍认为适量的体育运动能够有效降低中风的发生率，但科学家还注意到有些化学物质也有降低中风风险的作用。番茄红素是一种让番茄、辣椒、西瓜和番木瓜等果蔬呈现红色的化学物质。研究人员选取一千余名年龄在46至55岁之间的人，进行了长达12年的追踪调查，发现其中番茄红素水平最高的四分之一的人中有11人中风，番茄红素水平最低的四分之一的人中有25人中风。他们由此得出结论：番茄红素能降低中风的发生率。

以下哪项如果为真，最能对上述研究结论提出质疑？

A. 番茄红素水平较低的中风者中有三分之一的人病情较轻。

B. 吸烟、高血压和糖尿病等会诱发中风。

C. 如果调查56至65岁之间的人，情况也许不同。

D. 番茄红素水平高的人约有四分之一喜爱进行适量的体育运动。

E. 被研究的另一半人中有50人中风。

31. 最新研究发现，恐龙腿骨化石都有一定的弯曲度，这意味着恐龙其实没有人们想象的那么重。以前根据其腿骨为圆柱形的假定计算动物体重时，会使得计算结果比实际体重高出1.42倍。科学家由此认为，过去那种计算方式高估了恐龙腿部所能承受的最大身体重量。

以下哪项如果为真，最能支持上述科学家的观点？

A. 圆柱形腿骨能够承受的重量比弯曲的腿骨大。

B. 恐龙腿骨所能承受的重量比之前人们所认为的要大。

C. 恐龙腿部的肌肉对于支撑其体重作用不大。

D. 与陆地上的恐龙相比，翼龙的腿骨更接近圆柱形。

E. 恐龙身体越重，其腿部骨骼也越粗壮。

32. 已知某班共有25位同学，女生中身高最高者与最矮者相差10厘米；男生中身高最高者与最矮者相差15厘米。小明认为，根据已知信息，只要再知道男生、女生最高者的具体身高，或者再知道男生、女生的平均身高，均可确定全班同学中身高最高者与最低者之间的差距。

以下哪项如果为真，最能构成对小明观点的反驳？

A. 根据已知信息，如果不能确定全班同学中身高最高者与最低者之间的差距，则既不能确定男生、女生最高者的具体身高，也不能确定男生、女生的平均身高。

B. 根据已知信息，尽管再知道男生、女生的平均身高，也不能确定全班同学中身高最高者与最低者之间的差距。

C. 根据已知信息，即使确定了全班同学中身高最高者与最低者之间的差距，也不能确定男生、女生的平均身高。

D. 根据已知信息，如果不能确定全班同学中身高最高者与最低者之间的差距，则也不能确定男生、女生最高者的具体身高。

E. 根据已知信息，仅仅再知道男生、女生最高者的具体身高，就能确定全班同学中身高最高者与最低者之间的差距。

33. 近10年来，某电脑公司的个人笔记本电脑的销量持续增长，但其增长率低于该公司所有产品总销量的增长率。

以下哪项关于该公司的陈述与上述信息相冲突？

A. 近10年来，该公司个人笔记本电脑的销量每年略有增长。

B. 个人笔记本电脑的销量占该公司产品总销量的比例近10年来由68%上升到72%。

C. 近10年来，该公司产品总销量增长率与个人笔记本电脑的销量增长率每年同时增长。

D. 近10年来，该公司个人笔记本电脑的销量占该公司产品总销量的比例逐年下降。

E. 个人笔记本电脑的销量占该公司产品总销量的比例近10年来由64%下降到49%。

34. 学者张某说："问题本身并不神秘，因与果也不仅仅是哲学家的事。每个凡夫俗子一生中都将面临许多问题，但分析问题的方法与技巧却很少有人掌握，无怪乎华尔街的分析大师们趾高气扬、身价百倍。"

以下哪项如果为真，最能反驳张某的观点？

A. 有些凡夫俗子可能不需要掌握分析问题的方法与技巧。

B. 有些凡夫俗子一生之中将要面临的问题并不多。

C. 凡夫俗子中很少有人掌握分析问题的方法和技巧。

D. 掌握分析问题的方法与技巧对多数人来说很重要。

E. 华尔街的分析大师们大都掌握分析问题的方法与技巧。

35. 实验发现，孕妇适当补充维生素D可降低新生儿感染呼吸道合胞病毒的风险。科研人员检测了156名新生儿脐带血中维生素D的含量，其中54%的新生儿被诊断为维生素D缺乏，这当中有12%的孩子在出生后一年内感染了呼吸道合胞病毒，这一比例远高于维生素D正常的孩子。

以下哪项如果为真，最能对科研人员的上述发现提供支持？

A. 上述实验中，54%的新生儿维生素D缺乏是由于他们的母亲在妊娠期间没有补充足够的维生素D造成的。

B. 孕妇适当补充维生素D可降低新生儿感染流感病毒的风险，特别是在妊娠后期补充维生素D，预防效果会更好。

C. 上述实验中，46%补充维生素D的孕妇所生的新生儿也有一些在出生一年内感染呼吸道合胞病毒。

D. 科研人员实验时所选的新生儿在其他方面跟一般新生儿的相似性没有得到明确验证。

E. 维生素D具有多种防病健体功能，其中包括提高免疫系统功能、促进新生儿呼吸系统发育、预防新生儿呼吸道病毒感染等。

36. 英国有家小酒馆采取客人吃饭付费"随便给"的做法，即让顾客享用葡萄酒、蟹柳及三文鱼等美食后，自己决定付账金额。大多数顾客均以公平或慷慨的态度结账，实际金额比那些酒水菜肴本来的价格高出20%。该酒馆老板另有4家酒馆，而这4家酒馆每周的利润与付账"随便给"的酒馆相比少5%。这位老板因此认为，"随便给"的营销策略很成功。

以下哪项如果为真，最能解释老板营销策略的成功？

A. 部分顾客希望自己看上去有教养，愿意掏足够甚至更多的钱。

B. 如果顾客所付低于成本价，就会受到提醒而补足差价。

C. 对于过分吝啬的顾客，酒馆老板常常也无可奈何。

D. 另外4家酒馆位置不如这家"随便给"酒馆。

E. 客人常常不知道酒水菜肴的实际价格，不知道该付多少钱。

37～38基于以下题干：

某公司年度审计期间，审计人员发现一张发票，上面有赵义、钱仁礼、孙智、李信4个签名，签名者的身份各不相同，是经办人、复核人、出纳或审批领导之中的一个，且每个签名都是本人所签。询问四位相关人员，得出如下回答：

赵义："审批领导的签名不是钱仁礼。"

钱仁礼："复核的签名不是李信。"

孙智："出纳的签名不是赵义。"

李信："复核的签名不是钱仁礼。"

已知上述每个回答中，如果提到的人是经办人，则该回答为假；如果提到的人不是经办人，则为真。

37. 根据以上信息，可以得出经办人是

A. 赵义。　　　　B. 李信。　　　　C. 孙智。

D. 钱仁礼。　　　E. 无法确定。

38. 根据以上信息，该公司复核与出纳分别是

A. 钱仁礼、李信。

B. 赵义、钱仁礼。

C. 李信、赵义。

D. 孙智、赵义。

E. 孙智、李信。

39. 长期以来，人们认为地球是已知唯一能支持生命存在的星球，不过这一情况开始出现改观。科学家近期指出，在其他恒星周围，可能还存在着更加宜居的行星。他们尝试用崭新的方法展开地外生命探索，即搜集放射性元素钍和铀。行星内部含有这些元素越多，其内部温度就会越高，这在一定程度上有助于行星的板块运动，而板块运动有助于维系行星表面的水体，因此板块运动可被视为行星存在宜居环境的标志之一。

以下哪项最可能为科学家的假设？

A. 虽然尚未证实，但地外生命一定存在。

B. 没有水的行星也可能存在生命。

C. 行星内部温度越高，越有助于它的板块运动。

D. 行星板块运动都是由放射性元素钍和铀驱动的。

E. 行星如能维系水体，就可能存在生命。

40. 为了加强学习型机关建设，某机关党委开展了菜单式学习活动，拟开设课程有"行政学""管理学""科学前沿""逻辑"和"国际政治"等5门课程，要求其下属的4个支部各选择其中两门课程进行学习。已知：第一支部没有选择"管理学""逻辑"，第二支部没有选择"行政学""国际政治"，只有第三支部选择了"科学前沿"。任意两个支部所选课程均不完全相同。

根据上述信息，关于第四支部的选课情况可以得出以下哪项？

A. 如果没有选择"行政学"，那么选择了"逻辑"。

B. 如果没有选择"管理学"，那么选择了"逻辑"。

C. 如果没有选择"国际政治"，那么选择了"逻辑"。

D. 如果没有选择"管理学"，那么选择了"国际政治"。

E. 如果没有选择"行政学"，那么选择了"管理学"。

41. 有气象专家指出，全球变暖已经成为人类发展最严重的问题之一，南北极地区的冰川由于全球变暖而加速融化，已导致海平面上升；如果这一趋势不变，今后势必淹没很多地区。但近几年来，北半球许多地区的民众在冬季感到相当寒冷，一些地区甚至出现了超强降雪和超低气温，人们觉得对近期气候的确切描述似乎更应该是"全球变冷"。

以下哪项如果为真，最能解释上述现象？

A. 除了南极洲，南半球近几年冬季的平均温度接近常年。

B. 近几年来，全球夏季的平均气温比常年偏高。

C. 近几年来，由于两极附近海水温度升高导致原来洋流中断或者减弱，而北半球经历严寒冬季的地区正是原来暖流影响的主要区域。

D.近几年来，由于赤道附近海水温度升高导致了原来洋流增强，而北半球经历严寒冬季的地区不是原来寒流影响的主要区域。

E.北半球主要是大陆性气候，冬季和夏季的温差通常比较大，近年来冬季极地寒流南侵比较频繁。

42.这两个《通知》或者属于规章或者属于规范性文件，任何人均无权依据这两个《通知》将本来属于当事人选择公证的事项规定为强制公证的事项。

根据以上信息，可以得出以下哪项？

A.将本来属于当事人选择公证的事项规定为强制公证的事项属于违法行为。

B.这两个《通知》如果一个属于规章，那么另一个属于规范性文件。

C.规章或规范性文件或者不是法律，或者不是行政法规。

D.这两个《通知》如果都不属于规范性文件，那么就属于规章。

E.规章或者规范性文件既不是法律，也不是行政法规。

43.若一个管理者是某领域优秀的专家学者，则他一定会管理好公司的基本事务；一位品行端正的管理者可以得到下属的尊重；但是对所有领域都一知半解的人一定不会得到下属的尊重。浩瀚公司董事会只会解除那些没有管理好公司基本事务者的职务。

根据以上信息，可以得出以下哪项？

A.浩瀚公司董事会不可能解除受下属尊重的管理者的职务。

B.作为某领域优秀专家学者的管理者，不可能被浩瀚公司董事会解除职务。

C.对所有领域都一知半解的管理者，一定会被浩瀚公司董事会解除职务。

D.浩瀚公司董事会不可能解除品行端正的管理者的职务。

E.浩瀚公司董事会解除了某些管理者的职务。

44.某国大选在即，国际政治专家陈研究员预测：选举结果或者是甲党控制政府，或者是乙党控制政府。如果甲党赢得对政府的控制权，该国将出现经济问题；如果乙党赢得对政府的控制权，该国将陷入军事危机。

根据陈研究员上述预测，可以得出以下哪项？

A.该国将出现经济问题，或者将陷入军事危机。

B.如果该国陷入了军事危机，那么乙党赢得了对政府的控制权。

C.如果该国出现经济问题，那么甲党赢得了对政府的控制权。

D.该国可能不会出现经济问题，也不会陷入军事危机。

E.如果该国出现了经济问题并且陷入了军事危机，那么甲党与乙党均赢得了对政府的控制权。

45.某大学顾老师在回答有关招生问题时强调："我们学校招收一部分免费师范生，也招收一部分一般师范生。一般师范生不同于免费师范生。没有免费师范生毕业时可以留在大城市工作，而一般师范生毕业时都可以选择留在大城市工作，任何非免费师范生毕业时都需要自谋职业，没有免费师范生毕业时需要自谋职业。"

根据顾老师的陈述，可以得出以下哪项？

A. 该校需要自谋职业的大学生都可以选择留在大城市工作。

B. 该校可以选择留在大城市工作的唯一一类毕业生是一般师范生。

C. 不是一般师范生的该校大学生都是免费师范生。

D. 该校所有一般师范生都需要自谋职业。

E. 该校需要自谋职业的大学生都是一般师范生。

46. 某单位有负责网络、文秘以及后勤的三名办公人员：文珊、孔瑞和姚薇，为了培养年轻干部，领导决定她们三人在这三个岗位之间实行轮岗，并将她们原来的工作间 110 室、111 室和 112 室也进行了轮换。结果，原来负责后勤的文珊接替了孔瑞的文秘工作，由 110 室调到了 111 室。

根据以上信息，可以得出以下哪项？

A. 姚薇被调到了 112 室。

B. 姚薇接替孔瑞的工作。

C. 孔瑞接替文珊的工作。

D. 孔瑞被调到了 112 室。

E. 孔瑞被调到了 110 室。

47. 某小区业主委员会的 4 名成员晨桦、建国、向明和嘉媛围坐在一张方桌前（每边各坐一人）讨论小区大门旁的绿化方案。4 人的职业各不相同，每个人的职业是高校教师、软件工程师、园艺师或邮递员之中的一种。已知：晨桦是软件工程师，他坐在建国的左手边；向明坐在高校教师的右手边；坐在建国对面的嘉媛不是邮递员。

根据以上信息，可以得出以下哪项？

A. 嘉媛是高校教师，向明是园艺师。

B. 建国是邮递员，嘉媛是园艺师。

C. 建国是高校教师，向明是园艺师。

D. 嘉媛是园艺师，向明是高校教师。

E. 向明是邮递员，嘉媛是园艺师。

48. 兰教授认为：不善于思考的人不可能成为一名优秀的管理者，没有一个谦逊的智者学习占星术，占星家均学习占星术，但是有些占星家却是优秀的管理者。

以下哪项如果为真，最能反驳兰教授的上述观点？

A. 有些占星家不是优秀的管理者。

B. 有些善于思考的人不是谦逊的智者。

C. 所有谦逊的智者都是善于思考的人。

D. 谦逊的智者都不是善于思考的人。

E. 善于思考的人都是谦逊的智者。

49. 不仅人上了年纪会难以集中注意力，就连蜘蛛也有类似的情况。年轻蜘蛛结的网整齐均匀，角度完美；年老蜘蛛结的网可能出现缺口，形状怪异。蜘蛛越老，结的网就越没有章法。科学家由此认为，随着时间的流逝，这种动物的大脑也会像人脑一样退化。

以下哪项如果为真，最能质疑科学家的上述论证？

A. 优美的蛛网更能受到异性蜘蛛的青睐。

B. 年老蜘蛛的大脑较之年轻蜘蛛，其脑容量明显偏小。

C. 运动器官的老化会导致年老蜘蛛结网能力下降。

D. 蜘蛛结网行为只是一种本能的行为，并不受大脑的控制。

E. 形状怪异的蛛网较之整齐均匀的蛛网，其功能没有大的差别。

50. 某研究中心通过实验对健康男性和女性听觉的空间定位能力进行了研究。起初，每次只发出一种声音，要求被试者说出声源的准确位置，男性和女性都非常轻松地完成了任务；后来，多种声音同时发出，要求被试者只关注一种声音并对声源进行定位，与男性相比，女性完成这项任务要困难得多，有时她们甚至认为声音是从声源相反方向传来的。研究人员由此得出：在嘈杂环境中准确找出声音来源的能力，男性要胜过女性。

以下哪项如果为真，最能支持研究者的结论？

A. 在实验使用的嘈杂环境中，有些声音是女性熟悉的声音。

B. 在实验使用的嘈杂环境中，有些声音是男性不熟悉的声音。

C. 在安静的环境中，女性注意力更易集中。

D. 在嘈杂的环境中，男性注意力更易集中。

E. 在安静的环境中，人的注意力容易分散；在嘈杂的环境中，人的注意力容易集中。

51. 孙先生的所有朋友都声称，他们知道某人每天抽烟至少两盒，而且持续了40年，但身体一直不错。不过可以确信的是，孙先生并不知道有这样的人，在他的朋友中也有像孙先生这样不知情的。

根据以上信息，可以得出以下哪项？

A. 抽烟的多少和身体健康与否无直接关系。

B. 朋友之间的交流可能会夸张，但没有人想故意说谎。

C. 孙先生的每位朋友知道的烟民一定不是同一个人。

D. 孙先生的朋友中有人没有说真话。

E. 孙先生的大多数朋友没有说真话。

52. 现有甲、乙两所高校，根据上年度的教育经费实际投入统计，若仅仅比较在校本科生的学生人均投入经费，甲校等于乙校的86%；但若比较所有学生（本科生加上研究生）的人均经费投入，甲校是乙校的118%。各校研究生的人均经费投入均高于本科生。

根据以上信息，最可能得出以下哪项？

A. 上年度，甲校学生总数多于乙校。

B. 上年度，甲校研究生人数少于乙校。

C. 上年度，甲校研究生占该校学生的比例高于乙校。

D. 上年度，甲校研究生人均经费投入高于乙校。

E. 上年度，甲校研究生占该校学生的比例高于乙校，或者甲校研究生人均经费投入高于乙校。

53～55题基于以下题干：

孔智、孟睿、荀慧、庄聪、墨灵、韩敏等6人组成一个代表队参加某次棋类大赛，其中两人参加围棋比赛，两人参加中国象棋比赛，还有两人参加国际象棋比赛。有关他们具体参加比赛项目的情况还需满足以下条件：

（1）每位选手只能参加一个比赛项目；

（2）孔智参加围棋比赛，当且仅当，庄聪和孟睿都参加中国象棋比赛；

（3）如果韩敏不参加国际象棋比赛，那么墨灵参加中国象棋比赛；

（4）如果荀慧参加中国象棋比赛，那么庄聪不参加中国象棋比赛；

（5）荀慧和墨灵至少有一人不参加中国象棋比赛。

53. 如果荀慧参加中国象棋比赛，那么可以得出以下哪项？

A. 庄聪和墨灵都参加围棋比赛。

B. 孟睿参加围棋比赛。

C. 孟睿参加国际象棋比赛。

D. 墨灵参加国际象棋比赛。

E. 韩敏参加国际象棋比赛。

54. 如果庄聪和孔智参加相同的比赛项目，且孟睿参加了中国象棋比赛，那么可以得出以下哪项？

A. 墨灵参加国际象棋比赛。

B. 庄聪参加中国象棋比赛。

C. 孔智参加围棋比赛。

D. 荀慧参加围棋比赛。

E. 韩敏参加中国象棋比赛。

55. 根据题干信息，以下哪项可能为真？

A. 庄聪和韩敏参加中国象棋比赛。

B. 韩敏和荀慧参加中国象棋比赛。

C. 孔智和孟睿参加围棋比赛。

D. 墨灵和孟睿参加围棋比赛。

E. 韩敏和孔智参加围棋比赛。

2015年管理类联考逻辑真题

三、逻辑推理：第26～55小题，每小题2分，共60分。下列每题给出的A、B、C、D、E五个选项中，只有一项是符合试题要求的。请在答题卡上将所选项的字母涂黑。

26. 晴朗的夜晚我们可以看到满天星斗，其中有些是自身发光的恒星，有些是自身不发光但可以反射附近恒星光的行星。恒星尽管遥远，但是有些可以被现有的光学望远镜"看到"。和恒星不同，由于行星本身不发光，而且体积远小于恒星，所以，太阳系外的行星大多无法用现有的光学望远镜"看到"。

以下哪项如果为真，最能解释上述现象？

A. 如果行星的体积足够大，现有的光学望远镜就能"看到"。

B. 太阳系外的行星因距离遥远，很少能将恒星光反射到地球上。

C. 现有的光学望远镜只能"看到"自身发光或者反射光的天体。

D. 有些恒星没有被现有的光学望远镜"看到"。

E. 太阳系内的行星大多可用现有的光学望远镜"看到"。

27. 长期以来，手机产生的电磁辐射是否威胁人体健康一直是极具争议的话题。一项长达10年的研究显示，每天使用移动电话通话30分钟以上的人患神经胶质瘤的风险比从未使用者要高出40%。由此某专家建议，在取得进一步的证据之前，人们应该采取更加安全的措施，如尽量使用固定电话通话或使用短信进行沟通。

以下哪项如果为真，最能表明该专家的建议不切实际？

A. 大多数手机产生的电磁辐射强度符合国家规定的安全标准。

B. 现在人类生活空间中的电磁辐射强度已经超过手机通话产生的电磁辐射强度。

C. 经过较长一段时间，人的身体能够逐渐适应强电磁辐射的环境。

D. 上述实验期间，有些人每天使用移动电话通话超过40分钟，但他们很健康。

E. 即使以手机短信进行沟通，发送和接收信息的瞬间也会产生较强的电磁辐射。

28. 甲、乙、丙、丁、戊和己等6人围坐在一张正六边形的小桌前，每边各坐一人。已知：

（1）甲与乙正面相对；

（2）丙与丁不相邻，也不正面相对。

如果乙与己不相邻，则以下哪一项为真？

A. 戊与己相邻。

B. 甲与丁相邻。

C. 己与乙正面相对。

D. 如果甲与戊相邻，则丁与己正面相对。

E. 如果丙与戊不相邻，则丙与己相邻。

29. 人类经历了上百万年的自然进化,产生了直觉、多层次抽象等独特智能。尽管现代计算机已具备一定的学习能力,但这种能力还需要人类指导,完全的自我学习能力还有待进一步发展。因此,计算机要达到甚至超过人类的智能水平是不可能的。

以下哪项最可能是上述论证的预设?

A. 计算可以形成自然进化能力。

B. 计算机很难真正懂得人类语言,更不可能理解人类的感情。

C. 理解人类复杂的社会关系需要自我学习能力。

D. 计算机如果具备完全的自我学习能力,就能形成直觉、多层次抽象等智能。

E. 直觉、多层次抽象等这些人类的独特智能无法通过学习获得。

30. 为进一步加强对不遵守交通信号等违法行为的执法管理,规范执法程序,确保执法公正,某市交警支队要求:凡属交通信号指示不一致、有证据证明救助危难等情形,一律不得录入道路交通违法信息系统;对已录入信息系统的交通违法记录,必须完善异议受理、核查、处理等工作规范,最大限度减少执法争议。

根据上述交警支队要求,可以得出以下哪项?

A. 有些因救助危难而违法的情形,如果仅有当事人说辞但缺乏当时现场的录音录像证明,就应录入道路交通违法信息系统。

B. 因信号灯相位设置和配时不合理等造成交通信号不一致而引发的交通违法情形,可以不录入道路交通违法信息系统。

C. 如果汽车使用了行车记录仪,就可以提供现场实时证据,大大减少被录入道路交通违法信息的可能性。

D. 只要对已录入系统的交通违法记录进行异议受理、核查和处理,就能最大限度减少执法争议。

E. 对已录入系统的交通违法记录,只有倾听群众异议,加强群众监督才能最大限度减少执法争议。

31~32题基于以下题干:

某次讨论会共有18名参与者。已知:

(1)至少有5名青年教师是女性;

(2)至少有6名女教师已过中年;

(3)至少有7名女青年是教师。

31. 根据上述信息,关于参与人员可以得出以下哪项?

A. 有些女青年不是教师。

B. 有些青年教师不是女性。

C. 青年教师至少有11名。

D. 女教师至少有13名。

E. 女青年至多有11名。

32. 如果上述三句话两真一假，那么关于参与人员可以得出以下哪项？

A. 女青年都是教师。

B. 青年教师都是女性。

C. 青年教师至少有 5 名。

D. 男教师至多有 10 名。

E. 女青年至少有 7 名。

33. 当企业处于蓬勃上升时期，往往紧张而忙碌，没有时间和精力去设计和修建"琼楼玉宇"；当企业所有重要工作都已经完成，其时间和精力就开始集中在修建办公大楼上。所以一个企业的办公大楼设计得越完美，装饰越豪华，则该企业离解体时间就越近。当某个企业的大楼设计和建造趋于完美之际，它的存在就逐渐失去意义，这就是所谓的"办公大楼法则"。

以下哪项如果为真，最质疑上述观点？

A. 一个企业如果将时间和精力都耗在修建办公大楼上，则对其他重要工作就投入不足了。

B. 某企业办公大楼修建得美轮美奂，入住后该企业的事业蒸蒸日上。

C. 建造豪华的办公大楼，往往会增加运营成本，损害其实际收益。

D. 企业的办公大楼越破旧，该企业就越有活力和生机。

E. 建造豪华办公大楼并不需要投入太多时间和精力。

34. 张云、李华、王涛都收到了明年 2 月初赴北京开会的通知，他们可以选择乘坐飞机、高铁与大巴等交通工具到北京，他们对这次进京方式有如下考虑：

（1）张云不喜欢坐飞机，如果有李华同行，他就选择乘坐大巴；

（2）李华不计较方式，如果高铁票价比飞机更便宜，他就选择乘坐高铁；

（3）王涛不在乎价格，除非预报二月初北京有雨雪天气，否则他就选择乘坐飞机；

（4）李华和王涛家相隔很近，如果航班时间合适，他们将一同乘坐飞机出行。

如果上述 3 人的考虑都得到满足，则可以得出以下哪项？

A. 如果李华没有选择乘坐高铁和飞机，则他肯定选择和张云一起乘坐大巴进京。

B. 如果王涛和李华乘坐飞机进京，则二月初北京没有雨雪天气。

C. 如果张云和王涛乘坐高铁，则二月初北京有雨雪天气。

D. 如果三人都乘坐飞机，则飞机票价要比高铁便宜。

E. 如果三人都乘坐大巴进京，则预报二月初北京有雨雪天气。

35. 某市推出一项月度社会公益活动，市民报名踊跃。由于活动规模有限，主办方决定通过摇号抽签的方式选择参与者，第一个月中签率为 1∶20，随后连创新低，到下半年的十月份已达 1∶70，大多数市民屡摇不中。但从今年 7 月到 10 月，"李祥"这个名字连续四个月中签，不少市民据此认为有人作弊，并对主办方提出质疑。

以下哪项如果为真，最能消除市民质疑？

A. 已经中签的申请者中，叫"张磊"的有7人。

B. 曾有一段时间，家长给孩子取名不回避重名。

C. 在报名市民中，名叫"李祥"的近300人。

D. 摇号抽签全过程是在有关部门监督下进行的。

E. 在摇号系统中，每一位申请人都被随机赋予一个不重复的编码。

36. 美国扁桃仁于上世纪70年代出口到我国，当时被误译为"美国大杏仁"。这种误译导致大多数消费者根本不知道扁桃仁、杏仁是两种完全不同的产品。对此，我国林果专家一再努力澄清，但学界的声音很难传达到相关企业和民众中，因此，必须制定林果的统一行业标准，这样才能还相关产品以本来面目。

以下哪项是上述论证的假设？

A. 美国扁桃仁和中国大杏仁的外形很相似。

B. 我国相关企业和民众并不认可我国林果专家的意见。

C. 进口商品名称的误译会扰乱我国企业正常的对外贸易活动。

D. 长期以来，我国没有林果的统一行业标准。

E. 美国"大杏仁"在中国市场上销量超过中国杏仁。

37. 10月6日晚上，张强要么去电影院看电影，要么去拜访朋友秦玲。如果那天晚上张强开车回家，他就没去电影院看电影。只有张强事先与秦玲约定，张强才能拜访她。事实上，张强不可能事先与秦玲约定。

根据以上陈述，可以得出以下哪项？

A. 那天晚上张强没有开车回家。

B. 那天晚上张强拜访了秦玲。

C. 那天晚上张强没有去电影院看电影。

D. 那天晚上张强与秦玲一起去电影院看电影了。

E. 那天晚上张强开车去电影院看电影。

38～39题基于以下题干：

天南大学准备选派两名研究生、三名本科生到山村小学支教。经过个人报名和民主决议，最终人选将在研究生赵婷、唐玲、殷倩等3人和本科生周艳、李环、文琴、徐昂、朱敏等5人中产生。按规定，同一学院或者同一社团至多选派一人。已知：

（1）唐玲和朱敏均来自数学学院；

（2）周艳和徐昂均来自文学院；

（3）李环和朱敏均来自辩论协会。

38. 根据上述条件，以下必定入选的是

A. 文琴。　　　　　　B. 唐玲。　　　　　　C. 殷倩。

D. 周艳。　　　　　　E. 赵婷。

39. 如果唐玲入选，下面必定入选的是

A. 赵婷。　　　　　　B. 殷倩。　　　　　　C. 周艳。

D. 李环。　　　　　　E. 徐昂。

40. 有些阔叶树是常绿植物，因此，所有阔叶树都不生长在寒带地区。

以下哪项如果为真，最能反驳上述结论？

A. 有些阔叶树不生长在寒带地区。

B. 常绿植物都生长在寒带地区。

C. 寒带某些地区不生长常绿植物。

D. 常绿植物都不生长在寒带地区。

E. 常绿植物不都是阔叶树。

41～42题于以下题干：

某大学运动会即将召开，经管学院拟组建一支 12 人的代表队参赛，参赛队员将从该院 4 个年级学生中选拔。学校规定：每个年级须在长跑、短跑、跳高、跳远、铅球等 5 个项目中选 1～2 项参加比赛，其余项目可任意选择；一个年级如果选择长跑，就不能选短跑或跳高；一个年级如果选跳远，就不能选长跑或铅球；每名队员只能参加一项比赛。已知该院：

（1）每个年级均有队员被选拔进入代表队；

（2）每个年级被选拔进入代表队的人数各不相同；

（3）有两个年级的队员人数相乘等于另一个年级的队员人数。

41. 根据以上信息，一个年级最多可选拔：

A. 8 人。

B. 7 人。

C. 6 人。

D. 5 人。

E. 4 人。

42. 如果某年级队员人数不是最少的，且选择长跑，那么对该年级来说，以下哪项不可能？

A. 选择铅球或跳远。

B. 选择短跑或铅球。

C. 选择短跑或跳远。

D. 选择长跑或跳高。

E. 选择铅球或跳高。

43. 为防御电脑受病毒侵袭，研究人员开发了防御病毒、查杀病毒的程序，前者启动后能使程序运行免受病毒侵袭，后者启动后能迅速查杀电脑中可能存在的病毒。某台电脑上现装有甲、乙、丙三种程序。已知：

（1）甲程序能查杀目前已知的所有病毒；

（2）若乙程序不能防御已知的一号病毒，则丙程序也不能查杀该病毒；

（3）只有丙程序能防御已知的一号病毒，电脑才能查杀目前已知的所有病毒；

（4）只有启动甲程序，才能启动丙程序。

根据上述信息，可以得出以下哪项？

A. 只有启动丙程序，才能防御并查杀一号病毒。

B. 只有启动乙程序，才能防御并查杀一号病毒。

C. 如果启动丙程序，就能防御并查杀一号病毒。

D. 如果启动了乙程序，那么不必启动丙程序也能查杀一号病毒。

E. 如果启动了甲程序，那么不必启动乙程序也能查杀所有病毒。

44. 研究人员将角膜感觉神经断裂的兔子分为两组：实验组和对照组。他们给实验组兔子注射了一种从土壤霉菌中提取的化合物。3周后检查发现，实验组兔子的角膜感觉神经已经复合，而对照组兔子未注射这种化合物，其角膜感觉神经都没有复合。研究人员由此得出结论：该化合物可以使兔子断裂的角膜感觉神经复合。

以下哪项与上述研究人员得出结论的方式最为类似？

A. 一个整数或者是偶数，或者是奇数。0不是奇数，所以0是偶数。

B. 绿色植物在光照充足的环境下能茁壮成长，而在光照不足的环境下只能缓慢生长，所以，光照有助于绿色植物生长。

C. 年逾花甲的老王戴上老花镜可以读书看报，不戴则视力模糊。所以年龄大的人都要戴老花镜。

D. 科学家在北极冰川地区的黄雪中发现了细菌，而该地区的寒冷气候与木卫二的冰冷环境有着惊人的相似。所以木卫二可能存在生命。

E. 昆虫都有三对足，蜘蛛并非三对足。所以蜘蛛不是昆虫。

45. 张教授指出，明清时期科举考试分为四级，即院试、乡试、会试、殿试。院试在县府举行，考中者称"生员"；乡试每三年在各省省城举行一次，生员才有资格参加，考中者为举人，举人第一名称"解元"；会试于乡试后第二年在京城礼部举行，举人才有资格参加，考中者称为"贡士"，贡士第一名称"会元"；殿试在会试当年举行，由皇帝主持，贡士才有资格参加，录取分为三甲，一甲三名，二甲、三甲各若干名，统称为"进士"，一甲第一名称"状元"。

根据张教授的陈述，以下哪项是不可能的？

A. 中举者，不曾中进士。

B. 中状元者曾为生员和举人。

C. 中会元者，不曾中举。

D. 可有连中三元者（解元、会元、状元）。

E. 未中解元者，不曾中会元。

46. 有人认为，任何一个机构都包括不同的职位等级或层级，每个人都隶属于其中一个层级。如果某人在原来级别岗位上干得出色，就会被提拔，而被提拔者得到重用后却碌碌无为，这会造成机构效率低下，人浮于事。

以下哪项为真，最能质疑上述观点？

A. 个人晋升常常会在一定程度上影响所在机构的发展。

B. 不同岗位的工作方式不同，对新的岗位要有一个适应过程。

C. 王副教授教学科研都很强，而晋升正教授后却表现平平。

D. 李明的体育运动成绩并不理想，但他进入管理层后却干得得心应手。

E. 部门经理王先生业绩出众，被提拔为公司总经理后工作依然出色。

47. 如果把一杯酒倒入一桶污水中，你得到的是一桶污水；如果把一杯污水倒入一桶酒中，你得到的依然是一桶污水。在任何组织中，都可能存在几个难缠人物，他们存在的目的似乎就是把事情搞糟。如果一个组织不加强内部管理，一个正直能干的人进入某低效的部门就会被吞没，而一个无德无才者就能将一个高效的部门变成一盘散沙。

根据上述信息，可以得出以下哪项？

A. 如果不将一杯污水倒进一桶酒中，你就不会得到一桶污水。

B. 如果一个正直能干的人进入组织，就会使组织变得更为高效。

C. 如果组织中存在几个难缠人物，很快就会把组织变成一盘散沙。

D. 如果一个正直能干的人在低效部门没有被吞没，则该部门加强了内部管理。

E. 如果一个无德无才的人把组织变成一盘散沙，则该组织没有加强内部管理。

48. 自闭症会影响社会交往、语言交流和兴趣爱好等方面的行为。研究人员发现，实验鼠体内神经连接蛋白的蛋白质如果合成过多，会导致自闭症。由此他们认为，自闭症与神经连接蛋白质合成量具有重要关联。

以下哪项如果为真，最能支持上述观点？

A. 生活在群体之中的实验鼠较之独处的实验鼠患自闭症的比例要小。

B. 雄性实验鼠患自闭症的比例是雌性实验鼠的5倍。

C. 抑制神经连接蛋白的蛋白质合成可缓解实验鼠的自闭症状。

D. 如果将实验鼠控制蛋白合成的关键基因去除，其体内的神经连接蛋白就会增加。

E. 神经连接蛋白正常的老年实验鼠患自闭症的比例很低。

49. 张教授指出，生物燃料是指利用生物资源生产的燃料乙醇或生物柴油，它们可以替代由石油制取的汽油和柴油，是可再生能源开发利用的重要方向。受世界石油资源短缺、环保和全球气候变化的影响，20世纪70年代以来，许多国家日益重视生物燃料的发展，并取得显著成效。所以，应该大力开发和利用生物燃料。

以下哪项最可能是张教授论证的预设？

A. 发展生物燃料可有效降低人类对石油等化石燃料的消耗。

B. 发展生物燃料会减少粮食供应，而当今世界有数以百万计的人食不果腹。

C. 生物柴油和燃料乙醇是现代社会能源供给体系的适当补充。

D. 生物燃料在生产与运输的过程中需要消耗大量的水、电和石油等。

E. 目前我国生物燃料的开发和利用已经取得很大成绩。

50. 有关数据显示，2011 年全球新增 870 万结核病患者，同时有 140 万患者死亡。因为结核病对抗生素有耐药性，所以对结核病的治疗一直都进展缓慢。如果不能在近几年消除结核病，那么还会有数百万人死于结核病。如果要控制这种流行病，就要有安全、廉价的疫苗。目前有 12 种新疫苗正在测试之中。

根据以上信息，可以得出以下哪项？

A. 2011 年结核病患者死亡率已达 16.1%。

B. 有了安全、廉价的疫苗，我们就能控制结核病。

C. 如果解决了抗生素的耐药性问题，结核病治疗将会获得突破性进展。

D. 只有在近几年消除结核病，才能避免数百万人死于这种疾病。

E. 新疫苗一旦应用于临床，将有效控制结核病的传播。

51. 一个人如果没有崇高的信仰，就不可能守住道德的底线；而一个人只有不断加强理论学习，才能始终保持崇高的信仰。

根据以上信息，可以得出以下哪项？

A. 一个人只有不断加强理论学习，才能守住道德的底线。

B. 一个人如果不能守住道德的底线，就不可能保持崇高的信仰。

C. 一个人只要有崇高的信仰，就能守住道德的底线。

D. 一个人只要不断加强理论学习，就能守住道德底线。

E. 一个人没能守住道德的底线，是因为他首先丧失了崇高的信仰。

52. 研究人员安排了一次实验，将 100 名受试者分为两组：喝一小杯红酒的实验组和不喝酒的对照组。随后，让两组受试者计算某段视频中篮球队员相互传球的次数。结果发现，对照组的受试者都计算准确，而实验组中只有 18% 的人计算准确。经测试，实验组受试者的血液中酒精浓度只有酒驾法定值的一半。由此专家指出，这项研究结果或许应该让立法者重新界定酒驾法定值。

以下哪项如果为真，最能支持上述专家的观点？

A. 酒驾法定值设置过低，可能会把许多未饮酒者界定为酒驾。

B. 即使血液中酒精浓度只有酒驾法定值的一半，也会影响视力和反应速度。

C. 只要血液中酒精浓度不超过酒驾法定值，就可以驾车上路。

D. 即使酒驾法定值设置较高，也不会将少量饮酒的驾车者排除在酒驾范围之外。

E. 饮酒过量不仅损害身体健康，而且影响驾车安全。

53. 某研究人员在 2004 年对一些 12～16 岁的学生进行了智商测试，测试得分为 77～135 分。4 年之后再次测试，这些学生的智商得分为 87～143 分。仪器扫描显示，那些得分提高了的学生，其脑部比此前呈现更多的灰质（灰质是一种神经组织，是中枢神经的重要组成部分）。这一测试表明，个体的智商变化确实存在，那些早期在学校表现不突出的学生仍有可能成为佼佼者。

以下除哪项外，都能支持上述实验结论？

A. 有些天才少年长大后智力并不出众。

B. 言语智商的提高伴随着大脑左半球运动皮层灰质的增多。

C. 学生的非言语智力表现与他们的大脑结构的变化明显相关。

D. 部分学生早期在学校表现不突出与其智商有关。

E. 随着年龄的增长，青少年脑部区域的灰质通常也会增加。

54～55 题基于以下题干：

某高校数学、物理、化学、管理、文秘、法学等 6 个专业毕业生需要就业，现有风云、怡和、宏宇三家公司前来学校招聘。已知，每家公司只招聘该校 2 至 3 个专业若干毕业生，且需要满足以下条件：

（1）招聘化学专业的公司也招聘数学专业；

（2）怡和公司招聘的专业，风云公司也招聘；

（3）只有一家公司招聘文秘专业，且该公司没有招聘物理专业；

（4）如果怡和公司招聘管理专业，那么也招聘文秘专业；

（5）如果宏宇公司没有招聘文秘专业，那么怡和公司招聘文秘专业。

54. 如果只有一家公司招聘物理专业，那么可以得出以下哪项？

A. 风云公司招聘化学专业。

B. 怡和公司招聘管理专业。

C. 宏宇公司招聘数学专业。

D. 风云公司招聘物理专业。

E. 怡和公司招聘物理专业。

55. 如果三家公司都招聘了三个专业若干毕业生，那么可以得出以下哪项？

A. 风云公司招聘化学专业。

B. 怡和公司招聘法学专业。

C. 宏宇公司招聘化学专业。

D. 风云公司招聘数学专业。

E. 怡和公司招聘物理专业。

2016年管理类联考逻辑真题

三、逻辑推理：第26～55小题，每小题2分，共60分。下列每题给出的A、B、C、D、E五个选项中，只有一项是符合试题要求的。请在答题卡上将所选项的字母涂黑。

26. 企业要建设科技创新中心，就要推进与高校、科技院所的合作，这样才能激发自主创新的活力。一个企业只有搭建服务科技创新发展战略的平台、科技创新与经济发展对接的平台以及聚集创新人才的平台，才能催生重大科技成果。

根据上述信息，可以得出以下哪项？

A. 如果企业搭建科技创新与经济发展对接的平台，就能激发其自主创新的活力。

B. 如果企业搭建了服务科技创新发展战略的平台，就能催生重大科技成果。

C. 能否推进与高校、科研院所的合作决定企业是否具有自主创新的活力。

D. 如果企业没有搭建聚集创新人才的平台，就无法催生重大科技成果。

E. 如果企业推进与高校、科研院所的合作，就能激发其自主创新的活力。

27. 生态文明建设事关社会发展方式和人民福祉。只有实行最严格的制度、最严密的法治，才能为生态文明建设提供可靠保障；如果要实行最严格的制度、最严密的法治，就要建立责任追究制度，对那些不顾生态环境盲目决策并造成严重后果者，追究其相应的责任。

根据以上信息，可以得出以下哪项？

A. 如果对那些不顾生态环境盲目决策并造成严重后果者追究相应责任，就能为生态文明建设提供可靠保障。

B. 实行最严格的制度和最严密的法治是生态文明建设的重要目标。

C. 如果不建立责任追究制度，就不能为生态文明建设提供可靠保障。

D. 只有筑牢生态环境的制度防护墙，才能造福于民。

E. 如果要建立责任追究制度，就要实行最严格的制度、最严密的法治。

28. 注重对孩子的自然教育，让孩子亲身感受大自然的神奇与美妙，可促进孩子释放天性，激发自身潜能；而缺乏这方面教育的孩子容易变得孤独，道德、情感与认知能力的发展都会受到一定影响。

以下哪项与以上陈述方式最为类似？

A. 脱离环境保护搞经济发展是"竭泽而渔"，离开经济发展抓环境保护是"缘木求鱼"。

B. 只说一种语言的人，首次被诊断出患阿尔茨海默症的平均年龄为76岁；说三种语言的人首次被诊断出患阿尔茨海默症的平均年龄约为78岁。

C. 老百姓过去"盼温饱"，现在"盼环保"；过去"求生存"，现在"求生态"。

D. 注重调查研究，可以让我们掌握第一手资料；闭门造车只能让我们脱离实际。

E. 如果孩子完全依赖电子设备来进行学习和生活，将会对环境越来越漠视。

29. 古人以干支纪年。甲乙丙丁戊己庚辛壬癸为十干，也称天干。子丑寅卯辰巳午未申酉戌亥为十二支，也称地支。依次以天干配地支，如甲子、乙丑、丙寅……癸酉、甲戌、乙亥、丙子等，六十年重复一次，俗称六十花甲子。根据干支纪年，公元2014年为甲午年，公元2015年为乙未年。

根据以上陈述，可以得出以下哪项？

A. 现代人已不用干支纪年。

B. 21世纪会有甲丑年。

C. 干支纪年有利于农事。

D. 根据干支纪年，公元2024年为甲寅年。

E. 根据干支纪年，公元2087年为丁未年。

30. 赵明与王洪都是某高校辩论协会成员，在为今年华语辩论赛招募新队员问题上，两人发生了争执。

赵明：我们一定要选拔喜爱辩论的人。因为一个人只有喜爱辩论，才能投入精力和时间研究辩论并参加辩论比赛。

王洪：我们招募的不是辩论爱好者，而是能打硬仗的辩手。无论是谁，只要能在辩论赛中发挥应有的作用，他就是我们理想的人选。

以下哪项最可能是两人争论的焦点？

A. 招募的标准是从现实出发还是从理想出发。

B. 招募的目的是研究辩论规律还是培养实战能力。

C. 招募的目的是为了培养新人还是赢得比赛。

D. 招募的标准是对辩论的爱好还是辩论的能力。

E. 招募的目的是为了集体荣誉还是满足个人爱好。

31. 在某届洲际杯足球大赛中，第一阶段某小组单循环赛共有4支队伍参加，每支队伍需要在这一阶段比赛三场。甲国足球队在该小组的前两轮比赛中一平一负。在第三轮比赛之前，甲国队主教练在新闻发布会上表示："只有我们在下一场比赛中取得胜利并且本组的另外一场比赛打成平局，我们才有可能从这个小组出线。"

如果甲国队主教练的陈述为真，以下哪项是不可能的？

A. 第三轮比赛该小组两场比赛都分出了胜负，甲国队从小组出线。

B. 甲国队第三场比赛取得了胜利，但他们未能从小组出线。

C. 第三轮比赛甲国队取得了胜利，该小组另一场比赛打成平局，甲国队未能从小组出线。

D. 第三轮比赛该小组另外一场比赛打成平局，甲国队从小组出线。

E. 第三轮比赛该小组两场比赛都打成了平局，甲国队未能从小组出线。

32. 考古学家发现，那件仰韶文化晚期的土坯砖边缘整齐，并且没有切割痕迹，由此他们推测，这件土坯砖应当是使用木质模具压制成型的。而其他5件由土坯砖经过烧制而成的烧结砖,经检测当时烧制它们的温度为 850～900℃,由此考古学家进一步推测,当时的砖是先使用模具将粘土做成土坯,然后再经过高温烧制而成的。

以下哪项如果为真,最能支持上述考古学家的推测?

A. 仰韶文化晚期的年代约为公元前 3500 年～公元前 3000 年。

B. 仰韶文化晚期,人们已经掌握了高温冶炼技术。

C. 出土的 5 件烧结砖距今已有 5000 年,确实属于仰韶文化晚期的物品。

D. 没有采用模具而成型的土坯砖,其边缘或者不整齐,或者有切割痕迹。

E. 早在西周时期,中原地区人们就可以烧制铺地砖和空心砖。

33. 研究人员发现,人类存在 3 种核苷酸基因类型:AA 型、AG 型以及 GG 型。一个人有 36% 的几率是 AA 型,有 48% 的几率是 AG 型,有 16% 的几率是 GG 型。在 1 200 名参与实验的老年人中,拥有 AA 型和 AG 型基因类型的人都在上午 11 时之前去世,而拥有 GG 型基因类型的人几乎都在下午 6 时左右去世。研究人员据此认为:GG 型基因类型的人会比其他人平均晚死 7 个小时。

以下哪项如果为真,最能质疑上述研究人员的观点?

A. 平均寿命的计算依据应是实验对象的生命存续长度,而不是实验对象的死亡时间。

B. 当死亡临近的时候,人体会还原到一种更加自然的生理节律感应阶段。

C. 有些人是因为疾病或者意外事故等其他因素而死亡的。

D. 对人死亡时间的比较,比一天中的哪一时刻更重要的是哪一年、哪一天。

E. 拥有 GG 型基因类型的实验对象容易患上心血管疾病。

34. 某市消费者权益保护条例明确规定,消费者对其所购商品可以"7 天内无理由退货"。但这项规定出台后并未得到顺利执行,众多消费者在 7 天内"无理由"退货时,常常遭遇商家的阻挠,他们以商品已作特价处理、商品已经开封或使用等理由拒绝退货。

以下哪项如果为真,最能质疑商家阻挠退货的理由?

A. 开封验货后,如果商品规格、质量等问题来自消费者本人,他们应为此承担责任。

B. 那些作特价处理的商品,本来质量就没有保证。

C. 如果不开封验货,就不能知道商品是否存在质量问题。

D. 政府总偏向消费者,这对于商家来说是不公平的。

E. 商品一旦开封或使用了,即使不存在问题,消费者也可以选择退货。

35. 某县县委关于下周一几位领导的工作安排如下:

(1)如果李副书记在县城值班,那么他就要参加宣传工作例会;

(2)如果张副书记在县城值班,那么他就做信访接待工作;

(3)如果王书记下乡调研,那么张副书记或李副书记就需在县城值班;

(4)只有参加宣传工作例会或做信访接待工作,王书记才不下乡调研;

(5)宣传工作例会只需分管宣传的副书记参加,信访接待工作也只需一名副书记参加。

根据上述工作安排，可以得出以下哪项？

A. 张副书记做信访接待工作。

B. 王书记下乡调研。

C. 李副书记参加宣传工作例会。

D. 李副书记做信访接待工作。

E. 张副书记参加宣传工作例会。

36. 近年来，越来越多的机器人被用于在战场上执行侦察、运输、拆弹等任务，甚至将来冲锋陷阵的都不再是人，而是形形色色的机器人。人类战争正在经历自核武器诞生以来最深刻的革命。有专家据此分析指出，机器人战争技术的出现可以使人类远离危险，更安全、更有效率地实现战争目标。

以下哪些选项如果为真，最能质疑上述专家的观点？

A. 现代人类掌控机器人，但未来机器人可能会掌控人类。

B. 因不同国家军事科技实力的差距，机器人战争技术只会让部分国家远离危险。

C. 机器人战争技术有助于摆脱以往大规模杀戮的血腥模式，从而让现代战争变得更为人道。

D. 掌握机器人战争技术的国家为数不多，将来战争的发生更为频繁也更为血腥。

E. 全球化时代的机器人战争技术要消耗更多资源，破坏生态环境。

37. 郝大爷过马路时不幸摔倒昏迷，所幸有小伙子及时将他送往医院救治。郝大爷病情稳定后，有4位陌生小伙陈安、李康、张幸、汪福来医院看望他，郝大爷问他们究竟是谁送他来医院，他们回答如下：

陈安：我们4人都没有送您来医院。

李康：我们4人有人送您来医院。

张幸：李康和汪福至少有一人没有送您来医院。

汪福：送您来医院的人不是我。

后来证实上述4人有两人说真话，两人说假话。

根据以上信息，可以得出哪项？

A. 说真话的是李康和张幸。

B. 说真话的是陈安和张幸。

C. 说真话的是李康和汪福。

D. 说真话的是张幸和汪福。

E. 说真话的是陈安和汪福。

38. 开车上路，一个人不仅需要有良好的守法意识，也需要有特别的"理性计算"：在拥堵的车流中，只要有"加塞"的，你开的车就一定要让它；你开着车在路上正常直行，有车不打方向灯在你近旁突然横过来要撞上你，原来它想要变道，这时你也就得让着它。

以下除哪项外，均能质疑上述"理性计算"的观点？

A. 有理的让着没有理的，只会助长歪风邪气，有悖于社会的法律与道德。

B. "理性计算"其实就是胆小怕事，总觉得凡事能躲则躲，但有的事很难躲过。

C. 一味退让就会给行车带来极大的危险，不但可能伤及自己，而且也有可能伤及无辜。

D. 即便碰上也不可怕，碰上之后如果立即报警，警方一般会有公正的裁决。

E. 如果不让，就会碰上。碰上之后，即便自己有理，也会有很多麻烦。

39. 有专家指出，我国城市规划缺少必要的气象论证，城市的高楼建得高耸而密集，阻碍了城市的通风循环。有关资料显示，近几年国内许多城市的平均风速已下降10%。风速下降，意味着大气扩散能力减弱，导致大气污染物滞留时间延长，易形成雾霾天气和热岛效应。为此，有专家提出建立"城市风道"的设想，即在城市里制造几条畅通的通风走廊，让风在城市中更加自由地进出，促进城市空气的更新循环。

以下哪项如果为真，最能支持上述建立"城市风道"的设想？

A. 城市风道形成的"穿街风"，对建筑物的安全影响不大。

B. 风从八方来，"城市风道"的设想过于主观和随意。

C. 有风道但没有风，就会让城市风道成为无用的摆设。

D. 有些城市已拥有建立"城市风道"的天然基础。

E. 城市风道不仅有利于"驱霾"，还有利于散热。

40. 2014年，为迎接APEC会议的召开，北京、天津、河北等地实施"APEC治理模式"，采取了有史以来最严格的减排措施。果然，令人心醉的"APEC蓝"出现了。然而，随着会议的结束，"APEC蓝"也逐渐消失了。对此，有些人士表示困惑，既然政府能在短期内实施"APEC治理模式"取得良好效果，为什么不将这一模式长期坚持下去呢？

以下除哪项外，均能解释人们的困惑？

A. 最严格的减排措施在落实过程中已产生很多难以解决的实际困难。

B. 如果近期将"APEC治理模式"常态化，将会严重影响地方经济和社会发展。

C. 任何环境治理都需要付出代价，关键在于付出的代价是否超出收益。

D. 短期严格的减排措施只能是权宜之计，大气污染治理仍需从长计议。

E. 如果APEC会议期间北京雾霾频发，就会影响我们国家的形象。

41. 根据现有物理学定律，任何物质的运动速度都不可能超过光速，但最近一次天文观测结果向这条定律发起了挑战。距离地球遥远的IC310星系拥有一个活跃的黑洞，掉入黑洞的物质产生了伽马射线冲击波。有些天文学家发现，这束伽马射线的速度超过了光速，因为它只用了4.8分钟就穿越了黑洞边界，而光要25分钟才能走完这段距离。由此，这些天文学家提出，光速不变定律需要修改了。

以下哪项如果为真，最能质疑上述天文学家所作的结论？

A. 或者光速不变定律已经过时，或者天文学家的观测有误。

B. 如果天文学家的观测没有问题，光速不变定律就需要修改。

C. 要么天文学家的观测有误，要么有人篡改了天文观测数据。

D. 天文观测数据可能存在偏差，毕竟IC310星系离地球很远。

E. 光速不变定律已经历过多次实践检验，没有出现反例。

42. 某公司办公室茶水间提供自助式收费饮料。职员拿完饮料后，自己把钱放到特设的收款箱中。研究者为了判断职员在无人监督时，其自律水平会受哪些因素的影响，特地在收款箱上方贴了一张装饰图片，每周一换。装饰图片有时是一些花朵，有时是一双眼睛。一个有趣的现象出现了：贴着"眼睛"的那一周，收款箱里的钱远远超过贴其他图片的情形。

以下哪项如果为真，最能解释上述实验现象？

A. 该公司职员看到"眼睛"图片时，就能联想到背后可能有人看着他们。

B. 在该公司工作的职员，其自律能力超过社会中的其他人。

C. 该公司职员看着"花朵"图片时，心情容易变得愉快。

D. 眼睛是心灵的窗口，该公司职员看到"眼睛"图片时会有一种莫名的感动。

E. 在无人监督的情况下，大部分人缺乏自律能力。

43～44题基于以下题干：

某皇家园林依中轴线布局，从前到后依次排列着七个庭院。这七个庭院分别以汉字"日""月""金""木""水""火""土"来命名。已知：

（1）"日"字庭院不是最前面的那个庭院；

（2）"火"字庭院和"土"字庭院相邻；

（3）"金""月"两庭院间隔的庭院数与"木""水"两庭院间隔的庭院数相同。

43. 根据上述信息，下列哪个庭院可能是"日"字庭院？

A. 第一个庭院。　　　B. 第二个庭院。　　　C. 第四个庭院。
D. 第五个庭院。　　　E. 第六个庭院。

44. 如果第二个庭院是"土"字庭院，可以得出以下哪项？

A. 第七个庭院是"水"字庭院。

B. 第五个庭院是"木"字庭院。

C. 第四个庭院是"金"字庭院。

D. 第三个庭院是"月"字庭院。

E. 第一个庭院是"火"字庭院。

45. 在一项关于"社会关系如何影响人的死亡率"的课题研究中，研究人员惊奇地发现：不论种族、收入、体育锻炼等因素，一个乐于助人、和他人相处融洽的人，其平均寿命长于一般人，在男性中尤其如此；相反，心怀恶意、损人利己、和他人相处不融洽的人70岁之前的死亡率比正常人高出1.5至2倍。

以下哪项如果为真，最能解释上述发现？

A. 身心健康的人容易和他人相处融洽，而心理有问题的人与他人很难相处。

B. 男性通常比同年龄段的女性对他人有更强的"敌视情绪"，多数国家男性的平均寿命也因此低于女性。

C. 与人为善带来轻松愉悦的情绪，有益身体健康；损人利己则带来紧张的情绪，有损身体健康。

D. 心存善念、思想豁达的人大多精神愉悦、身体健康。

E. 那些自我优越感比较强的人通常"敌视情绪"也比较强，他们长时间处于紧张状态。

46. 超市中销售的苹果常常留有一定的油脂痕迹，表面显得油光滑亮。牛师傅认为，这是残留在苹果上的农药所致，水果在收摘之前都喷洒了农药，因此，消费者在超市购买水果后，一定要清洗干净方能食用。

以下哪项最可能是牛师傅看法所依赖的假设？

A. 除了苹果，其他许多水果运至超市时也留有一定的油脂痕迹。

B. 超市里销售的水果并未得到彻底清洗。

C. 只有那些在水果上能留下油脂痕迹的农药才可能被清洗掉。

D. 许多消费者并不在意超市销售的水果是否清洗过。

E. 在水果收摘之前喷洒的农药大多数会在水果上留有油脂痕迹。

47. 许多人不仅不理解别人，而且也不理解自己，尽管他们可能曾经试图理解别人，但这样的努力注定会失败，因为不理解自己的人是不可能理解别人的。可见，那些缺乏自我理解的人是不会理解别人的。

以下哪项最能说明上述论证的缺陷？

A. 使用了"自我理解"概念，但并未给出定义。

B. 没有考虑"有些人不愿意理解自己"这样的可能性。

C. 没有正确把握理解别人和理解自己之间的关系。

D. 结论仅仅是对其论证前提的简单重复。

E. 间接指责人们不能换位思考，不能相互理解。

48. 在编号壹、贰、叁、肆的4个盒子中装有绿茶、红茶、花茶和白茶四种茶，每只盒子只装一种茶，每种茶只装一个盒子。已知：

（1）装绿茶和红茶的盒子在壹、贰、叁号范围之内；

（2）装红茶和花茶的盒子在贰、叁、肆号范围之内；

（3）装白茶的盒子在壹、叁号范围之内。

根据上述已知条件，可以得出以下哪项？

A. 绿茶在叁号。　　　　　B. 花茶在肆号。　　　　　C. 白茶在叁号。

D. 红茶在贰号。　　　　　E. 绿茶在壹号。

49. 在某项目招标过程中，赵嘉、钱宜、孙斌、李汀、周武、吴纪6人作为各自公司代表参与投标，有且只有一人中标。关于究竟谁是中标者，招标小组中有3位成员各自谈了自己的看法：

（1）中标者不是赵嘉就是钱宜；

（2）中标者不是孙斌；

（3）周武和吴纪都没有中标。

经过深入调查，发现上述3人只有一人的看法是正确的。

根据以上信息，以下哪项中的3人都可以确定没有中标？

A. 钱宜、孙斌、周武。

B. 孙斌、周武、吴纪。

C. 赵嘉、钱宜、李汀。

D. 赵嘉、周武、吴纪。

E. 赵嘉、孙斌、李汀。

50. 如今，电子学习机已全面进入儿童的生活。电子学习机将文字与图像、声音结合起来，既生动形象，又富有趣味性，使儿童独立阅读成为可能。但是，一些儿童教育专家却对此发出警告，电子学习机可能不利于儿童成长。他们认为，父母应该抽时间陪孩子一起阅读纸质图书。陪孩子一起阅读纸质图书，并不是简单地让孩子读书识字，而是在交流中促进其心灵的成长。

以下哪项如果为真，最能支持上述专家的观点？

A. 纸质图书有利于保护儿童视力，有利于父母引导儿童形成良好的阅读习惯。

B. 在使用电子学习机时，孩子往往更多关注其使用功能而非学习内容。

C. 接触电子产品越早，就越容易上瘾，长期使用电子学习机会形成"电子瘾"。

D. 现代生活中年轻父母工作压力较大，很少有时间能与孩子一起共同阅读。

E. 电子学习机最大的问题是让父母从孩子的阅读行为中走开，减少了父母与孩子的日常交流。

51. 田先生认为，绝大部分笔记本电脑运行速度慢的原因不是CPU性能太差，也不是内存容量太小，而是硬盘速度太慢，给老旧的笔记本电脑换装固态硬盘可以大幅提升使用者的游戏体验。

以下哪项如果为真，最能质疑田先生的观点？

A. 固态硬盘很贵，给老旧笔记本换装硬盘费用不低。

B. 销售固态硬盘的利润远高于销售传统的笔记本电脑硬盘。

C. 少部分老旧笔记本电脑的CPU性能很差，内存也小。

D. 使用者的游戏体验很大程度上取决于笔记本的电脑显卡，而老旧笔记本电脑显卡较差。

E. 一些笔记本电脑使用者的使用习惯不好，使得许多运行程序占据大量内存，导致电脑运行速度缓慢。

52～53题基于以下题干：

钟医生："通常，医学研究的重要成果在杂志发表之前需要经过匿名评审，这需要耗费不少时间。如果研究者能放弃这段等待时间而事先公布其成果，我们的公共卫生水平就可以伴随着医学发现而更快获得提高。因为新医学信息的及时公布将允许人们利用这些信息提高他们的健康水平。"

52. 以下哪项最可能是钟医生论证所依赖的假设？

A. 许多医学杂志的论文评审者本身并不是医学研究专家。

B. 首次发表于匿名评审杂志的新医学信息一般无法引起公众的注意。

C. 即使医学论文还没有在杂志发表，人们还是会使用已公开的相关新信息。

D. 部分医学研究者愿意放弃在杂志上发表，而选择事先公布其成果。

E. 因为工作繁忙，许多医学研究者不愿成为论文评审者。

53. 以下哪项如果为真，最能削弱钟医生的论证？

A. 社会公共卫生水平的提高还取决于其他因素，并不完全依赖于医学新发现。

B. 大部分医学杂志不愿意放弃匿名评审制度。

C. 人们常常根据新发表的医学信息来调整他们的生活方式。

D. 有些媒体常常会提前报道那些匿名评审杂志准备发表的医学研究成果。

E. 匿名评审常常能阻止那些含有错误结论的文章发表。

54～55题基于以下题干：

江海大学的校园美食节开幕了，某女生宿舍有5人积极报名参加此项活动，她们的姓名分别为金粲、木心、水仙、火珊、土润。举办方要求，每位报名者只做一道菜品参加评比，但需自备食材。限于条件，该宿舍所备食材仅有5种：金针菇、木耳、水蜜桃、火腿和土豆，要求每种食材只能有2人选用，每人又只能选用2种食材，并且每人所选食材名称的第一个字与自己的姓氏均不相同。已知：

（1）如果金粲选水蜜桃，则水仙不选金针菇；

（2）如果木心选金针菇或土豆，则她也须选木耳；

（3）如果火珊选水蜜桃，则她也须选木耳和土豆；

（4）如果木心选火腿，则火珊不选金针菇。

54. 根据上述信息，可以得出以下哪项？

A. 金粲选用木耳、土豆。

B. 水仙选用金针菇、火腿。

C. 土润选用金针菇、水蜜桃。

D. 火珊选用木耳、水蜜桃。

E. 木心选用水蜜桃、土豆。

55. 如果水仙选用土豆，则可以得出以下哪项？

A. 水仙选用木耳、土豆。

B. 火珊选用金针菇、土豆。

C. 土润选用水蜜桃、火腿。

D. 木心选用金针菇、水蜜桃。

E. 金粲选用木耳、火腿。

2017 年管理类联考逻辑真题

三、逻辑推理：第 26～55 小题，每小题 2 分，共 60 分。下列每题给出的 A、B、C、D、E 五个选项中，只有一项是符合试题要求的。请在答题卡上将所选项的字母涂黑。

26. 倪教授认为，我国工程技术领域可以考虑与国外先进技术合作，但任何涉及核心技术的项目决不能受制于人；我国许多网络安全建设项目涉及信息核心技术，如果全盘引进国外先进技术而不努力自主创新，我国的网络安全将会受到严重威胁。

根据倪教授的描述，可以得出以下哪项？

A. 我国有些网络安全建设项目不能受制于人。

B. 我国工程技术领域的所有项目都不能受制于人。

C. 如果能做到自主创新，我国的网络安全就不会受到严重威胁。

D. 我国许多网络安全建设项目不能与国外先进技术合作。

E. 只要不是全盘引进国外先进技术，我国的网络安全就不会受到严重威胁。

27. 任何结果都不可能凭空出现，它们的背后都是有原因的；任何背后有原因的事物均可以被人认识，而可以被人认识的事物都必然不是毫无规律的。

根据以上陈述，以下哪项为假？

A. 任何结果都可以被人认识。

B. 任何结果出现的背后都是有原因的。

C. 有些结果的出现可能毫无规律。

D. 那些可以被人认识的事物必然有规律。

E. 人有可能认识所有事物。

28. 近年来，我国海外代购业务量快速增长。代购者们通常从海外购买产品，通过各种渠道避开关税，再卖给内地顾客从中牟利，却让政府损失了税收收入。某专家由此指出，政府应该严厉打击海外代购的行为。

以下哪项如果为真，最能支持上述观点？

A. 近期，有位空乘服务员因在网上开设海外代购店而被我国地方法院判定有走私罪。

B. 国内一些企业生产的同类产品与海外代购产品相比，无论质量还是价格都缺乏竞争优势。

C. 海外代购提升了人民的生活水平，满足了国内部分民众对于品质生活的追求。

D. 去年，我国奢侈品海外代购规模几乎是全球奢侈品国内门店销售额的一半，这些交易大多避开关税。

E. 国内民众的消费需求提升是伴随着我国经济发展而产生的正常现象，应以此为契机促进国内同类消费品产业的升级。

29. 某剧组招募群众演员。为了配合剧情，招4类角色：外国游客1到2名，购物者2到3名，商贩2名，路人若干。仅有甲、乙、丙、丁、戊、己6人可供选择，且每个人在同一个场景中只能出演一个角色。已知：

（1）只有甲、乙才能出演外国游客；

（2）上述4类角色在每个场景中至少有3类同时出现；

（3）每一场景中，若乙或丁出演商贩，则甲和丙出演购物者；

（4）购物者和路人人数之和不超过2。

根据以上信息，可以得出以下哪一项？

A. 在同一场景中，若戊和己出演路人，则甲只可能出演外国游客。

B. 在同一场景中，若乙出演外国游客，则甲只可能出演商贩。

C. 至少有2人需要在不同场景中出演不同角色。

D. 甲、乙、丙、丁不会在同一场景同时出现。

E. 在同一场景中，若丁和戊出演购物者，则乙只可能出演外国游客。

30. 离家300米的学校不能上，却被安排到2公里外的学校就读，某市一位适龄儿童在上小学时就遭遇了所在区教育局这样的安排，而这一安排是区教育局根据儿童户籍所在施教区做出的。根据该市教育局规定的"就近入学"原则，儿童家长将区教育局告上法院，要求撤销原来安排，让其孩子就近入学。法院对此作出一审判决，驳回原告请求。

下列哪项最可能是法院的合理依据？

A. "就近入学"不是"最近入学"，不能将入学儿童户籍地和学校直线距离作为划分施教区的唯一依据。

B. 按照特定的地理要素划分，施教区中的每所小学不一定处于该施教区的中心位置。

C. 儿童入学究竟应上哪一所学校，不是让适龄儿童或其家长自主选择，而是要听从政府主管部门的行政安排。

D. "就近入学"仅仅是一个需要遵循的总体原则，儿童具体入学安排还要根据特定的情况加以变通。

E. 该区教育局划分施教区的行政行为符合法律规定，而原告孩子户籍所在施教区的确需要去离家2公里外的学校就读。

31. 张立是一位单身白领，工作5年积累了一笔存款，由于该笔存款金额尚不足以购房，他考虑将其暂时分散投资到股票、黄金、基金、国债和外汇等5个方面。该笔存款的投资需要满足如下条件：

（1）如果黄金投资比例高于1/2，则剩余部分投入国债和股票；

（2）如果股票投资比例低于1/3，则剩余部分不能投入外汇或国债；

（3）如果外汇投资比例低于1/4，则剩余部分投入基金或黄金；

（4）国债投资比例不能低于1/6。

根据上述信息，可以得出以下哪项？

A. 国债投资比例高于 1/2。

B. 外汇投资比例不低于 1/3。

C. 股票投资比例不低于 1/4。

D. 黄金投资比例不低于 1/5。

E. 基金投资比例不低于 1/6。

32. 通识教育重在帮助学生掌握尽可能全面的基础知识，即帮助学生了解各个学科领域的基本常识；而人文教育则重在培育学生了解生活世界的意义，并对自己及他人行为的价值和意义做出合理的判断，形成"智识"。因此有专家指出，相比较而言，人文教育对个人未来生活的影响会更大一些。

以下哪项如果为真，最能支持上述专家的断言？

A. 当今我国有些大学开设的通识教育课程要远远多于人文教育课程。

B. "知识"是事实判断，"智识"是价值判断，两者不能相互替代。

C. 没有知识就会失去应对未来生活挑战的勇气，而错误的价值可能会误导人的生活。

D. 关于价值和意义的判断事关个人的幸福和尊严，值得探究和思考。

E. 没有知识，人依然可以活下去；但如果没有价值和意义的追求，人只能成为没有灵魂的躯壳。

33～34 基于以下题干：

丰收公司邢经理需要在下个月赴湖北、湖南、安徽、江西、江苏、浙江、福建 7 省进行市场需求调研，各省均调研一次。他的行程需满足如下条件：

（1）第一个或最后一个调研江西省；

（2）调研安徽省的时间早于浙江省，在这两省的调研之间调研除了福建省的另外两省；

（3）调研福建省的时间安排在调研浙江省之前或刚好调研完浙江省之后；

（4）第三个调研江苏省。

33. 如果邢经理首先赴安徽省调研，则关于他的行程，可以确定以下哪项？

A. 第二个调研湖北省。

B. 第二个调研湖南省。

C. 第五个调研福建省。

D. 第五个调研湖北省。

E. 第五个调研浙江省。

34. 如果安徽省是邢经理第二个调研的省份，则关于他的行程，可以确定以下哪项？

A. 第一个调研江西省。

B. 第四个调研湖北省。

C. 第五个调研浙江省。

D. 第五个调研湖南省。

E. 第六个调研福建省。

35. 王研究员：我国政府提出的"大众创业、万众创新"激励着每一个创业者。对于创业者来说，最重要的是需要一种坚持精神。不管在创业中遇到什么困难，都要坚持下去。

李教授：对于创业者来说，最重要的是要敢于尝试新技术。因为有些新技术一些大公司不敢轻易尝试，这就为创业者带来了成功的契机。

根据以上信息，以下哪项最准确地指出了王研究员与李教授的分歧所在？

A. 最重要的是敢于迎接各种创业难题的挑战，还是敢于尝试那些大公司不敢轻易尝试的新技术。

B. 最重要的是坚持创业，有毅力有恒心把事业一直做下去，还是坚持创新，做出更多的科学发现和技术发明。

C. 最重要的是坚持把创业这件事做好，成为创业大众的一员，还是努力发明新技术，成为创新万众的一员。

D. 最重要的是需要一种坚持精神，不畏艰难，还是要敢于尝试新技术，把握事业成功的契机。

E. 最重要的是坚持创业，敢于成立小公司，还是尝试新技术，敢于挑战大公司。

36. 进入冬季以来，内含大量有毒颗粒物的雾霾频繁袭击我国部分地区。有关调查显示，持续接触高浓度污染物会直接导致10%至15%的人患有眼睛慢性炎症或干眼症。有专家由此认为，如果不采取紧急措施改善空气质量，这些疾病的发病率和相关的并发症将会增加。

以下哪项如果为真，最能支持上述专家的观点？

A. 有毒颗粒物会刺激并损害人的眼睛，长期接触会影响泪腺细胞。

B. 空气质量的改善不是短期内能做到的，许多人不得不在污染的环境中工作。

C. 眼睛慢性炎症或眼干症等病例通常集中出现于花粉季。

D. 上述被调查的眼疾患者中有65%是年龄在20～40岁之间的男性。

E. 在重污染环境中采取戴护目镜，定期洗眼等措施有助于预防干眼症等眼疾。

37. 很多成年人对于儿时熟悉的《唐诗三百首》中的许多名诗，常常仅记得几句名句，而不知诗作者或诗名。甲校中文系硕士生只有三个年级，每个年级人数相等。统计发现，一年级学生都能把该书中的名句与诗名及其作者对应起来；二年级2/3的学生能把该书中的名句与作者对应起来；三年级1/3的学生不能把该书中的名句与诗名对应起来。

根据上述信息，关于该校中文系硕士生，可以得出以下哪项？

A. 1/3以上的一、二年级学生不能把该书中的名句与作者对应起来。

B. 1/3以上的硕士生不能将该书中的名句与诗名或作者对应起来。

C. 大部分硕士生能将书中的名句与诗名及其作者对应起来。

D. 2/3以上的一、三年级学生能把该书中的名句与诗名对应起来。

E. 2/3以上的一、二年级学生不能把该书中的名句与诗名对应起来。

38. 婴儿通过触碰物体、四处玩耍和观察成人的行为等方式来学习，但机器人通常只能按照编订的程序进行学习。于是，有些科学家试图研制学习方式更接近于婴儿的机器人。他们认为，既然婴儿是地球上最有效率的学习者，为什么不设计出能像婴儿那样不费力气就能学习的机器人呢？

以下哪项最可能是上述科学家观点的假设？

A. 婴儿的学习能力是天生的，他们的大脑与其他动物幼崽不同。

B. 通过碰触、玩耍和观察等方式来学习是地球上最有效率的学习方式。

C. 即使是最好的机器人，它们的学习能力也无法超过最差的婴儿学习者。

D. 如果机器人能像婴儿那样学习，它们的智能就有可能超过人类。

E. 成年人和现有的机器人都不能像婴儿那样毫不费力地学习。

39. 针对癌症患者，医生常采用化疗手段将药物直接注入人体杀伤癌细胞，但这也可能将正常细胞和免疫细胞一同杀灭，产生较强的副作用。近来，有科学家发现，黄金纳米粒子很容易被人体癌细胞吸收，如果将其包上一层化疗药物，就可作为"运输工具"，将化疗药物准确地投放到癌细胞中。他们由此断言，微小的黄金纳米粒子能提升癌症化疗的效果，并降低化疗的副作用。

以下哪项如果为真，最能支持上述科学家所做出的论断？

A. 黄金纳米粒子用于癌症化疗的疗效有待大量临床检验。

B. 在体外用红外线加热已进入癌细胞的黄金纳米粒子，可从内部杀灭癌细胞。

C. 因为黄金所具有的特殊化学物质，黄金纳米粒子不会与人体细胞发生反应。

D. 现代医学手段已能实现黄金纳米粒子的精准投送，让其所携带的化疗药物只作用于癌细胞，并不伤及其他细胞。

E. 利用常规计算机断层扫描，医生容易判定黄金纳米粒子是否已经投放到癌细胞中。

40. 甲：己所不欲，勿施于人。乙：我反对。己所欲，则施于人。

以下哪项与上述对话方式最为相似：

A. 甲：人非草木，孰能无情？

乙：我反对。草木无情，但人有情。

B. 甲：人无远虑，必有近忧。

乙：我反对。人有远虑，亦有近忧。

C. 甲：不入虎穴，焉得虎子；

乙：我反对。如得虎子，必入虎穴。

D. 甲：人不犯我，我不犯人。

乙：我反对。人若犯我，我就犯人。

E. 甲：不在其位，不谋其政。

乙：我反对。在其位，则行其政。

41. 颜子、曾寅、孟申、荀辰申请一个中国传统文化建设项目。根据规定，该项目的主持人只能有一名，且在上述4位申请者中产生；包括主持人在内，项目组成员不能超过两位。另外，各位申请者在申请答辩时做出如下陈述：

（1）颜子：如果我成为主持人，将邀请曾寅或荀辰作为项目组成员；

（2）曾寅：如果我成为主持人，将邀请颜子或孟申作为项目组成员；

（3）荀辰：只有颜子成为项目组成员，我才能成为主持人；

（4）孟申：只有荀辰或颜子成为项目组成员，我才能成为主持人。

假定4人陈述都为真，关于项目组成员的组合，以下哪项是不可能的？

A. 孟申、曾寅。

B. 荀辰、孟申。

C. 曾寅、荀辰。

D. 颜子、孟申。

E. 颜子、荀辰。

42. 研究者调查了一组大学毕业即从事有规律的工作正好满8年的白领，发现他们的体重比刚毕业时平均增加了8公斤。研究者由此得出结论，有规律的工作会增加人们的体重。

关于上述结论的正确性，需要询问的关键问题是以下哪项？

A. 和该组调查对象其他情况相仿且经常进行体育锻炼的人，在同样的8年中体重有怎样的变化？

B. 该组调查对象的体重在8年后是否会继续增加？

C. 为什么调查关注的时间段是对象在毕业工作后8年，而不是7年或者9年？

D. 该组调查对象中男性和女性的体重增加是否有较大差异？

E. 和该组调查对象其他情况相仿但没有从事有规律工作的人，在同样的8年中体重有怎样的变化？

43. 赵默是一位优秀的企业家。因为如果一个人既拥有国内外知名学府和研究机构工作的经历，又有担任项目负责人的管理经验，那么他就能成为一位优秀的企业家。

以下哪项与上述论证最为相似？

A. 李然是信息技术领域的杰出人才。因为如果一个人不具有前瞻性目光、国际化视野和创新思维，就不能成为信息技术领域的杰出人才。

B. 袁清是一位好作家。因为好作家都具有较强的观察能力、想象能力及表达能力。

C. 青年是企业发展的未来。因此，企业只有激发青年的青春力量，才能促其早日成才。

D. 人力资源是企业的核心资源。因为如果不开展各类文化活动，就不能提升员工岗位技能，也不能增强团队的凝聚力和战斗力。

E. 风云企业具有凝聚力。因为如果一个企业能引导和帮助员工树立目标、提升能力，就能使企业具有凝聚力。

44. 爱书成痴注定会藏书。大多数藏书家也会读一些自己收藏的书；但有些藏书家却因喜爱书的价值和精致装帧而购书收藏，至于阅读则放到了自己以后闲暇的时间，而一旦他们这样想，这些新购的书就很可能不被阅读了。但是，这些受到"冷遇"的书只要被友人借去一本，藏书家就会失魂落魄，整日心神不安。

根据上述信息，可以得出以下哪项？

A. 有些藏书家将自己的藏书当作友人。

B. 有些藏书家喜欢闲暇时读自己的藏书。

C. 有些藏书家会读遍自己收藏的书。

D. 有些藏书家不会立即读自己新购的书。

E. 有些藏书家从不读自己收藏的书。

45. 人们通常认为，幸福能够增进健康、有利于长寿，而不幸福则是健康状况不佳的直接原因，但最近研究人员对 3 000 多人的生活状态调查后发现，幸福或不幸福并不意味着死亡的风险会相应地变得更低或更高。他们由此指出，疾病可能会导致不幸福，但不幸福本身并不会对健康状况造成损害。

以下哪项如果为真，最能质疑上述研究人员的论证？

A. 幸福是个体的一种心理体验，要求被调查对象准确断定其幸福程度有一定的难度。

B. 有些高寿老人的人生经历较为坎坷，他们有时过得并不幸福。

C. 有些患有重大疾病的人乐观向上，积极与疾病抗争，他们的幸福感比较高。

D. 人的死亡风险低并不意味着健康状况好，死亡风险高也不意味着健康状况差。

E. 少数个体死亡风险的高低难以进行准确评估。

46. 甲：只有加强知识产权保护，才能推动科技创新。

乙：我不同意。过分强化知识产权保护，肯定不能推动科技创新。

以下哪项与上述反驳方式最为类似？

A. 妻子：孩子只有刻苦学习，才能取得好成绩。

  丈夫：也不尽然。学习光知道刻苦而不能思考，也不一定会取得好成绩。

B. 母亲：只有从小事做起，将来才有可能做成大事。

  孩子：老妈你错了。如果我们每天只是做小事，将来肯定做不成大事。

C. 老板：只有给公司带来回报，公司才能给他带来回报。

  员工：不对呀。我上月帮公司谈成一笔大业务，可是只得到 1% 的奖励。

D. 老师：只有读书，才能改变命运。

  学生：我觉得不是这样。不读书，命运会有更大的改变。

E. 顾客：这件商品只有价格再便宜一些，才会有人来买。

  商人：不可能。这件商品如果价格再便宜一些，我就要去喝西北风了。

47. 某著名风景区有"妙笔生花""猴子观海""仙人晒靴""美人梳妆""阳关三叠""禅心向天"等6个景点。为方便游人，景区提示如下：

（1）只有先游"猴子观海"，才能游"妙笔生花"；

（2）只有先游"阳关三叠"，才能游"仙人晒靴"；

（3）如果游"美人梳妆"，就要先游"妙笔生花"；

（4）"禅心向天"应第4个游览，之后才可游览"仙人晒靴"。

张先生按照上述提示，顺利游览了上述6个景点。

根据上述信息，关于张先生的游览顺序，以下哪项不可能为真？

A. 第一个游览"猴子观海"。

B. 第二个游览"阳关三叠"。

C. 第三个游览"美人梳妆"。

D. 第五个游览"妙笔生花"。

E. 第六个游览"仙人晒靴"。

48. "自我陶醉人格"，是以过分重视自己为主要特点的人格障碍。它有多种具体特征：过高估计自己的重要性，夸大自己的成就；对批评反应强烈，希望他人注意自己和羡慕自己；经常沉湎于幻想中，把自己看成是特殊的人；人际关系不稳定，嫉妒他人，损人利己。

以下各项自我陈述中，除了哪项均能体现上述"自我陶醉人格"的特征？

A. 我是这个团队的灵魂，一旦我离开了这个团队，他们将一事无成。

B. 他有什么资格批评我？大家看看，他的能力连我的一半都不到。

C. 我的家庭条件不好，但不愿意被别人看不起，所以我借钱买了一部智能手机。

D. 这么重要的活动竟然没有邀请我参加，组织者的人品肯定有问题，不值得跟这样的人交往。

E. 我刚接手别人很多年没有做成的事情，我跟他们完全不在一个层次，相信很快就会将事情搞定。

49. 通常情况下，长期在寒冷环境中生活的居民可以有更强的抗寒能力。相比于我国的南方地区，我国北方地区冬天的平均气温要低很多。然而有趣的是，现在许多北方地区的居民并不具有我们所以为的抗寒能力，相当多的北方人到南方来过冬，竟然难以忍受南方的寒冷天气，怕冷程度甚至远超过当地人。

以下哪项如果为真，最能解释上述现象？

A. 一些北方人认为南方温暖，他们去南方过冬时往往对保暖工作做得不够充分。

B. 南方地区冬天虽然平均气温比北方高，但也存在极端低温的天气。

C. 北方地区在冬天通常启用供暖设备，其室内温度往往比南方高出许多。

D. 有些北方人是从南方迁过去的，他们还没有完全适应北方的气候。

E. 南方地区湿度较大，冬天感受到的寒冷程度超出气象意义上的温度指标。

50. 译制片配音，作为一种特有的艺术形式，曾在我国广受欢迎。然而时过境迁，现在许多人已不喜欢看配过音的外国影视剧。他们觉得还是听原汁原味的声音才感觉到位。有专家由此断言，配音已失去观众，必将退出历史舞台。

以下各项如果为真，则除哪项外都能支持上述专家的观点？

A. 很多上了年纪的国人仍习惯看配过音的外国影视剧，而在国内放映的外国大片有的仍然是配过音的。

B. 配音是一种艺术再创作，倾注了配音艺术家的心血，但有的人对此并不领情，反而觉得配音妨碍了他们对原剧的欣赏。

C. 许多中国人通晓外文，观赏外国原版影视剧并不存在语言困难；即使不懂外文，边看中文字幕边听原剧也不影响理解剧情。

D. 随着对外交流的加强，现在外国影视剧大量涌入国内，有的国人已经等不及慢条斯理、精工细作的配音了。

E. 现在有的外国影视剧配音难以模仿剧中演员的出色嗓音，有时也与剧情不符，对此观众并不接受。

51～52题基于以下题干：

六一节快到了。幼儿园老师为班上的小明、小雷、小刚、小芳、小花等5位小朋友准备了红、橙、黄、绿、青、蓝、紫等7份礼物。已知所有礼物都送了出去，每份礼物只能由一人获得，每人最多获得两份礼物。另外，礼物派送还需满足如下要求：

（1）如果小明收到橙色礼物，则小芳会收到蓝色礼物；

（2）如果小雷没有收到红色礼物，则小芳不会收到蓝色礼物；

（3）如果小刚没有收到黄色礼物，则小花不会收到紫色礼物；

（4）没有人既能收到黄色礼物，又能收到绿色礼物；

（5）小明只收到橙色礼物，而小花只收到紫色礼物。

51. 根据上述信息，以下哪项可能为真？

A. 小明和小芳都收到两份礼物。

B. 小雷和小刚都收到两份礼物。

C. 小刚和小花都收到两份礼物。

D. 小芳和小花都收到两份礼物。

E. 小明和小雷都收到两份礼物。

52. 根据上述信息，如果小刚收到两份礼物，则可以得出以下哪项？

A. 小雷收到红色和绿色两份礼物。

B. 小刚收到黄色和蓝色两份礼物。

C. 小芳收到绿色和蓝色两份礼物。

D. 小刚收到黄色和青色两份礼物。

E. 小芳收到青色和蓝色两份礼物。

53. 某民乐小组拟购买几种乐器，购买乐器如下：

（1）二胡、箫至多购买一种；

（2）笛子、二胡和古筝至少购买一种；

（3）箫、古筝、唢呐至少购买两种；

（4）如果购买箫，则不购买笛子。

根据以上要求，可以得出以下哪项？

A. 至多可以购买三种乐器。

B. 箫、笛子至少购买一种。

C. 至少要购买三种乐器。

D. 古筝、二胡至少购买一种。

E. 一定要购买唢呐。

54～55 基于以下题干：

某影城将在"十一"黄金周7天（周一至周日）放映14部电影，其中，有5部科幻片，3部警匪片、3部武侠片、2部战争片及1部爱情片。限于条件，影城每天放映两部电影。已知：

（1）除两部科幻片安排在周四外，其余6天每天放映的两部电影属于不同的类别；

（2）爱情片安排在周日。

（3）科幻片与武侠片没有安排在同一天。

（4）警匪片和战争片没有安排在同一天。

54. 根据上述信息，以下哪项中的两部电影不可能安排在同一天放映？

A. 警匪片和爱情片。

B. 科幻片和警匪片。

C. 武侠片和战争片。

D. 武侠片和警匪片。

E. 科幻片和战争片。

55. 根据上述信息，如果同类影片放映日期连续，则周六可以放映的电影是以下哪项？

A. 科幻片和警匪片。

B. 警匪片和武侠片。

C. 科幻片和战争片。

D. 科幻片和武侠片。

E. 警匪片和战争片。

2018年管理类联考逻辑真题

三、逻辑推理：第26～55小题，每小题2分，共60分。下列每题给出的A、B、C、D、E五个选项中，只有一项是符合试题要求的。请在答题卡上将所选项的字母涂黑。

26. 人民既是历史的创造者，也是历史的见证者；既是历史的"剧中人"，也是历史的"剧作者"。离开人民，文艺就会变成无根的浮萍、无病的呻吟、无魂的躯壳。观照人民的生活、命运、情感，表达人民的心愿、心情、心声，我们的作品才会在人民中传之久远。

根据以上陈述，可以得出以下哪项？

A. 只有不离开人民，文艺才不会变成无根的浮萍、无病的呻吟、无魂的躯壳。

B. 历史的创造者都不是历史的"剧中人"。

C. 历史的创造者都是历史的见证者。

D. 历史的"剧中人"都是历史的"剧作者"。

E. 我们的作品只要表达人民的心愿、心情、心声，就会在人民中传之久远。

27. 盛夏时节的某一天，某市早报刊载了由该市专业气象台提供的全国部分城市当天天气预报，择其内容列表如下：

天津	阴	上海	雷阵雨	昆明	小雨
呼和浩特	阵雨	哈尔滨	少云	乌鲁木齐	晴
西安	中雨	南昌	大雨	香港	多云
南京	雷阵雨	拉萨	阵雨	福州	阴

根据上述信息，以下哪项作出的论断最为准确？

A. 由于所列城市盛夏天气变化频繁，所以上面所列的9类天气一定就是所有的天气类型。

B. 由于所列城市并非我国的所有城市，所以上面所列的9类天气一定不是所有的天气类型。

C. 由于所列城市在同一天不一定展示所有的天气类型，所以上面所列的9类天气可能不是所有的天气类型。

D. 由于所列城市在同一天可能展示所有的天气类型，所以上面所列的9类天气一定是所有的天气类型。

E. 由于所列城市分处我国的东南西北中，所以上面所列的9类天气一定就是所有的天气类型。

28. 现在许多人很少在深夜11点以前安然入睡，他们未必都在熬夜用功，大多是在玩手机或看电视，其结果就是晚睡，第二天就会头晕脑涨、哈欠连天。不少人常常对此感到后悔，但一到晚上他们多半还会这么做。有专家就此指出，人们似乎从晚睡中得到了快乐，但这种快乐其实隐藏着某种烦恼。

以下哪项如果为真，最能支持上述专家的结论？

A. 晨昏交替，生活周而复始，安然入睡是对当天生活的满足和对明天生活的期待，而晚睡者只想活在当下，活出精彩。

B. 晚睡者具有积极的人生态度。他们认为，当天的事须当天完成，哪怕晚睡也在所不惜。

C. 大多数习惯晚睡的人白天无精打采，但一到深夜就感觉自己精力充沛，不做点有意义的事情就觉得十分可惜。

D. 晚睡其实是一种表面难以察觉的、对"正常生活"的抵抗，它提醒人们现在的"正常生活"存在着某种令人不满的问题。

E. 晚睡者内心并不愿意睡得晚，也不觉得手机或电视有趣，甚至都不记得玩过或看过什么，但他们总是要在睡觉前花较长时间磨蹭。

29. 分心驾驶是指驾驶人为满足自己的身体舒适、心情愉悦等需求而没有将注意力全部集中于驾驶过程的驾驶行为，常见的分心行为有抽烟、饮水、进食、聊天、刮胡子、使用手机、照顾小孩等。某专家指出，分心驾驶已成为我国道路交通事故的罪魁祸首。

以下哪项如果为真，最能支持上述专家的观点？

A. 一项统计研究表明，相对于酒驾、药驾、超速驾驶、疲劳驾驶等情形，我国由分心驾驶导致的交通事故占比最高。

B. 驾驶人正常驾驶时反应时间为0.3～1.0秒，使用手机时反应时间则延迟3倍左右。

C. 开车使用手机会导致驾驶人注意力下降20%；如果驾驶人边开车边发短信，则发生车祸的概率是其正常驾驶时的23倍。

D. 近来使用手机已成为我国驾驶人分心驾驶的主要表现形式，59%的人开车过程中看微信，31%的人玩自拍，36%的人刷微博、微信朋友圈。

E. 一项研究显示，在美国超过1/4的车祸是由驾驶人使用手机引起的。

30～31题基于以下题干：

某工厂有一员工宿舍住了甲、乙、丙、丁、戊、己、庚7人，每人每周需轮流值日一天，且每天仅安排一人值日。他们值日的安排还需满足以下条件：

（1）乙周二或周六值日；

（2）如果甲周一值日，那么丙周三值日且戊周五值日；

（3）如果甲周一不值日，那么己周四值日且庚周五值日；

（4）如果乙周二值日，那么己周六值日。

30. 根据以上条件，如果丙周日值日，则可以得出以下哪项？

A. 甲周日值日。　　　B. 乙周六值日。　　　C. 丁周二值日。

D. 戊周二值日。　　　E. 己周五值日。

31. 如果庚周四值日，那么以下哪项一定为假？

A. 甲周一值日。　　　B. 乙周六值日。　　　C. 丙周三值日。

D. 戊周日值日。　　　E. 己周二值日。

32. 唐代韩愈在《师说》中指出："孔子曰：三人行，则必有我师。是故弟子不必不如师，师不必贤于弟子，闻道有先后，术业有专攻，如是而已。"

根据上述韩愈的观点，可以得出以下哪项？

A. 有的弟子必然不如师。

B. 有的弟子可能不如师。

C. 有的师不可能贤于弟子。

D. 有的弟子可能不贤于师。

E. 有的师可能不贤于弟子。

33. "二十四节气"是我国在农耕社会生产生活的时间活动指南，反映了从春到冬一年四季的气温、降水、物候的周期性变化规律。已知各节气的名称具有如下特点：

（1）凡含"春""夏""秋""冬"字的节气各属春、夏、秋、冬季；

（2）凡含"雨""露""雪"字的节气各属春、秋、冬季；

（3）如果"清明"不在春季，则"霜降"不在秋季；

（4）如果"雨水"在春季，则"霜降"在秋季。

根据以上信息，如果从春至冬每季仅列两个节气，则以下哪项是不可能的？

A. 雨水、惊蛰、夏至、小暑、白露、霜降、大雪、冬至。

B. 惊蛰、春分、立夏、小满、白露、寒露、立冬、小雪。

C. 清明、谷雨、芒种、夏至、秋分、寒露、小雪、大寒。

D. 立春、清明、立夏、夏至、立秋、寒露、小雪、大寒。

E. 立春、谷雨、清明、夏至、处暑、白露、立冬、小雪。

34. 刀不磨要生锈，人不学要落后。所以，如果你不想落后，就应该多磨刀。

以下哪项与上述论证方式最为相似？

A. 妆未梳成不见客，不到火候不揭锅。所以，如果揭了锅，就应该是到了火候。

B. 兵在精而不在多，将在谋而不在勇。所以，如果想获胜，就应该兵精将勇。

C. 马无夜草不肥，人无横财不富。所以，如果你想富，就应该让马多吃夜草。

D. 金无足赤，人无完人。所以，如果你想做完人，就应该有真金。

E. 有志不在年高，无志空活百岁。所以，如果你不想空活百岁，就应该立志。

35. 某市已开通运营一、二、三、四号地铁线路，各条地铁线每一站运行加停靠所需时间均彼此相同。小张、小王、小李三人是同一单位的职工，单位附近有北口地铁站。某天早晨，3人同时都在常青站乘一号线上班，但3人关于乘车路线的想法不尽相同。已知：

（1）如果一号线拥挤，小张就坐2站后转三号线，再坐3站到北口站；如果一号线不拥挤，小张就坐3站后转二号线，再坐4站到北口站。

（2）只有一号线拥挤，小王才坐2站后转三号线，再坐3站到北口站。

（3）如果一号线不拥挤，小李就坐4站后转四号线，坐3站之后再转三号线，坐1站到达北口站。

（4）该天早晨地铁一号线不拥挤。

假定三人换乘及步行总时间相同，则以下哪项最可能与上述信息不一致？

A. 小王和小李同时到达单位。

B. 小张和小王同时到达单位。

C. 小王比小李先到达单位。

D. 小李比小张先到达单位。

E. 小张比小王先到达单位。

36. 最近一项调研发现，某国30岁至45岁人群中，去医院治疗冠心病、骨质疏松等病症的人越来越多，而原来患有这些病症的大多是老年人。调研者由此认为，该国年轻人中"老年病"发病率有不断增加的趋势。

以下哪项如果为真，最能质疑上述调研结论？

A. 由于国家医疗保障水平的提高，相比以往，该国民众更有条件关注自己的身体健康。

B. "老年人"的最低年龄比以前提高了，"老年病"的患者范围也有所变化。

C. 近年来，由于大量移民涌入，该国45岁以下年轻人的数量急剧增加。

D. 尽管冠心病、骨质疏松等病症是常见的"老年病"，老年人患的病未必都是"老年病"。

E. 近几十年来，该国人口老龄化严重，但健康老龄人口的比重在不断增大。

37. 张教授：利益并非只是物质利益，应该把信用、声誉、情感甚至某种喜好等都归到利益的范畴。根据这种对"利益"的广义理解，如果每一个体在不损害他人利益的前提下，尽可能满足其自身的利益需求，那么由这些个体组成的社会就是一个良善的社会。

根据张教授的观点，可以得出以下哪项？

A. 如果一个社会不是良善的，那么其中肯定存在个体损害他人利益或自身利益需求没有尽可能得到满足的情况。

B. 尽可能满足每一个体的利益需求，就会损害社会的整体利益。

C. 只有尽可能满足每一个体的利益需求，社会才可能是良善的。

D. 如果有些个体通过损害他人利益来满足自身的利益需求，那么社会就不是良善的。

E. 如果某些个体的利益需求没有尽可能得到满足，那么社会就不是良善的。

38. 某学期学校新开设4门课程："《诗经》鉴赏""老子研究""唐诗鉴赏""宋词选读"。李晓明、陈文静、赵珊珊和庄志达4人各选修了其中一门课程。已知：

（1）他们4人选修的课程各不相同；

（2）喜爱诗词的赵珊珊选修的是诗词类课程；

（3）李晓明选修的不是"《诗经》鉴赏"就是"唐诗鉴赏"。

以下哪项如果为真，就能确定赵珊珊选修的是"宋词选读"？

A. 庄志达选修的不是"宋词选读"。

B. 庄志达选修的是"老子研究"。

C. 庄志达选修的不是"老子研究"。

D. 庄志达选修的是"《诗经》鉴赏"。

E. 庄志达选修的不是"《诗经》鉴赏"。

39. 我国中原地区如果降水量比往年偏低，该地区河流水位会下降，流速会减缓。这有利于河流中的水草生长，河流中的水草总量通常也会随之增加。不过，去年该地区在经历了一次极端干旱之后，尽管该地区某河流的流速十分缓慢，但其中的水草总量并未随之而增加，只是处于一个很低的水平。

以下哪项如果为真，最能解释上述看似矛盾的现象？

A. 经过极端干旱之后，该河流中以水草为食物的水生动物数量大量减少。

B. 我国中原地区多平原，海拔差异小，其地表河水流速比较缓慢。

C. 该河流在经历了去年极端干旱之后干涸了一段时间，导致大量水生物死亡。

D. 河水流速越慢，其水温变化就越小，这有利于水草的生长和繁殖。

E. 如果河中水草数量达到一定的程度，就会对周边其他物种的生存产生危害。

40～41题基于以下题干：

某海军部队有甲、乙、丙、丁、戊、己、庚7艘舰艇，拟组成两个编队出航，第一编队编列3艘舰艇，第二编队编列4艘舰艇。编列需满足以下条件：

（1）航母己必须编列在第二编队；

（2）戊和丙至多有一艘编列在第一编队；

（3）甲和丙不在同一编队；

（4）如果乙编列在第一编队，则丁也必须编列在第一编队。

40. 如果甲在第二编队，则下列哪项中的舰艇一定也在第二编队？

A. 乙。

B. 丙。

C. 丁。

D. 戊。

E. 庚。

41. 如果丁和庚在同一编队，则可以得出以下哪项？

A. 甲在第一编队。

B. 乙在第一编队。

C. 丙在第一编队。

D. 戊在第二编队。

E. 庚在第二编队。

42. 甲：读书最重要的目的是增长见识、开拓视野。

　　乙：你只见其一，不见其二。读书最重要的是陶冶性情、提升境界。没有陶冶性情、提升境界，就不能达到读书的真正目的。

以下哪项与上述反驳方式最为相似？

A. 甲：文学创作最重要的是阅读优秀文学作品。

　　乙：你只见现象，不见本质。文学创作最重要的是要观察生活、体验生活。任何优秀的文学作品都来源于火热的社会生活。

B. 甲：做人最重要的是要讲信用。

　　乙：你说得不全面，做人最重要的是要遵纪守法。如果不遵纪守法，就没法讲信用。

C. 甲：作为一部优秀的电视剧，最重要的是得到广大观众的喜爱。

　　乙：你只见其表，不见其里。作为一部优秀的电视剧最重要的是具有深刻寓意与艺术魅力。没有深刻寓意与艺术魅力，就不能成为优秀的电视剧。

D. 甲：科学研究最重要的是研究内容的创新。

　　乙：你只见内容，不见方法。科学研究最重要的是研究方法的创新。只有实现研究方法的创新，才能真正实现研究内容的创新。

E. 甲：一年中最重要的季节是收获的秋天。

　　乙：你只看结果，不问原因。一年中最重要的季节是播种的春天。没有春天的播种，哪来秋天的收获？

43. 若要人不知，除非己莫为；若要人不闻，除非己莫言。为之而欲人不知，言之而欲人不闻，此犹捕雀而掩目，盗钟而掩耳者。

根据以上信息，可以得出以下哪项？

A. 若己不言，则人不闻。

B. 若己为，则人会知；若己言，则人会闻。

C. 若能做到盗钟而掩耳，则可言之而人不闻。

D. 若己不为，则人不知。

E. 若能做到捕雀而掩目，则可为之而人不知。

44. 中国是全球最大的卷烟生产国和消费国，但近年来政府通过出台禁烟令、提高卷烟消费税等一系列公共政策努力改变这一形象。一项权威调查数据显示，在2014年同比上升2.4%之后，中国卷烟消费量在2015年同比下降了2.4%，这是1995年来首次下降。尽管如此，2015年中国卷烟消费量仍占全球的45%，但这一下降对全球卷烟总消费量产生巨大影响，使其同比下降了2.1%。

根据以上信息，可以得出以下哪项？

A. 2015年发达国家卷烟消费量同比下降比率高于发展中国家。

B. 2015年世界其他国家卷烟消费量同比下降比率低于中国。

C. 2015年世界其他国家卷烟消费量同比下降比率高于中国。

D. 2015年中国卷烟消费量大于2013年。

E. 2015年中国卷烟消费量恰好等于2013年。

45. 某校图书馆新购一批文科图书。为方便读者查阅，管理人员对这批图书在文科新书阅览室中的摆放位置作出如下提示：

（1）前3排书橱均放有哲学类新书；

（2）法学类新书都放在第5排书橱，这排书橱的左侧也放有经济类新书；

（3）管理类新书放在最后一排书橱。

事实上，所有的图书都按照上述提示放置。根据提示，徐莉顺利找到了她想查阅的新书。

根据上述信息，以下哪项是不可能的？

A. 徐莉在第2排书橱中找到哲学类新书。

B. 徐莉在第3排书橱中找到经济类新书。

C. 徐莉在第4排书橱中找到哲学类新书。

D. 徐莉在第6排书橱中找到法学类新书。

E. 徐莉在第7排书橱中找到管理类新书。

46. 某次学术会议的主办方发出会议通知：只有论文通过审核才能收到会议主办方发出的邀请函，本次学术会议只欢迎持有主办方邀请函的科研院所的学者参加。

根据以上通知，可以得出以下哪项？

A. 本次学术会议不欢迎论文没有通过审核的学者参加。

B. 论文通过审核的学者都可以参加本次学术会议。

C. 论文通过审核并持有主办方邀请函的学者，本次学术会议都欢迎其参加。

D. 有些论文通过审核但未持有主办方邀请函的学者，本次学术会议欢迎其参加。

E. 论文通过审核的学者有些不能参加本次学术会议。

47～48题基于以下题干：

一江南园林拟建松、竹、梅、兰、菊5个园子。该园林拟设东、南、北3个门，分别位于其中3个园子。这5个园子的布局满足如下条件：

（1）如果东门位于松园或菊园，那么南门不位于竹园；

（2）如果南门不位于竹园，那么北门不位于兰园；

（3）如果菊园在园林的中心，那么它与兰园不相邻；

（4）兰园与菊园相邻，中间连着一座美丽的廊桥。

47. 根据以上信息，可以得出以下哪项？

A. 兰园不在园林的中心。

B. 菊园不在园林的中心。

C. 兰园在园林的中心。

D. 菊园在园林的中心。

E. 梅园不在园林的中心。

48. 如果北门位于兰园，则可以得出以下哪项？

A. 南门位于菊园。

B. 东门位于竹园。

C. 东门位于梅园。

D. 东门位于松园。

E. 南门位于梅园。

49. 有研究发现，冬季在公路上撒盐除冰，会让本来要成为雌性的青蛙变成雄性，这是因为这些路盐中的钠元素会影响青蛙的受体细胞并改变原可能成为雌性青蛙的性别。有专家据此认为，这会导致相关区域青蛙数量的下降。

以下哪项如果为真，最能支持上述专家的观点？

A. 大量的路盐流入池塘可能会给其他水生物造成危害，破坏青蛙的食物链。

B. 如果一个物种以雄性为主，该物种的个体数量就可能受到影响。

C. 在多个盐含量不同的水池中饲养青蛙，随着水池中盐含量的增加，雌性青蛙的数量不断减少。

D. 如果每年冬季在公路上撒很多盐，盐水流入池塘，就会影响青蛙的生长发育过程。

E. 雌雄比例会影响一个动物种群的规模，雌性数量的充足对物种的繁衍生息至关重要。

50. 最终审定的项目或者意义重大或者关注度高，凡意义重大的项目均涉及民生问题，但是有些最终审定的项目并不涉及民生问题。

根据以上陈述，可以得出以下哪项？

A. 意义重大的项目比较容易引起关注。

B. 有些项目意义重大但是关注度不高。

C. 涉及民生问题的项目有些没有引起关注。

D. 有些项目尽管关注度高但并非意义重大。

E. 有些不涉及民生问题的项目意义也非常重大。

51. 甲：知难行易，知然后行。

乙：不对。知易行难，行然后知。

以下哪项与上述对话方式最为相似？

A. 甲：知人者智，自知者明。

乙：不对。知人不易，知己更难。

B. 甲：不破不立，先破后立。

乙：不对。不立不破，先立后破。

C. 甲：想想容易做起来难，做比想更重要。
   乙：不对。想到就能做到，想比做更重要。

D. 甲：批评他人易，批评自己难；先批评他人后批评自己。
   乙：不对。批评自己易，批评他人难；先批评自己后批评他人。

E. 甲：做人难做事易，先做人再做事。
   乙：不对。做人易做事难，先做事再做人。

52. 所有值得拥有专利的产品或设计方案都是创新，但并不是每一项创新都值得拥有专利；所有的模仿都不是创新，但并非每一个模仿者都应该受到惩罚。

根据以上陈述，以下哪项是不可能的？

A. 有些创新者可能受到惩罚。

B. 有些值得拥有专利的创新产品并没有申请专利。

C. 有些值得拥有专利的产品是模仿。

D. 没有模仿值得拥有专利。

E. 所有的模仿者都受到了惩罚。

53. 某国拟在甲、乙、丙、丁、戊、己6种农作物中进口几种，用于该国庞大的动物饲料产业。考虑到一些农作物可能会有违禁成分，以及它们之间存在的互补或可替代因素，该国对进口这些农作物有如下要求：

（1）它们当中不含违禁成分的都进口；

（2）如果甲或乙含有违禁成分，就进口戊和己；

（3）如果丙含有违禁成分，那么丁就不进口了；

（4）如果进口戊，就进口乙和丁；

（5）如果不进口丁，就进口丙；如果进口丙，就不进口丁。

根据上述要求，以下哪项所列的农作物是该国可以进口的？

A. 甲、乙、丙。

B. 乙、丙、丁。

C. 甲、戊、己。

D. 甲、丁、己。

E. 丙、戊、己。

54～55题基于以下题干：

某校四位女生施琳、张芳、王玉、杨虹与四位男生范勇、吕伟、赵虎、李龙进行中国象棋比赛。他们被安排在四张桌上，每桌一男一女对弈，四张桌从左到右分别记为1、2、3、4号，每对选手需要进行四局比赛。比赛规定：选手每胜一局得2分，和一局得1分，负一局得0分。前三局结束时，按分差大小排列，四对选手的总积分分别是6：0、5：1、4：2、3：3。已知：

（1）张芳跟吕伟对弈，杨虹在4号桌比赛，王玉的比赛桌在李龙比赛桌的右边；

（2）1号桌的比赛至少有一局是和局，4号桌双方的总积分不是4∶2；

（3）赵虎前三局总积分并不领先他的对手，他们也没有下成过和局；

（4）李龙已连输三局，范勇在前三局总积分上领先他的对手。

54. 根据上述信息，前三局比赛结束时谁的总积分最高？

  A. 杨虹。   B. 施琳。   C. 范勇。

  D. 王玉。   E. 张芳。

55. 如果下列有位选手前三局均与对手下成和局，那么他（她）是谁？

  A. 施琳。   B. 杨虹。   C. 张芳。

  D. 范勇。   E. 王玉。

2019 年管理类联考逻辑真题

三、逻辑推理：第 26～55 小题，每小题 2 分，共 60 分。下列每题给出的 A、B、C、D、E 五个选项中，只有一项是符合试题要求的。请在答题卡上将所选项的字母涂黑。

26. 新常态下，消费需求发生深刻变化，消费拉开档次，个性化、多样化消费渐成主流。在相当一部分消费者那里，对产品质量的追求压倒了对价格的考虑。供给侧结构性改革，说到底是满足需求。低质量的产能必然会过剩，而顺应市场需求不断更新换代的产能不会过剩。

根据以上陈述，可以得出以下哪项？

A. 只有质优价高的产品才能满足需求。

B. 顺应市场需求不断更新换代的产能不是低质量的产能。

C. 低质量的产能不能满足个性化需求。

D. 只有不断更新换代的产品才能满足个性化、多样化消费的需求。

E. 新常态下，必须进行供给侧结构性改革。

27. 据碳 14 检测，卡皮瓦拉山岩画的创作时间最早可追溯到 3 万年前。在文字尚未出现的时代，岩画是人类沟通交流、传递信息、记录日常生活的主要方式。于是今天的我们可以在这些岩画中看到：一位母亲将孩子举起嬉戏，一家人在仰望并试图碰触头上的星空……动物是岩画的另一个主角，比如巨型犰狳、马鹿、螃蟹等。在许多画面中，人们手持长矛，追逐着前方的猎物。由此可以推断，此时的人类已经居于食物链的顶端。

以下哪项如果为真，最能支持上述推断？

A. 岩画中出现的动物一般是当时人类捕猎的对象。

B. 3 万年前，人类需要避免自己被虎豹等大型食肉动物猎杀。

C. 能够使用工具使得人类可以猎杀其他动物，而不是相反。

D. 有了岩画，人类可以将生活经验保留下来供后代学习，这极大地提高了人类的生存能力。

E. 对星空的敬畏是人类脱离动物、产生宗教的动因之一。

28. 李诗、王悦、杜舒、刘默是唐诗宋词的爱好者，在唐朝诗人李白、杜甫、王维、刘禹锡中 4 人各喜爱其中一位，且每人喜爱的唐诗作者不与自己同姓。关于他们 4 人，已知：

（1）如果爱好王维的诗，那么也爱好辛弃疾的词；

（2）如果爱好刘禹锡的诗，那么也爱好岳飞的词；

（3）如果爱好杜甫的诗，那么也爱好苏轼的词。

如果李诗不爱好苏轼和辛弃疾的词，则可以得出以下哪项？

A. 杜舒爱好辛弃疾的词。

B. 王悦爱好苏轼的词。

C. 刘默爱好苏轼的词。

D. 李诗爱好岳飞的词。

E. 杜舒爱好岳飞的词。

29. 人们一直在争论猫与狗谁更聪明。最近，有些科学家不仅研究了动物脑容量的大小，还研究了大脑皮层神经细胞的数量，发现猫平常似乎总摆出一副智力占优的神态，但猫的大脑皮层神经细胞的数量只有普通金毛犬的一半。由此，他们得出结论：狗比猫更聪明。

以下哪项最可能是上述科学家得出结论的假设？

A. 狗善于与人类合作，可以充当导盲犬、陪护犬、搜救犬、警犬等，就对人类的贡献而言，狗能做的似乎比猫多。

B. 狗可能继承了狼结群捕猎的特点，为了互相配合，它们需要做出一些复杂行为。

C. 动物大脑皮层神经细胞的数量与动物的聪明程度呈正相关。

D. 猫的脑神经细胞数量比狗少，是因为猫不像狗那样"爱交际"。

E. 棕熊的脑容量是金毛犬的3倍，但其脑神经细胞的数量却少于金毛犬，与猫很接近，而棕熊的脑容量却是猫的10倍。

30～31题基于以下题干：

某单位拟派遣3名德才兼备的干部到西部山区进行精准扶贫。报名者踊跃，经过考察，最终确定了陈甲、傅乙、赵丙、邓丁、刘戊、张己6名候选人。根据工作需要，派遣还需要满足以下条件：

（1）若派遣陈甲，则派遣邓丁但不派遣张己；

（2）若傅乙、赵丙至少派遣1人，则不派遣刘戊。

30. 以下哪项的派遣人选和上述条件不矛盾？

A. 赵丙、邓丁、刘戊。

B. 陈甲、傅乙、赵丙。

C. 傅乙、邓丁、刘戊。

D. 邓丁、刘戊、张己。

E. 陈甲、赵丙、刘戊。

31. 如果陈甲、刘戊至少派遣1人，则可以得出以下哪项？

A. 派遣刘戊。　　B. 派遣赵丙。　　C. 派遣陈甲。

D. 派遣傅乙。　　E. 派遣邓丁。

32. 近年来，手机、电脑的使用导致工作与生活界限日益模糊，人们的平均睡眠时间一直在减少，熬夜已成为现代人生活的常态。科学研究表明，熬夜有损身体健康，睡眠不足不仅仅是多打几个哈欠那么简单。有科学家据此建议，人们应该遵守作息规律。

以下哪项如果为真，最能支持上述科学家所作的建议？

A. 长期睡眠不足会导致高血压、糖尿病、肥胖症、抑郁症等多种疾病，严重时还会造成意外伤害或死亡。

B. 缺乏睡眠会降低体内脂肪调解瘦素激素的水平，同时增加饥饿激素，容易导致暴饮暴食、体重增加。

C. 熬夜会让人的反应变慢、认知退步、思维能力下降，还会引发情绪失控，影响与他人的交流。

D. 所有的生命形式都需要休息与睡眠。在人类进化过程中，睡眠这个让人短暂失去自我意识、变得极其脆弱的过程并未被大自然淘汰。

E. 睡眠是身体的自然美容师，与那些睡眠充足的人相比，睡眠不足的人看上去面容憔悴，缺乏魅力。

33. 有一论证（相关语句用序号表示）如下：

①今天，我们仍然要提倡勤俭节约。②节约可以增加社会保障资源。③我国尚有不少地区的人民生活贫困，亟需更多社会保障资源，但也有一些人浪费严重。④节约可以减少资源消耗。⑤因为被浪费的任何粮食或者物品都是消耗一定的资源得来的。

如果用"甲→乙"表示甲支持（或证明）乙，则以下哪项对上述论证基本结构的表示最为准确？

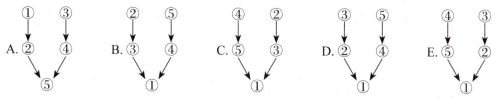

34. 研究人员使用脑电图技术研究了母亲给婴儿唱童谣时两人的大脑活动，发现当母亲与婴儿对视时，双方的脑电波趋于同步，此时婴儿也会发出更多的声音尝试与母亲沟通。他们据此以为，母亲与婴儿对视有助于婴儿的学习和交流。

以下哪项如果为真，最能支持上述研究人员的观点？

A. 在两个成年人交流时，如果他们的脑电波同步，交流就会更流畅。

B. 当父母与孩子互动时，双方的情绪与心率可能也会同步。

C. 当部分学生对某学科感兴趣时，他们的脑电波会渐趋同步，学习效果也随之提升。

D. 当母亲和婴儿对视时，他们都在发出信号，表明自己可以且愿意与对方交流。

E. 脑电波趋于同步可优化双方对话状态，使交流更加默契，增进彼此了解。

35. 本保险柜所有密码都是4个阿拉伯数字和4个英文字母的组合。已知：

（1）若4个英文字母不连续排列，则密码组合中的数字之和大于15；

（2）若4个英文字母连续排列，则密码组合中的数字之和等于15；

（3）密码组合中的数字之和或者等于18，或者小于15。

根据上述信息，以下哪项是可能的密码组合？

A. 1adbe356。 B. 37ab26dc。 C. 2acgf716。

D. 58bcde32。 E. 18ac42de。

36. 有一6×6的方阵，它所含的每个小方格中可填入一个汉字，已有部分汉字填入。现要求该方阵中的每行每列均含有礼、乐、射、御、书、数6个汉字，不能重复也不能遗漏。

根据上述要求，以下哪项是方阵底行5个空格中从左至右依次应填入的汉字？

	乐		御	书	
			乐		
射	御	书		礼	
	射			数	礼
御		数			射
					书

A. 数、礼、乐、射、御。
B. 乐、数、御、射、礼。
C. 数、礼、乐、御、射。
D. 乐、礼、射、数、御。
E. 数、御、乐、射、礼。

37. 某市音乐节设立了流行、民谣、摇滚、民族、电音、说唱、爵士这7大类的奖项评选。在入围提名中，已知：

（1）至少有6类入围；

（2）流行、民谣、摇滚中至多有2类入围；

（3）如果摇滚和民族类都入围，则电音和说唱中至少有一类没有入围。

根据上述信息，可以得出以下哪项？

A. 流行类没有入围。

B. 民谣类没有入围。

C. 摇滚类没有入围。

D. 爵士类没有入围。

E. 电音类没有入围。

38. 某大学有位女教师默默资助一偏远山区的贫困家庭长达15年。记者多方打听，发现做好事者是该大学传媒学院甲、乙、丙、丁、戊5位教师中的一位。在接受采访时，5位老师都很谦虚，他们是这么对记者说的：

甲：这件事是乙做的。

乙：我没有做，是丙做了这件事。

丙：我并没有做这件事。

丁：我也没有做这件事，是甲做的。

戊：如果甲没有做，则丁也不会做。

记者后来得知，上述5位老师中只有一人说的话符合真实情况。

根据以上信息，可以得出做这件好事的人是？

A. 甲。　　　B. 乙。　　　C. 丙。　　　D. 丁。　　　E. 戊。

39. 作为一名环保爱好者，赵博士提倡低碳生活，积极宣传节能减排。但我不赞同他的做法，因为作为一名大学老师，他这样做，占用了大量的科研时间，到现在连副教授都没评上，他的观点怎么能令人信服呢？

以下哪项论证中的错误和上述最为相似？

A. 张某提出要同工同酬，主张在质量相同的情况下，不分年龄、级别一律按件计酬。她这样说不就是因为她年轻，级别低吗？其实她是在为自己谋利益。

B. 公司的绩效奖励制度是为了充分调动广大员工的积极性，它对所有员工都是公平的。如果有人对此有不同意见，则说明他反对公平。

C. 最近听说你对单位的管理制度提了不少意见，这真令人难以置信！单位领导对你差吗？你这样做，分明是和单位领导过不去。

D. 单位任命李某担任信息科科长，听说你对此有意见。大家都没有提意见，只有你一个人有意见，看来你的意见是有问题的。

E. 有一种观点认为，只有直接看到的事物才能确信其存在。但是没有人可以看到质子、电子，而这些都被科学证明是客观存在的。所以，该观点是错误的。

40. 下面6张卡片，一面印的是汉字（动物或者花卉），一面印的是数字（奇数或者偶数）。

对于上述6张卡片，如果要验证"每张至少有一面印的是偶数或者花卉"，至少需要翻看几张卡片？

A. 2。　　　B. 3。　　　C. 4。　　　D. 5。　　　E. 6。

41. 某地人才市场招聘保洁、物业、网管、销售等4种岗位的从业者，有甲、乙、丙、丁4位年轻人前来应聘。事后得知，每人只能选择1种岗位应聘，且每种岗位都有其中一人应聘。另外，还知道：

（1）如果丁应聘网管，那么甲应聘物业；

（2）如果乙不应聘保洁，那么甲应聘保洁且丙应聘销售；

（3）如果乙应聘保洁，那么丙应聘销售，丁也应聘保洁。

根据以上陈述，可以得出以下哪项？

A. 甲应聘网管岗位。

B. 丙应聘保洁岗位。

C. 甲应聘物业岗位。

D. 乙应聘网管岗位。

E. 丁应聘销售岗位。

42. 旅游是一种独特的文化体验。游客可以跟团游，也可以自由行。自由行游客虽避免了跟团游的集体束缚，但也放弃了人工导游的全程讲解，而近年来他们了解旅游景点的文化需求却有增无减。为适应这一市场需求，基于手机平台的多款智能导游APP被开发出来。它们可定位用户位置，自动提供景点讲解、游览问答等功能。有专家就此指出，未来智能导游必然会取代人工导游，传统的导游职业行将消亡。

以下哪项如果为真，最能质疑上述专家的论断？

A. 至少有95%的国外景点所配备的导游讲解器没有中文语音，中国出境游客因为语言和文化上的差异，对智能导游APP的需求比较强烈。

B. 旅行中才会使用的智能导游APP，如何保持用户黏性、未来又如何取得商业价值等都是待解问题。

C. 好的人工导游可以根据游客需求进行不同类型的讲解，不仅关注景点，还可表达观点，个性化很强，这是智能导游APP难以企及的。

D. 目前发展较好的智能导游APP用户量在百万级左右，这与当前中国旅游人数总量相比还只是一个很小的比例，市场还没有培养出用户的普遍消费习惯。

E. 国内景区配备的人工导游需要收费，大部分导游讲解的内容都是事先背好的标准化内容。但是，即便人工导游没有特色，其退出市场也需要一定的时间。

43. 甲：上周去医院，给我看病的医生竟然还在抽烟。

乙：所有抽烟的医生都不关心自己的健康，而不关心自己健康的人也不会关心他人的健康。

甲：是的，不关心他人健康的医生没有医德。我今后再也不会让没有医德的医生给我看病了。

根据上述信息，以下除了哪项，其余各项均可得出？

A. 甲认为他不会再找抽烟的医生看病。

B. 乙认为上周给甲看病的医生不会关心乙的健康。

C. 甲认为上周给他看病的医生不关心医生自己的健康。

D. 甲认为上周给他看病的医生不会关心甲的健康。

E. 乙认为上周给甲看病的医生没有医德。

44. 得道者多助，失道者寡助。寡助之至，亲戚畔之；多助之至，天下顺之。以天下之所顺，攻亲戚之所畔，故君子有不战，战必胜矣。

以下哪项是上述论证所隐含的前提？

A. 得道者多，则天下太平。

B. 君子是得道者。

C. 得道者必胜失道者。

D. 失道者必定得不到帮助。

E. 失道者亲戚畔之。

45. 如今,孩子写作业不仅仅是他们自己的事,大多数中小学生的家长都要面临陪孩子写作业的任务,包括给孩子听写、检查作业、签字等。据一项针对3 000余名家长进行的调查显示,84%的家长每天都会陪孩子写作业,而67%的受访家长会因陪孩子写作业而烦恼。有专家对此指出,家长陪孩子写作业,相当于充当学校老师的助理,让家庭成为课堂的延伸,会对孩子的成长产生不利影响。

以下哪项如果为真,最能支持上述专家的论断?

A. 家长是最好的老师,家长辅导孩子获得各种知识本来就是家庭教育的应有之义,对于中低年级的孩子,学习过程中的父母陪伴尤为重要。

B. 家长通常有自己的本职工作,有的晚上要加班,有的即使晚上回家也需要研究工作、操持家务,一般难有精力认真完成学校老师布置的"家长作业"。

C. 家长陪孩子写作业,会使得孩子在学习中缺乏独立性和主动性,整天处于老师和家长的双重压力下,既难生发学习兴趣,更难养成独立人格。

D. 大多数家长在孩子教育上并不是行家,他们或者早已遗忘了自己曾经学习过的知识,或者根本不知道如何将自己拥有的知识传授给孩子。

E. 家长辅导孩子,不应围绕老师布置的作业,而应着重激发孩子的学习兴趣,培养孩子良好的学习习惯,让孩子在成长中感到新奇、快乐。

46. 我国天山是垂直地带性的典范,已知天山的植被形态分布具有如下特点:

(1)从低到高有荒漠、森林带、冰雪带等;

(2)只有经过山地草原,荒漠才能演变成森林带;

(3)如果不经过森林带,山地草原就不会过渡到山地草甸;

(4)山地草甸的海拔不比山地草甸草原的低,也不比高寒草甸高。

根据以上信息,关于天山植被形态,按照由低到高排列,以下哪项是不可能的?

A. 荒漠、山地草原、山地草甸草原、森林带、山地草甸、高寒草甸、冰雪带。

B. 荒漠、山地草原、山地草甸草原、高寒草甸、森林带、山地草甸、冰雪带。

C. 荒漠、山地草甸草原、山地草原、森林带、山地草甸、高寒草甸、冰雪带。

D. 荒漠、山地草原、山地草甸草原、森林带、山地草甸、冰雪带、高寒草甸。

E. 荒漠、山地草原、森林带、山地草甸草原、山地草甸、高寒草甸、冰雪带。

47. 某大学读书会开展"一月一书"活动。读书会成员甲、乙、丙、丁、戊5人在《论语》《史记》《唐诗三百首》《奥德赛》《资本论》中各选一种阅读,互不重复。已知:

(1)甲爱读历史,会在《史记》和《奥德赛》中选一本;

(2)乙和丁只爱中国古代经典,但现在都没有读诗的心情;

(3)如果乙选《论语》,则戊选《史记》。

事实上，每个人读选了自己喜爱的书目。

根据以上信息，可以得出哪项？

A. 甲选《史记》。

B. 乙选《奥德赛》。

C. 丙选《唐诗三百首》。

D. 丁选《论语》。

E. 戊选《资本论》。

48. 如果一个人只为自己劳动，他也许能成为著名学者、大哲人、卓越诗人，然而他永远不能成为完美无瑕的伟大人物。如果我们选择了最能为人类福利而劳动的职位，那么，重担就不能把我们压倒，因为这是为大家而献身；那时我们所感到的就不是可怜的、有限的、自私的乐趣，我们的幸福将属于千百万人，我们的事业将默默地、但是永恒发挥作用地存在下去，而面对我们的骨灰，高尚的人们将洒下热泪。

根据以上陈述，可以得出以下哪项？

A. 如果一个人只为自己劳动，不是为大家而献身，那么重担就能将他压倒。

B. 如果我们为大家而献身，我们的幸福将属于千百万人，面对我们的骨灰，高尚的人们将洒下热泪。

C. 如果我们没有选择最能为人类福利而劳动的职业，我们所感到的就是可怜的、有限的、自私的乐趣。

D. 如果选择了最能为人类福利而劳动的职业，我们就不但能够成为著名学者、大哲人、卓越诗人，而且还能够成为完美无瑕的伟大人物。

E. 如果我们只为自己劳动，我们的事业就不会默默地、但是永恒发挥作用地存在下去。

49～50题基于以下题干：

某食堂采购4类（各种蔬菜名称的后一个字相同，即为一类）共12种蔬菜：芹菜、菠菜、韭菜、青椒、红椒、黄椒、黄瓜、冬瓜、丝瓜、扁豆、毛豆、豇豆，并根据若干条件将其分成3组，准备在早、中、晚三餐中分别使用。已知条件如下：

（1）同一类别的蔬菜不在一组；

（2）芹菜不能在黄椒那一组，冬瓜不能在扁豆那一组；

（3）毛豆必须与红椒或者韭菜同一组；

（4）黄椒必须与豇豆同一组。

49. 根据以上信息，可以得出以下哪项？

A. 芹菜与豇豆不在同一组。

B. 芹菜与毛豆不在同一组。

C. 菠菜与扁豆不在同一组。

D. 冬瓜与青椒不在同一组。

E. 丝瓜与韭菜不在同一组。

50. 如果韭菜、青椒与黄瓜在同一组，则可以得出以下哪项？

A. 芹菜、红椒与扁豆在同一组。

B. 菠菜、黄椒与豇豆在同一组。

C. 韭菜、黄瓜与毛豆在同一组。

D. 菠菜、冬瓜与豇豆在同一组。

E. 芹菜、红椒与丝瓜在同一组。

51. 《淮南子·齐俗训》中有曰："今屠牛而烹其肉，或以为酸，或以为甘，煎熬燎炙，齐味万方，其本一牛之体。"其中的"熬"便是熬牛肉制汤的意思。这是考证牛肉汤做法的最早的文献资料，某民俗专家由此推测，牛肉汤的起源不会晚于春秋战国时期。

以下哪项如果为真，最能支持上述推测？

A. 《淮南子·齐俗训》完成于西汉时期。

B. 早在春秋战国时期，我国已经开始使用耕牛。

C. 《淮南子》的作者中有来自齐国故地的人。

D. 春秋战国时期我国已经有熬汤的鼎器。

E. 《淮南子·齐俗训》记述的是春秋战国时期齐国的风俗习惯。

52. 某研究机构以约 2 万名 65 岁以上的老人为对象，调查了笑的频率与健康状态的关系。结果显示，在不苟言笑的老人中，认为自身现在的健康状态"不怎么好"和"不好"的比例分别是几乎每天都笑的老人的 1.5 倍和 1.8 倍。爱笑的老人对自我健康状态的评价往往较高。他们由此认为，爱笑的老人更健康。

以下哪项如果为真，最能质疑上述调查者的观点？

A. 病痛的折磨使得部分老人对自我健康状态的评价不高。

B. 老年人的自我健康评价往往和他们实际的健康状况之间存在一定的差距。

C. 身体健康的老年人中，女性爱笑的比例比男性高 10 个百分点。

D. 良好的家庭氛围使得老年人生活更乐观，身体更健康。

E. 乐观的老年人比悲观的老年人更长寿。

53. 阔叶树的降尘优势明显，吸附 PM2.5 的效果最好，一棵阔叶树一年的平均滞尘量达 3.16 公斤。针叶树叶面积小，吸附 PM2.5 的功能较弱。全年平均下来，阔叶林的吸尘效果要比针叶林强不少。阔叶树也比灌木和草的吸尘效果好得多。以北京常见的阔叶树国槐为例，成片的国槐林吸尘效果比同等面积的普通草地约高 30%。有些人据此认为，为了降尘，北京应大力推广阔叶林，并尽量减少针叶林面积。

以下哪项如果为真，最能削弱上述有关人员的观点？

A. 阔叶树与针叶树比例失调，不仅极易暴发病虫害、火灾等，还会影响林木的生长和健康。

B. 针叶树冬天虽然不落叶，但基本处于"休眠"状态，生物活性差。

C. 植树造林既要治理 PM2.5，也要治理其他污染物，需要合理布局。

D. 阔叶树冬天落叶，在寒冷的冬季，其养护成本远高于针叶树。

E. 建造通风走廊，能把城市和郊区的森林连接起来，让清新的空气吹入，降低城区的 PM2.5。

54～55 基于以下题干：

某园艺公司打算在如下形状的花圃中栽种玫瑰、兰花、菊花三个品种的花卉，该花圃的形状如下图所示：

拟栽种的玫瑰有紫、红、白 3 种颜色，兰花有红、白、黄 3 种颜色，菊花有白、黄、蓝 3 种颜色，栽种需满足如下要求：

（1）每个六边形格子中仅栽种一个品种、一个颜色的花；

（2）每个品种只栽种两种颜色的花；

（3）相邻格子的花，其品种与颜色均不相同。

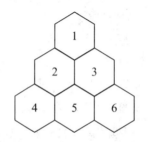

54. 若格子 5 中是红色的花，则以下哪项是不可能的？

A. 格子 1 中是白色的兰花。

B. 格子 4 中是白色的兰花。

C. 格子 6 中是蓝色的菊花。

D. 格子 2 中是紫色的玫瑰。

E. 格子 1 中是白色的菊花。

55. 若格子 5 中是红色的玫瑰，且格子 3 中是黄色的花，则可以得出以下哪项？

A. 格子 4 中是白色的菊花。

B. 格子 2 中是白色的菊花。

C. 格子 6 中是蓝色的菊花。

D. 格子 4 中是白色的兰花。

E. 格子 1 中是紫色的玫瑰。

2011 年管理类联考逻辑真题答案解析

26.【答案】 D

【考点】 解释

【解析】 本题需要解释普歇和巴斯德实验所得到的不同结果。解题关键在于看清不同的现象是什么，然后根据题干信息比较这两个不同的现象。巴斯德的实验：在山顶上，20 个装了培养液的瓶子，只有 1 个长出了微生物；普歇的实验：另用干草浸液做材料重复了巴斯德的实验，却得出不同的结果，即使在海拔很高的地方，所有装了培养液的瓶子都很快长出了微生物。不同之处：培养液与甘草浸液不同；结果不同，1 个瓶子与所有的瓶子。根据对比，其他情况相同，只有培养液与甘草浸液不同，所以，如果 D 项真，则说明甘草浸液会繁殖细菌，最能解释这两个不同的现象。

27.【答案】 B

【考点】 性质命题推出结论

【解析】 先分析已知条件，确定其逻辑考点。已知：条件（1）张教授的所有初中同学都不是博士；条件（2）通过张教授而认识其哲学研究所同事的都是博士。把条件（1）代入条件（2），否后必定否前，则得出：张教授的所有初中同学都不可能通过张教授认识其哲学研究所同事，即其初中同学通过他认识的人都不可能是其同事。再根据条件（3）张教授的一个初中同学通过张教授认识了王研究员，可以推出：王研究员不是其哲学研究所的同事。

28.【答案】 A

【考点】 性质命题推出结论

【解析】 条件（1）：在其他条件都相同的情况下，透明度高的老坑玉比透明度低的单位价值高。分析：充分命题，即如果透明度越高，则单位价值越高。把条件（2）"没有单位价值最高的老坑玉"代入条件（1），根据充分条件性质推理"如果否后，则必定否前"，得出：没有透明度最高的老坑玉。A 项正确。其他选项在已知条件中未有相应信息。注意：推出结论题型，不需要在题干信息之外做过多联想，凡是已知条件未提及的信息，均不可能是推出的结论。

29.【答案】 E

【考点】 削弱

【解析】 快速找到证据与结论。证据：近年来的男孩全面落后女孩的危机现象；结论：是家庭和学校不恰当的教育方法导致了"男孩危机"现象。现象－原因类论证结构，削弱一般有两种思路：直接割裂证据与结论的关系、寻找其他原因来解释此种现象的出现。如果 E 项为真，则说明是因为男孩的天性好玩，耗去了大量的精力，从而导致全面落后女孩，说明男孩危机现象与教育方法无关，属于他因式削弱。A 项说明是家庭的教育方法不当，支持专家；B 项中的"绅士"一面与男孩危机无关，不要胡乱发挥；C 项的"大学后"与题干的"小学、中学、大学"时间不一致，不相关选项；D 项与"男孩危机"现象无关。因此，E 项最能削弱。

30. 【答案】A

【考点】加强

【解析】除哪项外均能支持类题目有两种解题方案。一种是直接找削弱选项或者无关选项，另一种方法是对选项进行逐项排除。凡是支持题干信息的选项都不能选择。A项信息与题干信息"抚仙湖虫是昆虫的远祖，它是食泥的动物"为下反对关系，不能支持题干论证。A项正确。B项与题干信息一致，支持题干论证；C项如果真，则说明抚仙湖虫是远祖，支持题干论证；D项如果真，则说明抚仙湖虫是昆虫远祖的可能性增加，支持题干认证；E项如果真，则支持消化道内的泥沙可能是吃进去的。

31. 【答案】D

【考点】解释

【解析】本题要求解释矛盾的现象。矛盾的现象：2010年，某省物价总水平仅上涨2.4%，涨势温和；普通民众感受涨幅较高，禽蛋、蔬菜等涨幅超过12.3%。如果D项真，则可以解释物价总水平上涨很少，而百姓感受却相反，因为工业消费品价格走低使得物价总水平涨幅不高，但每天要买的日常禽蛋、蔬菜的价格涨幅过高，感受明显。其余选项均不能明确解释上面的看似矛盾的现象。注意：(1) 已知的两个看上去相反的现象必须都是真的，然后选项为真能解释它们的合理存在，两个现象都要能解释才为最好解释。不要对选项进行过多发挥，不要对选项添加题干没有提到的信息；(2) 选项要具体关联上述现象，不要是空话或大道理的套话。例如A项，并不能明确说明上述两个数字。

32. 【答案】E

【考点】削弱

【解析】本题要求削弱刘教授的观点。证据：网络购物便捷；结论：实体商店会受到互联网的冲击，在不远的将来，会有更多的网络商店取代实体商店。直接削弱就是在不远的将来，不会有更多的网络商店取代实体商店。如果E项真，则说明实体商店不可能被取代，最能削弱；A项不一定能削弱，因为就算存在"个人信息被泄露"这些缺点，也不代表不会有更多的网络商店取代实体商店；B、D两项都是某些特殊类商品，也不能削弱刘教授的观点；C项与A项性质类似，也不一定能削弱。注意：某些特殊类的个案不能削弱普遍性的趋势。

33. 【答案】A

【考点】削弱

【解析】本题要求削弱张先生的理解。证据：甲国的平均婚姻存续时间为8年；结论：钻石婚、白头偕老等婚姻很少了。这个论证有个漏洞，平均值陷阱漏洞，一个集合的平均值下降到8年，不代表这个集合中的每一个数字都是接近8年，如果集合中最高值与最低值差距过大，或者某个区间占比过大，都会影响平均值。比如，平均婚姻长度为8年，当两三个月长度的婚姻占比大的时候，不代表金婚、钻石婚等长婚姻的会比过去少。如果A项为真，则说明平均值的下降是由不少闪婚一族引起的，钻石婚等婚姻并不一定会减少，有力地说明了张先生的理解不准确，没有考虑平均值的陷阱。

2011年管理类联考逻辑真题答案解析

34. 【答案】B

【考点】真话假话

【解析】先找具有矛盾关系的命题或者具有包含关系的命题。彩电部门经理的话"如果冰箱部门今年赢利，那么彩电部门就不会赢利"为一个充分条件命题，其矛盾命题为"前真且后假"，即"冰箱部门今年赢利，且彩电部门也会赢利"，与手机部门经理的话相一致。根据矛盾命题的性质，彩电部门经理与手机部门经理的话必定一真一假；又根据已知条件"上述四个预测只有一个符合事实"，可以得出：这句唯一的符合预测的话只能在彩电部门经理与手机部门经理之中，其余人的话都是假的。所以，电脑部门经理的话与冰箱部门经理的话都是假的。电脑部门经理的话"如果手机部门今年没赢利，那么电脑部门也没赢利"是一个充分条件命题，其为假，则其矛盾命题一定真（注意：充分条件命题"如果P，那么Q"与"P且非Q"构成矛盾关系），即推出"手机部门今年没有赢利，但电脑部门赢利了"为真，这是一个联言命题，即推出"电脑部门赢利"为真，说明B项这个联言命题为假（注意：一个联言命题真，则其所有变项都为真；当一个变项假，则整个联言命题一定假），所以，B项一定假。A、C、D、E四项均为联言命题（两句话之间为并列关系），均不能确定真假，即有可能真。答案为B项。

35. 【答案】C

【考点】解释

【解析】凡是能解释的选项，都排除掉。找不能解释现象的或者无关的或者加重了矛盾现象的选项。题干的现象是"电子图书的接受没有达到专家预期，纸质书籍仍然占着重要地位，很大一部分读者喜欢捧着纸质书籍"。A项如果真，能解释"很大一部分读者喜欢捧着纸质书籍"；B项如果真，能解释纸质书籍的存在；C项如果真，说明喜欢收藏经典图书，注意，这是收藏、怀旧，是对已经出版了的纸质书籍进行收藏，不能解释"纸质书籍在出版业中依然占据重要地位"；D项通过电子图书的缺点来解释纸质书籍的存在；E项同D项思路。只有C项不能解释为什么现在出版业还有大量的"纸质书籍"出版。

36. 【答案】B

【考点】加强

【解析】证据：他挤捏指关节是习惯性动作，并不是故意的；结论：因此，不应被判违规。支持就是建立证据与结论之间的关系，即不是故意的，就不应被判违规。"不X，就不Y"这个表达等于"只有X，才Y"，等于"如果Y，则X"。答案为B项。"只有选手故意行为，才能判罚"，等于"如果不是故意的，则不能判罚"，直接支持了陈华的观点。

37. 【答案】E

【考点】削弱

【解析】本题要求减弱演员的担心。证据：3D立体电影技术的出现，计算机技术的发展；结论：担心未来计算机生成的图像和动画会替代真人表演。削弱思路有两种，直接割裂证据与结论关系，或寻找间接削弱。E项如果为真，"电影故事只能用演员的心灵、情感来表现"，则说明计算机不可能替代演员的表演，演员不用担心会被计算机替代，最能减弱担心。E项的后半句为干扰信息，与题干无关。E项为一个联言命题，如果为真，则其所有表达的信息都为真，前半句为真就可减弱演员的担心。

A项不一定削弱，因为只能和真人交流，也可以与电脑动画的制作者交流，但不代表演员表演不可以被动画替代，属于似是而非的表达；B项如果真，则说明取决于制片人的选择，还是有被替代的可能；C项"未来不可知"，不代表就不能被替代；D项与是否被替代无关。

38.【答案】A

【考点】概念

【解析】证据：公达律师事务所以刑事案件的辩护著称，老余却是专门办理离婚案件著称的律师；结论：老余不可能是公达律师事务所的成员。题干推理把"一家律师事务所的总体属性"，看成了"每一个成员"的属性，偷换了概念。注意：一个集合概念（一个集体）具有的属性，不能推出这个集体中的每一个都具有。A项明确指出了这一推论的缺陷，A项正确；E项弄反了推理的方向，题干推理是从集体推到个体，不是从个体推到集体；其余选项为无关选项。漏洞题型的解题关键是题干"证据与结论"的结构与关键信息。

39.【答案】C

【考点】加强

【解析】本题要求支持题干的论证。证据：自然语言和形式语言的关系就像肉眼与显微镜的关系。肉眼的视域广阔，可以从整体上把握事物的信息；显微镜可以帮助人们看到事物的细节和精微之处；结论：所以，形式语言和自然语言都是人们交流和理解信息的重要工具，把它们结合起来使用，具有强大的力量。关键信息是"自然语言与形式语言要结合起来用"。A项"应重视形式语言"与"结合起来用"不一致；B项说"自然语言更好"；C项说明单独用都不行，必须结合起来用，与题干信息高度一致，答案为C项；D项强调形式语言；E项话题与题干"结合起来用"不相关，属于瞎扯胡拉。C项如果真，则说明不结合起来不行，强有力地支持"结合起来用"。

40.【答案】B

【考点】论证方法

【解析】解题关键在于找到题干的证据与结论以及题干所使用的方法，然后依葫芦画瓢。题干使用了逻辑上的求异法（两组对比，寻找差异）。A项、D项都是剩余法，两项的差别仅在于结论中的"必有"与"猜想"；B项为求异法，为最类似的方法；C项为两难推理；E项为共变法，主要探讨温度变化与气体体积变化之间的关系，主要是量变之间的关系，不是"有"与"没有"之间的求异法。此题考点为探求因果联系的方法。如果考生不能理解上面解析，需要掌握归纳推理探求因果联系的方法的理论基础。

41.【答案】C

【考点】性质命题

【解析】解题关键在于找到题干的证据与结论以及题干所使用的方法，然后依葫芦画瓢。本题寻找唯一一个推理形式与题干不类似的选项。题干为性质命题的连锁推理，形式为"所有P都是M，有些M是N，S不是N；所以，S不是P"，只有C项的推理形式不一致，其结论不是对第一句话的前面的词语进行否定。

结构类似题型一定要先弄清楚题干的论证结构，注意逻辑形式与语言形式的比较。

42.【答案】E

【考点】数量关系

【解析】题干给的条件都是2007年的生活质量统计数字，已知条件（1）挪威是世界上生活质量最高的；条件（2）莫桑比克的生活质量指数比1990年提高50%，还有一些非洲国家与其类似；条件（3）中国也比过去提高了27%。A项不一定能推出，题干未涉及所有发展中国家；B项不一定能推出，因为没有基数的百分比没有比较绝对值的可能；C项不一定能推出，题干没有中国与日本的比较；D项不一定能推出，因为题干说"类似的成就"；E项一定真，因为根据已知条件（1），可知2007年的生活质量指数挪威最高。

43.【答案】B

【考点】数量关系

【解析】题干给的条件：(1) 刘强118分；(2) 蒋明的得分比王丽高；(3) 张华+刘强＞蒋明+王丽；(4) 刘强比周梅高；(5) 120分以上优秀，3人优秀，2人不优秀。根据条件（1）(5)，得出：刘强不优秀；再根据条件（4），得出：周梅不优秀；再根据条件（5），得出：周梅得分最低，刘强得分次低。因此，排除A、C两项。根据条件（2）和（3），得出：张华得分一定高于蒋明和王丽。因此，张华得分最高，排除D、E两项。综上，答案为B项。

44.【答案】B

【考点】真话假话

【解析】先找矛盾关系命题或者包含关系命题进行假设。考点：只有X，才Y＝如果Y，那么X＝非Y或者X。王总：发展纳米且发展生物医药。赵副总：只有发展智能，才能发展生物医药＝如果发展生物医药，则发展智能＝不发展生物医药，或者发展智能。李副总：如果发展纳米且发展生物医药，则发展智能＝或者不发展纳米，或者不发展生物医药，或者发展智能。

假设：发展智能为真，则赵副总、李副总都为真（这是利用充分命题、必要命题性质进行的推理。假设发展智能为真，则赵副总的话转换的选言命题"不发展生物医药，或者发展智能"为真；同理，李副总的话也为真），和已知条件"只有一位意见被采纳"矛盾，所以得出不发展智能。

根据选项进行排除，B 项为真，其余四项都被排除了。

本题也可采用将选项代入的方法进行解题。本题关键在于充分条件命题、必要条件命题的性质以及其什么时候真，什么时候假。注意：一个充分条件命题当其前件为假时，则这个充分条件命题一定真；当一个充分条件命题其后件为真时，则这个充分条件命题一定真。一个充分条件命题为假时，当且仅当其"前件真且后件假"。记住公式："如果 P，那么 Q"＝"非 P 或者 Q""只有 X，才 Y"＝"如果 Y，则 X"；并非"如果 P，那么 Q"＝"P 且非 Q"。

45.【答案】C

【考点】削弱

【解析】证据：双胞胎中，外表年龄差异越大，看起来老的那个就越可能先去世；结论：外表年龄显得老，则其衰老更快。现象－原因类论证，削弱一般有两种思路，一是直接削弱，即外表年龄与生命老化没有关系；二是他因式间接削弱，即外表年龄老死得快是由确定的他因导致的。C 项指出外表年龄的影响因素是生活环境等（这是他因削弱），与生命老化无关（直接进行削弱），C 项为最强削弱。

A 项不一定削弱，因为其脱离了题干限定的条件，与题干条件范围不一致，且"可能"字眼也降低了其削弱力；B 项属于无关选项，一个人是否有能力与其是否年轻并无直接关系，犯了"诉诸无关背景"的错误；D 项虽然说明生命老化的原因是"细胞分裂导致染色体末端损耗"，但这个与"外表年龄是否有关"并不清楚，不如 C 项明确（注意：并不是有他因就是削弱，必须是这个结果是由他因导致，与原先的解释无关，这才是削弱）；E 项是在讲对"生命的理解"，并不是题干的"生命老化、死亡"等关键词语，属于无关选项。

46.【答案】D

【考点】加强

【解析】证据：因为无糖饮料可能导致人们对于甜食的高度偏爱，这意味着可能食用更多的含糖类食物；结论：无糖饮料尽管卡路里含量低，但并不意味它不会导致体重增加，即无糖饮料会使你吃更多的含糖类食物，可能会导致体重增加。思路可以是直接支持，即无糖饮料增加了体重；也可以是间接支持，即无糖饮料会使你吃更多的增加体重的食物。D 项如果真，则说明无糖饮料也会导致发胖。

A 项讲的是茶与健康，与李教授话题不一致；B 项"有些瘦子也爱喝无糖饮料"的思路与李教授相反；C 项没有讲"无糖饮料"；E 项讲了"无糖饮料"，但没有涉及体重的问题，与题干论证无关，排除。

有的考生会把自己的生活经验代入解题，其实与题干所给信息无关。例如，有考生假设，"喝无糖饮料的人"，很少健身，很少健身导致体重增加（这一段解释属于过度联想，题干信息并没有提及）。

47.【答案】C

【考点】必要条件，性质命题

【解析】题干信息中有"只有……才……""有些""所有"，说明考查必要条件命题推理、性质命题推理。已知条件（1）只有公司相应部门的所有员工都考评合格了，该部门的员工才能得到年终奖金；条件（2）财务部有些员工考评合格了；条件（3）综合部所有员工都得到了年终奖金；条件（4）行政部的赵强考评合格了。

选项Ⅰ"财务部员工都考评合格了"可能真，因为根据条件（2）"财务部有些员工考评合格"为真，不能确定"财务部员工都合格"的真假（性质命题的逻辑方阵："有些S是P"真，不能确定"所有S是P"的真假）。

选项Ⅱ"赵强得到了年终奖金"可能真，因为赵强考评合格，不确定他所在部门的员工都合格，即使所在部门员工都合格，根据必要条件（1），也不确定其能获得年终奖。

选项Ⅲ"综合部有些员工没有考评合格"一定假，因为根据条件（3）可知"综合部所有员工都获得年终奖"，再根据条件（1）的必要性质（有后必定有前），可知"综合部所有员工考评都合格了"为真，与选项Ⅲ矛盾，可知选项Ⅲ必定假。

选项Ⅳ"财务部员工没有得到年终奖金"不确定真假。因为根据条件（2）"有些财务部员工考评合格"为真，不能确定"财务部员工都合格"的真假（性质命题的逻辑方阵："有些S是P"真，不能确定"所有S是P"的真假）。综上所述，C项可能真。

48.【答案】C

【考点】解释

【解析】题目要求找到不能解释现象的选项，凡是能够解释的选项排除，寻找不能解释或者无关选项。现象：现在的文人、工人、农民中的近视患者比例越来越高，可能与读书时间越来越多有关，但中国古代近视患者就很少。A项解释，因为A项如果真，则说明古代读书人很少，读书时间也很少，从原因与基数上解释了古今近视患者的数量差别；B项能解释，因为通过他因"运动"能预防近视，说明古今差别；C项如果真，说的是生活节奏慢，即使患有近视也不影响交通安全，与近视出现的多少没有关系，不能解释古今近视多少的差别；D项能解释，通过古今书籍的少与多，说明古代人读书基本上都不用看了，一本书读几年，说明很熟悉了；E项能解释，说明古今的字有大小不同，眼睛与字的距离不同，能够部分解释近视现象。

49.【答案】E

【考点】假设

【解析】需要建立论证的证据与结论之间的联系。

结论：想象力与知识是天敌，人在获取知识过程中，想象力会消失。

证据：知识符合逻辑，是科学；而想象力无章可循，是荒诞。学龄前，想象力独占鳌头；

上学后，大多数人的想象力被知识驱逐出境，他们成为知识渊博但丧失了想象力、终身只能重复前人发现的人。

选项Ⅰ"科学是不可能荒诞的，荒诞的就不是科学"必须假设，因为分析题干证据可知 (1)"想象力＝荒诞、无章可循"，(2)"知识＝科学、逻辑"，既然结论说明"想象力与知识是天敌"，那么必须假设 (1)(2) 完全不相容，是天敌，即科学与荒诞也是天敌。

选项Ⅱ"想象力和逻辑水火不相容"必须假设，因为分析题干证据可知 (1)"想象力＝荒诞、无章可循"，(2)"知识＝科学、逻辑"，既然结论说明"想象力与知识是天敌"，那么必须假设 (1)(2) 完全不相容，是天敌，即想象力与逻辑不相容，也是天敌。

选项Ⅲ"大脑被知识占据后很难重新恢复想象力"也必须被假设，因为"上学后，大多数人的想象力被知识驱逐出境，他们成为知识渊博但丧失了想象力，终身只能重复前人发现的人"，如果驱逐出去还能回来，则"终身只能重复前人发现"就不能成立。E 项正确。

当题干论证中信息比较复杂，条件较多时，也可以使用列表法。"知识、逻辑、科学、上学后"一边，与另一边"想象力、无章可循、荒诞、学龄前"是天敌，是一山不容二虎。

50.【答案】D

【考点】负命题

【解析】矛盾题型有两种问法：第一种是"如果上真，以下哪项必假"，此种提问方式需要我们将所有的条件都进行推理，然后寻找推出结论的话的矛盾；第二种是"以下哪项与以上信息矛盾"，此种提问方式只需找到与题干某句话矛盾的选项。本题属于第二种，只需要找到与上面家长的话矛盾的选项即可。家长说"有想象力才能进行创造性劳动"，这是一个必要条件命题，其矛盾命题为"没有想象力，也能进行创造性活动"，D 项正确。A、B 两项与题干家长的话完全一致；C 项容易误判，但请注意"发现知识的人"在一开始还是有想象力的，只是在发现知识的过程中，想象力消失；E 项与题干表述相一致。

51.【答案】B

【考点】假设

【解析】证据：我不喜欢前任总裁批评我时的感觉；结论：我不会批评我的继任者。其中所蕴涵的假设为"如果我的继任者不喜欢被批评的感觉，那么我不会批评我的继任者"，等价于"只有我的继任者喜欢被批评的感觉，我才会批评继任者"。即 B 项。

52.【答案】C

【考点】两难推理

【解析】本题要求寻找必定假的选项。矛盾题型有两种问法：第一种是"如果上真，以下哪项必假"，此种提问方式需要我们将所有的条件都进行推理，然后寻找推出结论的话的矛盾；第二种是"以下哪项与以上信息矛盾"，此种提问方式只需找到与题干某句话矛盾的选项。本题属于第一种题型。题干给出 3 个条件：(1) 如果大熊猫灭绝，则西伯利亚虎也将灭绝；

(2) 如果北美玳瑁灭绝，则巴西红木不会灭绝；(3) 或者北美玳瑁灭绝，或者西伯利亚虎不会灭绝。

两种解题思路。思路1：根据条件（3），选言命题"或者"为真，意味着两个变项至少一个为真。分别假设两个变项为真：设北美玳瑁灭绝，根据条件（2），得出巴西红木不灭绝；再假设北美玳瑁不灭绝，根据条件（3），则西伯利亚虎不灭绝，根据条件（1），得出大熊猫不灭绝。根据两个假设可以得出：或者巴西红木不灭绝，或者大熊猫不灭绝为真。那么其矛盾命题：巴西红木灭绝且大熊猫灭绝一定为假。答案为C项。

思路2：根据条件（1），如果大熊猫灭绝，则西伯利亚虎灭绝；根据条件（3），则北美玳瑁灭绝。即如果大熊猫灭绝，则北美玳瑁灭绝。再根据条件（2），则巴西红木不灭绝。归纳一下得出：如果大熊猫灭绝，则巴西红木不灭绝。这是一个充分条件的命题，其矛盾命题"P且非Q"一定为假。即"大熊猫灭绝且巴西红木灭绝"一定为假。C项一定假。

53.【答案】D

【考点】削弱

【解析】本题要求削弱顾问的提议。顾问"为解决作息时间一致导致的交通早晚高峰时的拥堵问题"，提议"错开上下班时间段"。"目的方法"类题干，削弱一般就是让其方法不能达到目的（可以通过方法实际上行不通，或者方法与目的根本没有关系来进行削弱）。如果D项为真，"不在早晚高峰也拥堵"则说明该市的交通拥堵问题不是由于作息时间一致导致的，而是"机动车数量持续增加"导致的，说明即使错开上下班高峰，也不能解决拥堵问题，彻底削弱顾问建议。A项如果真，不能说明其方法达不到目的，记住，即使方法有些副作用，但不能说其达不到目的，其中"有些"也弱化了削弱力度，个案与副作用，永远不能推翻普遍概率性趋势；B项同A项类似；C项与题干"不同单位"不一致；E也是"有些"，不能否定普遍性。

54.【答案】E

【考点】加强

【解析】本题要求寻找不能加强的选项，应当选择无关选项或削弱选项，排除能加强的选项。快速找到论证结构。证据：某国2008年每飞行100万次发生恶性事故的次数为0.2次，而1989年为1.4次；结论：民用航空恶性事故发生率总体呈下降趋势。由此看出，乘飞机出行越来越安全。A项如果真，直接加强了结论；B项、C项、D项如果真，都能从某一个方面加强结论；E项前半句与飞机"越来越安全"无关，甚至有不安全之意，后半句"驾车危险"也与飞机"越来越安全"无关。

55.【答案】D

【考点】假设

【解析】本题需要建立证据与结论之间的关系，需要在证据与结论之间进行搭桥。证据：行为痴呆症患者大脑组织中往往含有过量的铝，而一种硅化合物可以吸收铝；结论：可以用这种硅化合物治疗行为痴呆症。这个论证至少需要假设：这种过量的铝就是行为痴呆症的病因。如果这样，硅化合物吸收铝，铝是行为痴呆症病因，则硅化合物能治疗行为痴呆症，建立了证据与结论之间的关系。D项正确。D项的后半句也是假设，必须保证患者脑组织中的铝不是痴呆症引起的结果，否则，如果过量的铝仅仅是痴呆症的结果，则说明硅化合物吸收的只是结果，不能解决病因，会导致论证不能成立。

　　A项无关；B项中的有无副作用与这种东西能否治病没有必然联系，即使有副作用，也是可以治病的；C项如果真，只能说明硅化合物的数量与年龄有关，不代表就能治病。记住，假设就是建立证据与结论之间的关系。

2012年管理类联考逻辑真题答案解析

26.【答案】E

【考点】削弱

【解析】证据：火山喷发的二氧化硫形成的霾可以降温；结论：用火箭弹发射二氧化硫来给地球降温。

削弱思路：割裂证据与结论之间的关系。E项指出，火山的降温效应是暂时的，因此，火箭弹发射二氧化硫也达不到降温的目的。

容易误选的是D项。但破坏大气层结构并不代表达不到降温目的，也没有割裂证据与结论之间的关系。

27.【答案】C

【考点】必要条件的负命题

【解析】"只有P，才Q"与"非P且Q"构成矛盾关系。

题干为真，则"没有一定文学造诣或没有生物学专业背景的人能读懂这篇文章"不可能为真。所以C项不可能为真。

28.【答案】D

【考点】性质命题

【解析】题干推理结构为"所有S是P，所以所有不是P的都不是S"。D项的推理结构与题干相同。

29.【答案】D

【考点】选言命题

【解析】周波不喜欢化学推出周波喜欢物理。同理，理科（1）班不喜欢物理的推出喜欢化学。因此Ⅰ和Ⅲ两项正确。王涛喜欢物理，但在相容选言命题中，不一定能推出他不喜欢化学。所以选D项。

30.【答案】D

【考点】充分条件、必要条件、相容选言命题

【解析】根据马云的话为真，推出股票A是股票B上涨的充要条件，即两者同时上涨或同时不上涨。再根据王兵的话为真，可知两者同时不上涨；当两者同时不上涨，则李明的话也为真。答案为D项。

31.【答案】D

【考点】充分条件、必要条件的性质及其推理

【解析】真话假话题应当先寻找矛盾关系的命题。但题干中没有矛盾的命题，故采用假设法。

采用假设法应当先寻找具有共同概念的命题来假设。"只有临西区不是第一，江南区才是第二"等价于"或者江南区不是第二，或者临西区不是第一"，这样的话就会发现"江南区不是第二"出现两次，故假设江南区旅游局长的话为真，则临西区旅游局长的后半段为假。根据必要条件命题的性质，当一个必要条件命题后件为假时，其前件不管真假，整个命题为真（必要条件的假言命题只在一种情况下为假，即前件为假，后件为真），则推出：临西区局长的话也为真。推出两个局长的话为真，而这与已知条件只有一句真矛盾，故江南区局长的话不可能为真（因为真就会导致矛盾）。所以推出：江南区是第二。

同理，设江北区局长的话为真，则临东区局长的话的后件为真。而一个充分条件的命题，当其后件为真时，前件不管真假，整个命题为真（充分条件的假言命题只在一种情况下为假：前件真且后件假），故设"江北区第四"真，会导致临东区长的话为真，导致了两个命题真，和已知条件相矛盾，故"江北区第四"不可能真。

故临东区和临西区局长两句话中有且只有一句话是真的。

首先假设临东区局长的预测为真，临西区局长的预测为假。当临东区局长的预测为真时，结合"江北区不是第四"可知：临西区不是第三。当临西区局长的预测为假时，可知：江南区是第二并且临西区是第一。再由"江北区不是第四"可知：江北区是第三。这样的话就可以确定临东区是第四。

然后假设临东区局长的预测为假，临西区局长的预测为真。当临东区局长的预测为假时，可知：临西区是第三并且江北区不是第四。结合江南区第二可知：江北区是第一。这样的话同样可以确定临东区是第四。

两种假设必定有一种是成立的，但无论是哪一种假设成立均可以得出临东区是第四的结论，因此，临东区是第四。

32.【答案】E

【考点】充分条件假言命题的矛盾命题

【解析】"如果P，则Q"的矛盾命题为"P且非Q"。所以E项为真，即"P且非Q"为真时，说明"如果P，则Q"不成立。"一台笔记本电脑或者项目提成"的否定为：非笔记本电脑且没有项目提成。注意区分"笔记本电脑"与"台式电脑"。

33.【答案】E

【考点】"P且Q"的否定，"非P且非Q"的否定

【解析】题干中小白对"两位都采访到"和"两位都没采访到"都进行了否定，说明"有一位采访到，而另一位没采访到"。

34.【答案】B

【考点】必要条件、充分条件命题的性质

【解析】本题考查假言命题推理规则，即充分条件推理规则为肯前推出肯后，否后推出否前；必要条件推理规则为肯后推出肯前，否前推出否后。

题干可转化为：没有良好业绩→不可能通过身份认证→不允许上公司内网。再根据王纬没有良好的业绩，推出不允许王纬上公司内网。所以 B 项正确。

35. 【答案】C

【考点】语言分析与理解

【解析】C 项直接说明英语中也有象形文字，直接否定张教授的观点，当然最不符合。

36. 【答案】E

【考点】解释题型，语言分析与理解

【解析】Ⅰ、Ⅱ和Ⅲ三项都说明了禁止机上乘客使用手机等电子设备的原因，所以均能解释。

37. 【答案】B

【考点】充分条件假言命题的矛盾命题

【解析】根据条件（1）为假，可知参观了沙特馆且参观了石油馆。再根据条件（3）为假，推出中国国家馆和石油馆都参观了。因此王刚参观了沙特馆、石油馆以及中国国家馆。所以 B 项正确。

38. 【答案】C

【考点】必要条件假言命题的语言表达与理解

【解析】董事长意思为：如果没有自信，则一定会输。与 C 项"只有自信，才可能不输"等值。根据必要条件命题推理规则，否定前件推出否定后件。所以，如果不自信，则不可能不输，C 项与董事长意思最为接近。

39. 【答案】A

【考点】必要条件的矛盾命题

【解析】必要条件"只有 P，才 Q"的矛盾命题为"非 P 且 Q"。所以，"非 P 且 Q"成立，说明"只有 P，才 Q"不成立。A 项正好采用此方式否定了总经理所说的必要条件命题。

40. 【答案】A

【考点】评价论证方式与逻辑漏洞

【解析】题干"无法判定它有质量问题推出没有质量问题"是一种诉诸无知的推理。A 项也是诉诸无知的推理：不能证明没有边际推出有边际。

41. 【答案】A

【考点】概念外延之间的关系与定义判断

【解析】题干用三个命题描述了概念之间的交叉关系。五个选项中，只有 A 项的人物画和工笔画是交叉关系，因为是用两个不同标准对国画进行的分类。B 项的关系暂时不确定，要么全同，要么全异，不可能是交叉关系；C、D 两项是全异关系；E 项是包含关系。

42. 【答案】D

【考点】三段论错误推理的结构类似

【解析】小李的推理为：护栏边的绿地既然属于小区的所有人，我是小区的人，所以护栏边的绿地也属于我。此推理中的"所有人"在句中是一个集合概念，并非指"每一个人"，这是典型的四概念错误。D 项的推理形式及错误与题干相似。

43.【答案】E

【考点】类比推理的结构类似

【解析】题干推理为类比推理。根据 A 和 B 在某些方面相同或相似推出在其他方面也相同或相似。E 项的推理方式和题干的推理方式最为相似。

44.【答案】E

【考点】充分条件的推理

【解析】根据充分条件推理规则（否后推出否前），从他没有聘请律师，推出他有责任；从他逃避，推出他不勇于承担责任。所以 E 项正确。

45.【答案】A

【考点】三段论的补充前提

【解析】题干结论等价于有些通信网络的维护不可以外包，已知前提：有些通信网络的维护涉及个人信息安全，根据三段论的推理规则，欲得到结论"有些通信网络的维护不可以外包"，需补充前提：所有涉及个人信息安全的都不可以外包，即 A 选项。

46.【答案】B

【考点】加强

【解析】证据：白藜芦醇能防止骨质疏松和肌肉萎缩；结论：那些长时间在国际空间站或宇宙飞船上的宇航员或许可以补充一下白藜芦醇。必须假设国际空间站或宇宙飞船上的宇航员可能会得骨质疏松。B、C 两项都有加强。B 项模拟了失重状态，为最相关的选项。

47.【答案】D

【考点】语言分析，解释

【解析】题干需要解释的现象为：一般商品只有在多次流通过程中才能不断增值，而艺术品仅需一次"流通"就可能实现大幅度增值。D 项不能解释。其他各项或多或少都能对其大幅度增值进行解释。

48.【答案】E

【考点】性质命题

【解析】题干中已知条件为：有些同学对自己的职业定位还不够准确。根据性质命题推理，Ⅰ项为真，其他项均不确定。答案为 E 项。

49.【答案】A

【考点】概念外延间的关系

【解析】A 项不正确。本题可以用充分条件推理。根据"护城河两岸房屋的租金都廉价"以及"廉租房都在北麓"，可推出：护城河两岸的房屋都在北麓。根据"东向的房屋都是别墅，别墅都不可能廉价"，得出：东向的房屋不可能廉价。由此可知：东向的房屋不可能在护城河两岸。

50. 【答案】C

【考点】削弱

【解析】A、D、E 三项说明鲜花带来的危害很小，B 项说明鲜花有益，这些都减轻了医院对鲜花的担心。C 项不能减轻医院对鲜花的担心，反而有可能增加担心。

51. 【答案】D

【考点】必要条件，联言命题

【解析】"除非 P，否则不 Q"等于"只有 P，才 Q"，则题干的意思为"只有每个工作日都出勤，任何员工才能既获得当月绩效工资，又获得奖励工资。"

根据必要条件的推理性质，"无之必不然"，则：如果有工作日缺勤，必然不能"既获得当月绩效工资，又获得奖励工资"。"并非'P 且 Q'"等价于"非 P 或非 Q"。所以选 D 项。

52. 【答案】B

【考点】性质命题

【解析】根据题干中"并不是所有流感患者均需接受达菲等抗病毒药物的治疗"可以推出"有的流感患者不需接受达菲等抗病毒药物的治疗"，与Ⅰ项构成下反对关系，因此Ⅰ项不能确定真假。

Ⅱ项则是与"有的流感患者不需接受达菲等抗病毒药物的治疗"矛盾，故Ⅱ项一定假。

"不少医生仍强烈建议老人、儿童等易出现严重症状的患者用药"等于"有医生建议老人、儿童用药"这个情况为真，并不等于"老人、儿童需要用药"一定真，所以Ⅲ项不能确定真假。

53. 【答案】D

【考点】充分条件，选言命题

【解析】根据预测（1），可排除 B、C 两项；根据预测（3），可排除 A、E 两项。所以答案选 D 项。

54. 【答案】B

【考点】充分条件假言命题的矛盾命题

【解析】如果管理学院录用南山大学候选人，再加上题干条件"哲学学院最终录用西京大学的候选人"，说明预测（2）为假。"P 且非 Q"为真，说明"如果 P，则 Q"为假。

55. 【答案】B

【考点】充分条件的性质的理解

【解析】一个充分条件假言命题，当其前件为假时，命题为真；或者当其后件为真时，则命题也为真。

快速解题法：李先生的三个预测都是充分条件假言命题，当后件为真时，前件不管真假，命题一定为真。哲学学院录用南山大学的候选人，则预测（2）为真；且预测（1）的前件为假，则预测（1）一定为真。管理学院录用北清大学的候选人，则预测（3）为真。答案为B项。

本题可采用假设法。假设哲学学院录用北清大学的候选人，根据预测（1）推出管理学院录用西京大学的候选人；再根据预测（3），否后推出否前，推出经济学院录用南山大学的候选人。所以排除C项。

假设哲学学院录用西京大学的候选人，根据54题结果，可排除A、D两项。

假设哲学学院录用南山大学的候选人，则经济学院录用北清大学或西京大学的候选人，根据预测（3）推出管理学院录用北清大学的候选人。B项符合。

2013年管理类联考逻辑真题答案解析

26.【答案】D

【考点】削弱

【解析】评价类试题的解题关键是快速找到题干论证的结构，然后寻找关键词。注意保持题干和选项的关键概念尽可能一致。削弱一般是割裂证据与结论之间的关系。题干证据：求异法实验，即去年实施计划，公司用于办公用品的支出较上年度下降了30%。在未实施该计划的过去5年间，公司年平均消耗办公用品10万元。结论：该计划去年已经为公司节约了不少经费。论证建立了"公司用于办公用品的支出较上年度下降了30%"与"去年实施的办公节俭计划"的关系。D项如果为真，则通过情况完全类似的一家公司来类比说明，没有实施节俭计划，公司用于办公用品的支出也有不断降低。由于题干只涉及一家公司，所以，类比进行无因有果削弱也是比较有力的。但需要注意，类比进行评估，必须保证两个事物之间情况高度一致，没有重大的或者影响结果的差异。

27.【答案】E

【考点】结构类似

【解析】题干推理模式：高分的并非都是高能（有些高分者是低能的），你的分数很高，所以你可能不是高能（可能是低能）。三段论的推理。只有E项高度类似：闪光的物体并非都是金子（有些闪光的物体不是金子），考古队发现了闪光的东西，所以，考古队发现的东西可能不是金子。注意本题中的语言表达形式。

A项是否前推理，题干是肯前推理，排除A项；B项中项都在两个命题的前面位置，结论肯定，题干结论否定，中项位置不一样，排除B项；C项不是三段论，排除C项；D项语言形式与逻辑形式和题干不同，排除D项。

28.【答案】A

【考点】组合关系

【解析】9日游可以有两种方案：3、3、3和2、3、4，因为每个景点三人都选择了不同的路线，故三个人9日游的安排都是2日游、3日游、4日游。

步骤（1）：由李明赴南山3日游，王刚赴南山4日游，以及每个景点三人都选择了不同的路线，可知张波赴南山2日游。

步骤（2）：由李明赴东湖的天数和王刚赴西岛的天数相同，并且不是3日游和4日游，可知李明赴东湖的天数和王刚赴西岛的天数都是2日。

步骤（3）：进而可知李明赴西岛4日游，王刚赴东湖3日游。

步骤（4）：最后可以确定张波赴东湖4日游，赴西岛3日游。

	东湖	西岛	南山
李明	2日游（步骤2）	4日游（步骤3）	3日游（题干）
王刚	3日游（步骤3）	2日游（步骤2）	4日游（题干）
张波	4日游（步骤4）	3日游（步骤4）	2日游（步骤1）

因此，本题答案为 A 选项。

29. 【答案】C

【考点】充分必要条件理解并推理题型

【解析】除非 X，否则不 Y = 只有 X，才 Y。非 X，否则非 Y = 只有非 X，才 Y = 如果 X，则非 Y。"不可能纯金，否则不可能举起来"等于"如果纯金，则不可能举起来"。这是一道必要条件语言理解题，语感好的考生能直接做。语感不好的考生，注意：否则不 = 才。上述可以理解为：只有非纯金，才能举起来。C 项为正确答案。此种语言理解几乎每年必考。

30. 【答案】E

【考点】概念理解

【解析】题干给出的"原始动机"的定义是"与生俱来、本能需要"。只有 E 项为生物冲动，不需要学习，符合定义。

31. 【答案】B

【考点】充分条件命题推理

【解析】根据条件（1），得出：若一主机不相通于丙，则甲与其相通。根据条件（2）和条件（1），可知：甲相通于丁；再根据"丙不相通于丙自身"和条件（1），可知：甲相通于丙。B 项正确。

32. 【答案】C

【考点】充分条件命题推理

【解析】根据条件（3）"丙主机相通于任一相通于甲的主机"可以得出：如果一个主机相通于甲，则丙与其相通。由于"丙主机不相通于任何主机"，根据"否后则必定否前"，可以推出：没有相通于甲的主机，即丁主机不相通于甲，乙主机不相通于甲。在此基础上可知，选项 C 的前件"丁主机不相通于甲"为真，后件"乙主机相通于甲"为假，由于选项 C 为一个充分条件命题，前真后假时，命题本身一定假。（考点："如果 P，那么 Q"的矛盾命题为"P 真且 Q 假"）

33. 【答案】A

【考点】削弱

【解析】证据：该现象无法用已有的科学理论进行解释；结论：该现象是错觉。其矛盾命题是：无法用已有的科学理论进行解释，但不是错觉。选项 A 的意思：如果不能用已有的科学理论进行解释，则不是错觉。和小王的话相反。

34.【答案】B

【考点】加强

【解析】研究人员的发现：鸟类其实是利用右眼"查看"地球磁场的。因果关系的判断可以用求异法。有右眼，可以导航；没有右眼，无法导航。选项B正确。

35.【答案】D

【考点】关系推理

【解析】有多种方法解题，但最简单的是代入排除法。

根据条件（4），直接排除E项。接下来代入假设：

若王某在1～4月当选，则郑某在2～5月当选，吴某在1～4月或3～6月当选，则7月无2人当选，无法满足已知条件。

若郑某在1～4月当选，则王某和吴某在2～5月当选，则7月无2人当选，无法满足已知条件。

若吴某在1～4月当选，则郑某在2～5月当选，王某在1～4月或3～6月当选，则7月无2人当选，无法满足已知条件。

所以只能周某在1～4月当选，根据条件（4）仅有2人在7月同时当选，这2人最早也得是4月、5月、6月、7月，因此一定不能满足在1～3月，2～4月，3～5月同时有3个人当选，排除A、B、C三项，答案选D项。

36.【答案】D

【考点】关系推理

【解析】根据上题可知周某在1月、2月、3月、4月连续当选月度之星，并且由上题可知3人同时当选的月份为4月、5月、6月，因此剩下3人的连续当选月份为3月、4月、5月、6月，4月、5月、6月、7月，5月、6月、7月、8月，根据条件（1）(2)可知郑某当选的月份是4月、5月、6月、7月，故王某当选的日期只能是5月、6月、7月、8月。

37.【答案】A

【考点】解释

【解析】不一致的信息：本来男女数量相当，但是相亲活动中，报名的男女比例约为3∶7。本题要求排除能够解释的选项。A项如果真，则男性被淘汰者多于女性，即男性剩下的会越来越多，怎么解释报名的男性会越来越少呢？所以，A项不能解释。其他选项都或多或少能解释报名的女性为什么会多于男性。做此种试题，不能对选项做过多钻牛角尖式的发挥与理解。

38.【答案】D

【考点】位置关系

【解析】直接列表。

1	2	
3	4 李	5

由于李丽坐4号,则陈露不与李丽相邻,陈露应坐1号或2号,邓强坐3号或5号。由于张霞不坐在与陈露直接相对的位置上,则张霞坐1号或2号两种情况符合题干条件;张霞坐5号也符合题干条件;当陈露坐2号时,张霞坐3号,也符合题干条件。所以张霞可以坐1号、2号、3号及5号,即有4种可能的选择。D项正确。

39.【答案】E

【考点】解释

【解析】双方对录用率有不同的看法。女权:女性应聘者的录用率整体上低;大学:每个学院的录用率都是女性高。局部录用率高,不代表整体上录用率高,选项E更能具体解释。A项不够具体。

40.【答案】A

【考点】充分条件命题的矛盾命题

【解析】"如果P,那么Q"的矛盾命题为"P且非Q"。答案为A项。

41.【答案】C

【考点】假设

【解析】本题要求建立证据与结论之间的关系。C项让海水颜色与飓风移动方向发生关系。

42.【答案】D

【考点】复合命题的推理

【解析】四人的断定没有直接构成矛盾关系,可采用假设法。假设乙是窃贼,可得出丙和丁都为真,与题干只有一真不符,所以乙不是窃贼;同理,假设丙为窃贼,推出乙和丁的话为真,与题干只有一真不符,所以丙不是窃贼。所以,乙或丙是窃贼为假,即丁说假话,答案选D项。

43.【答案】B

【考点】性质命题

【解析】题干条件可转化为:(1)参加运动会→身体强壮→极少生病;(2)有些身体不适的参加了运动会。根据直言命题推理规则,A、C、D、E四项都可以明显推出,B项明显不能推出。

44.【答案】A

【考点】削弱

【解析】证据:核心队员总能在关键场次带领全队赢得比赛,友南上赛季上场且胜率高;结论:友南是上赛季西海队的核心。削弱:割裂两者的关系。A项说明,友南关键场次上场但输球。本题关键是核心队员的定义。

45.【答案】C

【考点】结构类似

2013年管理类联考逻辑真题答案解析

【解析】本题要求弄清论证结构。题干论证结构为"如果P，那么Q。既然Q，所以P"，即充分条件假言命题的肯定后件来肯定前件式推理。C项与题干相似。E项为必要条件推理。

46.【答案】E

【考点】对应关系

【解析】可列表。由条件（2）和条件（6）可知丁不是化学学院的，再根据条件（5）可知丁不是管理学院，不是哲学学院，也不是数学学院。所以丁是经济学院的。

由条件（3）和条件（5）可知乙不是管理、哲学、数学学院的，再根据丁是经济学院，推出乙只能是化学学院。由条件（5）和条件（6）可知丁只与乙比赛过。由"乙是化学学院的，丁是经济学院的"可知甲、丙、戊3人来自管理、哲学、数学3个学院。根据条件（1）和条件（5）可知甲的两场比赛分别是和丙、戊进行的，而乙和3名选手比赛过，故和乙比赛的选手是丙、丁、戊。乙仅没有与管理学院的选手比赛，且乙仅没有和甲进行比赛，因此，可以得出甲是管理学院的。再根据条件（4）知丙不是哲学学院的，所以，丙只能是数学学院的。

47.【答案】B

【考点】概念划分及关系推理

【解析】由题干可知，男生＝385–189＝196（人）；理科男生＝男生–文科男生＝196–41＝155（人）；应届男生＝男生–非应届男生＝196–28＝168（人）。应届理科男生＝应届男生–应届文科男生，应届文科男生≤41（人），所以应届理科男生≥168–41＝127（人）；应届理科女生＝应届理科生–应届理科男生，所以应届理科女生≤256–127＝129（人）。所以B项正确。

48.【答案】C

【考点】模态命题

【解析】不可能所有的应聘者都能被录用＝必然有的应聘者不被录用。C项正确。

49.【答案】A

【考点】充分条件命题的推理

【解析】已知：如果是物理学会且作学术报告的人都来自高校。张嘉并非来自高校，根据充分命题的推理得出：张嘉或者不是物理学会的，或者不作学术报告，即张嘉如果作了学术报告，则其一定不是物理学会的，A项正确。本题主要是干扰信息量多。

50.【答案】E

【考点】性质命题，数量关系

【解析】已知"至少有两个国家希望与每个国家建交"，可以推出E项为真。

51.【答案】D

【考点】性质命题

【解析】题干条件为：（1）翠竹的大学同学→在某德资企业工作→会说德语；（2）溪兰是翠竹的大学同学。由条件（1）和条件（2）可推出溪兰会说德语。

52.【答案】A

【考点】削弱

【解析】证据：心跳快的人心血管疾病发病几率高；结论：长期心跳快导致了心血管疾病。A 项如果为真，则说明是心血管疾病导致了心跳快，说明心血管疾病才是原因。原论证犯了因果倒置的错误。

53.【答案】B

【考点】复合命题及其推理

【解析】证据：粮食价格稳定→蔬菜价格稳定→食用油价格稳定；结论：粮食价格保持稳定，但是肉类食品价格将上涨。综合证据与结论可得出：食用油价格稳定，但肉类食品价格将上涨。其与选项 B 构成了矛盾关系。即 B 项为真，可以推翻老李的观点。

54.【答案】B

【考点】位置关系

【解析】当北区种植龙柏时，根据条件（1）可知东区和南区都不种银杏，此时北区和东区都不种银杏，根据条件（2），当北区种龙柏，东区不种银杏时，可以得出东区种水杉，树木只剩下银杏和乌柏，但是已经确定了南区不种银杏，因此，南区种乌柏，西区种银杏，故答案为 B 项。

55.【答案】D

【考点】位置关系

【解析】由水杉必须种植于西区或南区，结合条件（2）可推出北区或东区种植银杏。假设东区种植银杏，则结合条件（1）推出北区不能种植龙柏或乌柏，水杉种植于西区或南区，推出北区四种均不能种植，与题干条件不符，所以东区不能种植银杏，即北区种植银杏。

2014年管理类联考逻辑真题答案解析

26.【答案】D

【考点】削弱

【解析】论证观点：光纤网络将大幅提高人们的生活质量。即 A 将会带来 B。削弱思路：有 A 但没有 B，A 与 B 没有关系。选项 D 指出"人们生活质量的提高仅决定于社会生产力的发展水平"，即生活质量与光纤网络无关，直接反驳了题干的观点，故削弱力度最强。B 项的干扰比较大，题干说的是"光纤网络"与"生活质量"之间的因果关系，B 项无法确认有光纤网络的情况如何，本质上与题干无关。另外，"高品质的生活"也不等同于"大幅提高人们的生活质量"，关键概念不一样。故正确答案选择 D 项。

27.【答案】D

【考点】结构类似

【解析】题干是一个三段论推理，其中还有一个"知道"的概念，"郑强知道数字 87654321"并不代表他知道这个数字所代表的一切东西。D 项错误与题干一样，"黄兵相信晨星在早晨出现"但并不代表他相信晨星就是暮星。B 项所犯错误是"混淆集合概念与非集合概念"，"中国人勇敢"并不代表每一个中国人勇敢，且 B 项中项位置也与题干不一样。A 项是性质命题直接推理，不是三段论，且两次"大"的含义不一样。C 项不一定有错误。E 项的结论为否定，与题干不一样。注意：结构类似题的关键是比较逻辑形式与语言形式，需要一定的逻辑基础知识。答案为 D 项。

28.【答案】A

【考点】充分条件必要条件推理

【解析】陈先生的话为必要条件命题"只有经历风雨，才能见彩虹"，其矛盾命题为：没有经历风雨，也能见彩虹。孩子的话"经历了风雨，但没见彩虹"与"只要经历风雨，就见彩虹"矛盾。答案为 A 项。注意："只要……就……"与"只有……才……"的区别。

29.【答案】B

【考点】位置关系

【解析】可以直接用排除法。

直接将选项代入题干，验证"每位考生都至少答对其中 1 道题"。

A 项代入，则第一、第四位和第六位考生全错，排除；B 项代入，符合；C 项代入，第六位考生全错，排除；D 项代入，第二位、第三位和第五位考生全错，排除；E 项代入，第一位和第四位考生全错，排除。正确答案选择 B 项。

30.【答案】E

【考点】削弱

【解析】证据：取番茄红素水平最高和最低的四分之一共一半的人统计情况；结论：番茄

红素能降低中风发生率。此论证最严重的漏洞就是没有考查到另外的一半的情况。E 项明确指出了这个漏洞。如果被研究的另一半人中有 50 人中风，那就意味着"番茄红素"与"降低中风发生率"之间的数据关系并不存在，严重质疑了番茄红素能降低中风发生率这一结论。答案为 E 项。

31. 【答案】A

【考点】加强

【解析】证据：现在发现恐龙腿骨化石都有一定的弯曲度；结论：过去那种按腿骨为圆柱形的计算方式高估了恐龙腿部所能承受的最大身体重量。本题必须建立"弯的腿"不如"圆柱状腿"承重能力强的关系，A 项建立了题干证据与结论之间的关系。

32. 【答案】B

【考点】削弱

【解析】"只要再知道男生、女生最高者的具体身高，或者再知道男生、女生的平均身高，均可确定全班同学中身高最高者与最低者之间的差距"的矛盾命题为 B 项。考点："如果 P，那么 Q"的矛盾命题为"P 且非 Q"。

33. 【答案】B

【考点】数量关系

【解析】题干已知：某电脑公司的个人笔记本电脑的销量持续增长，但其增长率低于该公司所有产品总销量的增长率。个人笔记本电脑的增长率比其他产品增长率低，那么，相应地其在整个公司的销售占比逐渐下降。而 B 项却是销售占比增长了，与题干矛盾。正确答案为 B 项。

34. 【答案】B

【考点】性质命题的矛盾命题

【解析】"每个凡夫俗子一生中都将面临许多问题"，其矛盾命题是"有些凡夫俗子一生中将面临的问题并不多"。特称否定命题是全称肯定命题的矛盾命题。正确答案为 B 项。本题关键是要在比较复杂的信息中找到考点。

35. 【答案】E

【考点】加强

【解析】题干中科研人员发现"孕妇适当补充维生素 D 可降低新生儿感染呼吸道合胞病毒的风险"，支持可找证据说明结论讲得有道理，例加强调维生素 D 促进新生儿呼吸系统发育、预防新生儿呼吸道病毒感染等。选项 A 只涉及孕妇是如何缺乏维生素 D 的，没有给题干论证提供任何新的证据，与题干结论无直接关系。B、D 两项属于无关选项，很容易排除。选项 C 其实为削弱，可排除。

36. 【答案】B

【考点】解释

【解析】题干现象"大多数顾客均以公平或慷慨的态度结账，实际金额比那些酒水菜肴本来的价格高出20%。该酒馆老板另有4家酒馆,而这4家酒馆每周的利润与付账'随便给'的酒馆相比少5%"。A、B两项都能进行一定的解释。A项的"部分顾客"不能确保利润增加;B项如果真,则说明,给少的人都要求补齐差价,加上"大多数顾客公平或慷慨",可以保证利润的增加。答案为B项。注意:本题是假设选项为真来解释老板营销策略很成功。

37.【答案】C

【考点】对应关系

【解析】本题可以采用列表法解题。首先看清题干"已知上述每个回答如果提到经办人,则回答为假;如果提到的人不是经办人,则为真",据此:

假设钱仁礼是经办人,则赵义的话为假话,推出:钱仁礼是审批领导。这样,我们得出钱仁礼既是经办人又是领导,产生矛盾,所以,钱仁礼不是经办人。则赵义的话真,得出:钱仁礼不是审批领导。

同理,假设李信是经办人,根据上面推理过程,同样推出:李信不是经办人;同理,假设赵义是经办人,也能推出:赵义不是经办人。所以,只有孙智是经办人才不会产生矛盾。

38.【答案】B

【考点】对应关系

【解析】排列组合题型可以使用列表法。由于37题本身并未附加除了题干以外的任何条件,所以得出的结论仍然适用本题。基于此,有下表所示的岗位匹配(× 表示不可能):

	经办人	复核	出纳	审批领导
赵义	×	√	×	×
钱仁礼	×	×	√	×
孙智	√	×	×	×
李信	×	×	×	√

由表看出,B项正确。

39.【答案】E

【考点】加强

【解析】证据:行星内部含有元素钍和铀越多,其内部温度就越高,在一定程度上有助于行星的板块运动,而板块运动有助于维系行星表面的水体;结论:板块运动可被视为行星存在宜居环境的标志之一。假设:必须搭桥,建立"元素钍和铀""温度""水体"与结论"宜居"之间的关系。E项最可能是假设。注意D项的表述"都是",而题干仅仅是"含有越多",一定要学会排除干扰。

40.【答案】B

【考点】对应关系

【解析】已知条件(1)第一支部没有选择"管理学""逻辑";条件(2)第二支部没有选择"行政学""国际政治";条件(3)只有第三支部选择"科学前沿";条件(4)任意两个支

部所选课程均不完全相同。

	行政学	管理学	科学前沿	逻辑	国际政治
1	√（推出）	×（条件1）	×（条件3）	×（条件1）	√（推出）
2	×（条件2）	√（推出）	×（条件3）	√（推出）	×（条件2）
3			√（条件3）		
4			×（条件3）		

把选项 A 代入，如果没有选择"行政学"，它可以选"管理学"与"国际政治"，不一定要选"逻辑"。把选项 B 代入，如果第四支部没有选择"管理学"，则它要选的可能有"行政学"与"逻辑"或者"逻辑"与"国际政治"，所以，"逻辑"必须选，所以，B 项正确。

41. 【答案】C

【考点】解释

【解析】题干表面上矛盾：全球变暖已经是趋势，但近几年为什么北半球许多地区的民众在冬季觉得异常寒冷呢？如果 C 项真，则"近几年来，由于两极附近海水温度升高导致原来洋流中断或者减弱，而北半球经历严寒冬季的地区正是原来暖流影响的主要区域"，说明全球变暖是真的，两极地区变暖也是真的，且解释了北半球异常寒冷是因为影响北半球这一地区的暖流因全球变暖而被中断或减弱。两个现象都得到了解释。其余选项关键词不对。注意"全球变暖""两极地区""北半球"等关键词。

42. 【答案】D

【考点】演绎推理的选言命题推理

【解析】两个《通知》或者属于规章或者属于规范性文件，则如果不是规范性文件，那么一定是规章。D 项为真。

43. 【答案】B

【考点】演绎推理的综合推理

【解析】注意梳理题干：条件（1）优秀专家→管好；条件（2）品行端正→受尊；条件（3）一知半解的人→不受尊；条件（4）解职→没管好。根据条件（1)(4）可以推出：如果优秀专家，则管好，则不被解职。B 项一定真。

44. 【答案】A

【考点】两难推理

【解析】条件（1）：如果甲党赢得对政府的控制权，该国将出现经济问题；条件（2）：如果乙党赢得对政府的控制权，该国将陷入军事危机；条件（3）：或者是甲党控制政府，或者是乙党控制政府。将条件（3）代入条件（1）和条件（2），推出：或者出现经济问题，或者陷入军事危机。A 项一定真。

45. 【答案】D

【考点】性质命题的推理

【解析】可以直接推理。已知"任何非免费师范生毕业时都需要自谋职业",而"一般师范生"不是"免费师范生",则一般师范生需要自谋职业。D项一定真。

46.【答案】D

【考点】对应关系

【解析】共三人,文珊现在111室,则姚薇与孔瑞两人必有一位在112室,所以本题答案从A、D两项中选;孔瑞只能在110室或者112室,由此看来D、E两项必有一真。取交集,选D项。

47.【答案】E

【考点】位置关系

【解析】由于题干中提到次数最多的人名是建国,因此先固定建国的位置。根据条件(1)"晨桦是软件工程师,他坐在建国的左手边",可以确定晨桦(软件工程师)的位置。根据条件(3)"坐在建国对面的嘉媛不是邮递员",可以确定嘉媛在建国对面,因此向明在建国的右手边。根据条件(2)"向明坐在高校教师的右手边"可以确定建国就是高校教师。又因为条件(3)提到嘉媛不是邮递员,所以向明是邮递员,嘉媛是园艺师。

列表如下:

	嘉媛(条件3)	
晨桦 软件工程师(条件1)		向明邮递员(条件3)
	建国 高校教师(条件2)	

48.【答案】E

【考点】演绎推理、综合推理

【解析】比较复杂的推理需要对题干进行逻辑序列的分析。

已知条件(1)不善思→不优秀;条件(2)谦逊→不学;条件(3)占星家→学;条件(4)有些占星家→优秀。

根据条件(1)和(4)得到:有些占星家→优秀→善思 = 有些善思的是占星家。

根据条件(2)和(3)得到:占星家→学占星术→不谦逊。

这两条逻辑链也可以连接并简化成:有些善思→不谦逊。其矛盾:所有善思→谦逊。

49.【答案】D

【考点】削弱

【解析】削弱即割裂两者关系或者直接反对其观点。证据:蜘蛛越老,结的网就越没有章法;结论:随着时间的流逝,这种动物的大脑也会像人脑一样退化。D项如果真,则直接割裂证据与结论之间的关系。

50.【答案】D

【考点】加强

【解析】本题要求建立证据与结论之间的关系。在嘈杂环境中准确找出声音来源的能力,男性要胜过女性。如果 D 项真，则与话题概念一致，可能增强题干结论。其他选项不相关。C 项说的是"安静环境"，与题干所说的"嘈杂环境"不一致；E 项是比较两种环境下，人的注意力的差别，没有分别阐述男性和女性注意力的差别；A、B 两项中的"熟悉"与否与"声音来源"的关系没有说明。

51. 【答案】D

【考点】性质命题

【解析】"孙先生的所有朋友都知道"与"在他的朋友中有像孙先生这样不知情的"存在矛盾，必有一假。无论谁假，都可以说明 D 项一定真。

52. 【答案】E

【考点】数量关系

【解析】仅算本科生人均投入经费，甲校远少于乙校。但加上研究生经费后，所有学生人均投入经费，却是甲校多于乙校。这说明上年度甲校研究生占该校学生的比例高于乙校，或者甲校研究生人均经费投入高于乙校。E 项为真。其实从选项也能分析出答案，如果选 C 项，一定选 E 项；如果选 D 项，一定选 E 项。题干比较的是学生人均经费投入，不能从中得出关于学生人数的断定，因此 A、B 两项不能从题干中得出，排除。

53. 【答案】E

【考点】对应关系

【解析】如果荀慧参加中国象棋比赛，根据条件（5）可知，墨灵不能参加中国象棋；再根据条件（3）的逆否推理可得：韩敏参加国际象棋比赛，E 项正确。

54. 【答案】D

【考点】对应关系

【解析】如果庄聪和孔智参加相同的比赛项目，根据条件（2），两人只能参加国际象棋比赛，排除 B、C 两项；由于每项只能两人，韩敏不参加国际象棋比赛，根据条件（3），肯前必肯后，得出墨灵参加中国象棋比赛，排除 A、E 两项。答案为 D 项。

55. 【答案】D

【考点】对应关系

【解析】问题问的是可能真，则可以拿选项代入。如果 A、B 两项为真都会导致违反条件（3）；C 项为真导致违反条件（2）；E 项为真导致条件（2）(3) 的后件同时成立，违反了条件"两人参加中国象棋比赛"。只有 D 项可能为真。

2015 年管理类联考逻辑真题答案解析

26.【答案】 B

【考点】 解释

【解析】题干现象： 恒星尽管遥远，但是有些可以被现有的光学望远镜"看到"。和恒星不同，由于行星本身不发光，而且体积还小于恒星，所以，太阳系外的行星大多无法用现有的光学望远镜"看到"。注意其中关键词：太阳系外的行星为什么用现有的光学望远镜看不到？B 项如果为真，则行星自己不发光，现在又不能将光反射到地球上，则可以解释看不到。D、E 两项与题干现象"太阳系外行星"无关，A、C 两项不能解释看不到。

27.【答案】 B

【考点】 削弱

【解析】题干论证： 某专家建议，在取得进一步的证据之前，人们应该采取更加安全的措施，如尽量使用固定电话通话或使用短信进行沟通。如果 B 项为真，则说明专家的建议没有意义。E 项没有说明使用固定电话不可行；D 项为反例，但不能削弱普遍高概率现象，削弱力度较弱。

28.【答案】 E

【考点】 位置关系

【解析】 学会画图法辅助解题。将已知条件（1）（2）代入，可画图如下：

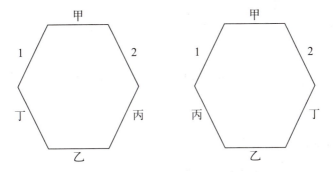

将提问所给条件"乙与己不相邻"代入，则 A、B、C 三项一定假，排除；D 项，若甲与戊相邻，则己与丁可能正面相对，也可能不正面相对，排除；E 项，若丙与戊不相邻，则戊只能在丙的对面，则己与丙相邻，一定正确。

29.【答案】 E

【考点】 加强

【解析】 假设与预设，是指上述论证成立的必要前提。**证据**：直觉、多层次抽象等是人类的独特智能，尽管现代计算机已经具备了一定的学习能力，但这种独特智能还需要人类的指导；**结论**：计算机不可能达到甚至超过人类的智能水平。论证假设：直觉、多层次抽象等人类的独特智能是计算机无法通过学习获得的,只能由人类指导。所以,E 项必须假设。如果计算机可以通过学习学会"直觉、多层次抽象等独特智能",那么计算机就可能达到或者超过人类的智能水平。

30. 【答案】B

【考点】演绎推理充分条件命题推理

【解析】首先梳理已知条件,寻找规律。

凡属交通信号指示不一致或者有证据证明救助危难等情形→不得录入;已录入信息→完善异议受理、核查、处理等工作规范,最大限度减少执法争议。B 项一定为真,因为肯前必定肯后。

31. 【答案】D

【考点】概念关系与数量关系

【解析】根据条件(2)至少有 6 位中年女教师,根据条件(3)至少有 7 名青年女教师,中年与青年不相交,推出女教师至少有 13 名。D 项为真。

32. 【答案】C

【考点】真假话题

【解析】本题要找矛盾关系或包含关系进行假设。条件(1)(3)有包含关系,设条件(1)为假,则条件(3)一定为假,违反"两真一假"条件,所以条件(1)一定为真,至少有 5 名女青年教师。所以,青年教师至少有 5 人。C 项一定为真。E 项不一定为真,因为条件(1)为真不能推出条件(3)一定为真。

33. 【答案】B

【考点】削弱

【解析】已知条件:企业的办公大楼设计得越完美,装饰得越豪华→企业离解体的时间就越近。其矛盾命题是对其最有力的削弱。"P→Q"的矛盾命题为"P 且非 Q"。答案为 B 项。

34. 【答案】E

【考点】演绎推理的综合推理

【解析】条件(1)张云:李华同行→大巴;

条件(2)李华:高铁比飞机便宜→高铁;

条件(3)王涛:没有预报雨雪→飞机;

条件(4)李华和王涛:航班合适→飞机。

由条件(3)知,王涛:没有乘坐飞机→预报雨雪。

本题采用选项代入法。

A 项,李华没有坐高铁或飞机,则一定会坐大巴,但推不出与张云同行,可真可假;B 项,如果王涛坐飞机,根据条件(3),推不出预报二月初北京有雨雪天气;C 项,如果张云和王涛乘坐高铁，则根据条件（3）推出"预报"北京二月初有雨雪天气，但不代表就"有"；D项真则说明李华没有乘坐高铁，由条件（2）知：并非高铁比飞机便宜，可以是飞机比高铁便宜或者一样价钱，不一定真假。所以，E项一定为真。因为由E项知，王涛没坐飞机，根据条件（3），则"预报"二月初北京有雨雪天气，为真。

35.【答案】C

【考点】削弱

【解析】削弱即割裂两者关系或者直接反对其观点。证据："李祥"这个名字连续四个月中签；结论：不少市民据此认为有人作弊。现象解释类题型，削弱一般可以考虑有其他更好的解释。C项如果真，则意味着现象"'李祥'这个名字连续四个月中签"是可能的。E项不能消除怀疑，如果E项真，每个人号码不重复，怎么解释现象"'李祥'这个名字连续四个月中签"。其他选项与题干证据和结论的话题无关。

36.【答案】D

【考点】加强

【解析】题干：扁桃仁和大杏仁被误认，专家澄清不能传递到企业与民众中，所以，制定林果的统一行业标准，才能还相关产品以本来面目。本题至少需要假设原先没有统一标准，D项有必要。如果我国已经有了林果的统一行业标准，那么就不需要制定这一标准了。

37.【答案】A

【考点】充分条件，选言命题

【解析】先找事实性命题，以此出发。

条件：并非约定，代入条件：只有约定，才能拜访秦玲。

根据必要条件，否前则必否后，得出：不能拜访秦玲。

代入条件：要么看电影，要么拜访秦玲，得出：看电影。

代入条件：开车回家→并非看电影，根据充分条件，否后必否前，得出：没开车回家。

答案为A项。

38.【答案】A

【考点】综合推理

【解析】按规定，同一学院或者同一社团至多选派一人。由条件（2）知，周艳和徐昂至多入选一个；由条件（3）知，李环和朱敏至多选派一人。根据已知5个本科生中有3人入选，推出：文琴必入选。A项为真。

39.【答案】D

【考点】综合推理

【解析】已知同一学院或者同一社团至多选派一人，如果唐玲入选，根据条件（1），则朱敏不能入选；根据条件（2），周艳和徐昂至多选派一人；加上本科生必须选派3人，李环必定入选。D项一定为真。

40. 【答案】B

【考点】三段论

【解析】结论：所有阔叶树都不生长在寒带地区。削弱只需要证明：有的阔叶树生长在寒带地区。如果 B 项为真，则常绿→寒带，根据已知条件"有的阔叶→常绿"推出：有的阔叶树生长在寒带，与题干结论矛盾，B 项正确。

41. 【答案】C

【考点】数量关系

【解析】问一个年级最多选拔人数，可采用选项代入法。

如果 A 项为真，一个年级有 8 人，则另外三个年级一共有 4 人，只能分别为 1 人、1 人、2 人，与条件（2）矛盾，不成立。

如果 B 项为真，一个年级有 7 人，则另外三个年级一共有 5 人，只能分别为 1 人、1 人、3 人或者 1 人、2 人、2 人，与条件（2）矛盾，不成立。

如果 C 项为真，一个年级有 6 人，则另外三个年级一共有 6 人，可以分别为 1 人、2 人、3 人，满足条件（1）(2)(3)，可以成立。所以答案为 C 项。

42. 【答案】C

【考点】数量关系，复合命题

【解析】已知条件分析如下：

每个年级须在长跑、短跑、跳高、跳远、铅球等 5 个项目中选 1～2 项参加比赛；

长跑→¬（短跑∨跳高）=长跑→¬短跑∧¬跳高；

跳远→¬（长跑∨铅球）。

该年级队员如果选择长跑，则没有选择短跑、跳高和跳远，故 C 项，选择短跑或跳远，必然为假。

43. 【答案】C

【考点】演绎推理的综合推理

【解析】选项如果为"假设条件命题"，一般可以用选项代入法。根据条件（4），如果启动丙→启动甲；根据条件（1），则甲能查杀已知的所有病毒，故可以查杀已知的一号病毒；根据条件（3），丙能防御已知的一号病毒。所以，C 项一定为真。E 项需要注意"所有已知病毒"与"所有病毒"这两个概念之间的区别。A 项不一定为真，因为由 C 项可知，启动丙程序为"防御并查杀一号病毒"的充分条件，而非必要条件。

44. 【答案】B

【考点】结构类似

【解析】题干论证方法为求异法。B 项为求异法；A 项为选言命题否定肯定式；C 项为简单归纳法，以偏概全；D 项为类比推理；E 项为三段论推理。

45. 【答案】C

【考点】充分必要条件

【解析】中生员，才能中举人；中举人（解元），才能中贡士（会元）；中贡士，才能中进士（状元）。即进士（状元）→贡士（会元）→举人（解元）→生员。那么C项不可能真。"如果P，那么Q"的矛盾命题为"P且非Q"。

46. 【答案】E

【考点】削弱

【解析】题干分析：出色→提拔→碌碌无为。矛盾命题"P且非Q"为最有力的削弱。答案为E项。

47. 【答案】D

【考点】充分必要条件

【解析】题干条件：如果一个组织不加强内部管理，则一个正直能干的人进入某低效的部门就会被吞没，无德无才者就会将高效部门变成散沙。D项一定为真，因为根据充分命题性质"否后则必定否前"可以推出D项。

48. 【答案】C

【考点】加强

【解析】证据：实验鼠体内神经连接蛋白的蛋白质如果合成过多，会导致自闭症；结论：自闭症与神经连接蛋白质合成量具有重要关联。如果选项建立了证据与结论之间的关系，则为支持。C项正确。本题支持套路：求异法支持（没有这个原因，就没有这个结果）。

49. 【答案】A

【考点】加强

【解析】假设与预设，是指上述论证成立的必要前提。结论：应该大力开发和利用生物燃料；证据：生物燃料可以替代由石油制取的汽油和柴油。假设必须建立"生物燃料"能够"替代石油"两者之间的关系。因此，本题必须假设A项是正确的。

50. 【答案】D

【考点】充分条件

【解析】已知：如果不能在近几年消除结核病，那么还会有数百万人死于结核病。根据充分条件性质，如果否后，则必定否前。所以，如果要避免数百万人死于结核病，则必须在近几年消除结核病。D项正确。注意：只有X，才Y＝如果Y，则X。充分条件命题与必要条件命题可以进行等价转换，但要记住前后件需要颠倒。

51. 【答案】A

【考点】充分必要条件

【解析】题干条件分析得出：守住道德底线→有崇高信仰→不断加强理论学习。答案为A项。注意：只有X，才Y＝如果Y，则X。充分条件命题与必要条件命题可以进行等价转换，但要记住前后件需要颠倒。

52. 【答案】B

【考点】加强

【解析】证据：经测试，实验组受试者的血液中酒精浓度只有现有酒驾法定值的一半，但出现较高的计算传球失误率；结论：应该让立法者重新界定酒驾法定值（即现有法定值比较高，不能预防酒驾危害）。如果 B 项真，则意思与题干一样。即血液中酒精浓度只有酒驾法定值的一半，也会影响视力和反应速度。B 项建立了证据（实验数据）与结论（酒驾危害）之间的关系。

53.【答案】D

【考点】加强

【解析】证据：时隔四年的两次测试发现那些得分提高了的学生，其脑部比此前呈现更多的灰质；结论：个体的智商变化确实存在，那些早期在学校表现不突出的学生仍有可能成为佼佼者。A 项能支持智商变化存在。B 项能支持智商的提高变化与脑部灰质增多有关系，与题干证据一致；C 项也在讲智力与大脑结构之间有关系；E 项说明灰质的增加与年龄增长有关系，说明智商会随着年龄增长而提高。

D 项说的是学生早期表现，与今后学生智商是否变化以及是否能够成为佼佼者没有直接的关系。

54.【答案】D

【考点】复合命题

【解析】题干条件：(1) 化学→数学；(2) 怡和→风云；(3) 只有一家公司招聘文秘专业，且该公司没有招聘物理专业；(4) 怡和管理→怡和文秘；(5) ¬宏宇文秘→怡和文秘。

如果只有一家公司招聘物理，则根据条件（2）知，若怡和招物理，则风云招物理，与只有一家公司招聘物理矛盾，得出：怡和没招物理，排除 E 项。

根据条件（3）知，只有一家公司招聘文秘且不招物理，又由条件（2）知，怡和招聘的专业，风云也招，得出：怡和没有招文秘；根据条件（5）得出：宏宇招文秘；再根据条件（3）知，宏宇没招物理。那么，如果只有一家招物理，则招物理的只能是风云。D 项正确。

55.【答案】D

【考点】复合命题

【解析】根据条件（3）知，只有一家公司招聘文秘且不招物理，又由条件（2）知，怡和招聘的专业，风云也招，得出：怡和没有招文秘；根据条件（4）得出：怡和没招管理；根据条件（1）知，化学→数学＝¬数学→¬化学。假设怡和没招数学，则怡和也没招化学，这样的话，怡和有 4 个专业没招，与每家公司都招三个专业矛盾，得出：怡和招了数学。根据条件（2）得出：怡和招了数学，则风云也招了数学。答案为 D 项。

2016 年管理类联考逻辑真题答案解析

26. 【答案】D

【考点】必要条件

【解析】已知：一个企业只有搭建服务科技创新发展战略的平台、科技创新与经济发展对接的平台以及聚集创新人才的平台，才能催生重大科技成果。根据必要条件性质，如果否前则否后，即如果没有搭建平台，则无法催生重大科技成果。答案为 D 项。本题无须使用排除法。演绎推理的答案都是根据公式推理必然可以得出真假的。

27. 【答案】C

【考点】充分必要条件

【解析】已知：条件（1）只有实行最严格的制度、最严密的法治，才能为生态文明建设提供可靠保障，即如果提供保障，则实行严格制度、严密法治。

条件（2）如果要实行最严格的制度、最严密的法治，就要建立责任追究制度，对那些不顾生态环境盲目决策并造成严重后果者，追究其相应的责任。即如果实行严格制度、严密法治，则追究责任。

根据条件（1）和（2）进行联合推理，得出：提供保障→实行严格制度、严密法治→追究责任。根据充分条件性质，如果否后则必否前，得出答案为 C 项。

28. 【答案】D

【考点】结构类似

【解析】题干"可促进"中的"可"是充分命题标记词，题干推理看作"有 P（注重自然教育），则有 Q（激发潜能）"，如果"没有 P（缺乏此教育），则没有 R（认知受影响）"。这是一个充分命题的否前否后推理。

观察选项，只有 D 项符合："注重调查研究，可以让我们掌握第一手资料"相当于"有 P，则有 Q"，"闭门造车只能让我们脱离实际"相当于如果"没有 P，则没有 R"。因此答案选 D 项。本题关键是充分条件的否前否后推理。A、B、C 三项只是进行对比，没有否前否后推理；E 项只是一个命题，没有进行推理。

29. 【答案】E

【考点】数量关系

【解析】根据甲子 60 年重复一次，公元 2014 年为甲午年，公元 2015 年为乙未年，可知：2015+60=2075 年，为乙未年，故 2085 年天干为"乙"(10 年一个循环)，进而可知 2087 年天干为"丁"；根据 2075 年为乙未年，可知 2087 年地支为"未"(12 年一个循环)，答案为 E 项。

30. 【答案】D

【考点】概括焦点

【解析】所谓焦点，应该是双方都在谈论的而且观点相反的地方。

赵明结论：我们一定要选拔喜爱辩论的人；证据：因为一个人只有喜爱辩论，才能投入精力和时间研究辩论并参加辩论赛。

王洪结论：我们招募的是能打硬仗的辩手；证据：只要能在辩论赛中发挥应有的作用，他就是我们理想的人选。

双方的焦点：选拔人才的标准是兴趣还是有用。所以，答案为 D 项。

选项分析：都没谈论现实或理想，A 项排除；不涉及研究或培养的问题，B 项排除；两人都认同招募新人是要去赢得比赛，C 项排除；两人显然都不认同招募的目的是满足个人爱好，E 项排除。

31.【答案】A

【考点】必要条件矛盾命题

【解析】本题要先把必要条件命题转换成充分条件命题。"只有我们在下一场比赛中取得胜利并且本组的另外一场比赛打成平局，我们才有可能从这个小组出线"，这是一个必要条件命题，等于"如果出线，则自己取得胜利且另一组平局"。如果该命题为真，则其矛盾命题一定为假。"如果 P，那么 Q"的矛盾命题为"P 且非 Q"。即"甲国足球队出线了，但甲国足球队下一场没取胜或另外一组不是平局"，答案为 A 项。注意："都分出了胜负"的意思是"另外一场并非平局"。必然真假类推理试题，无需用排除法。

32.【答案】D

【考点】加强

【解析】证据：土坯砖边缘整齐，并且没有切割的痕迹；结论：这件土坯砖应当是使用木质模具压制成型的。支持类试题，必须寻找一个选项建立证据与结论之间的关系。选项 D 表明，没有采用模具的，其边缘或者不整齐，或者有切割痕迹，符合支持套路"没有理由，则没有结果"。B 项的关键概念不符合题干论证的话题范围。请注意：解题关键是找到证据与结论的关键概念。其进一步推测"先用模具"，因此"模具"是关键概念。

33.【答案】D

【考点】削弱

【解析】证据：在 1 200 名参与实验的老年人中，拥有 AA 型和 AG 型基因类型的人都在上午 11 时之前去世，而拥有 GG 型基因类型的人几乎都在下午 6 时左右去世；结论：GG 型基因类型的人会比其他人平均晚死 7 小时。这个推论有问题，因为题干证据中没有说明他们是在同一天的 11 点和 6 点去世，如果一个 GG 型在昨天下午 6 点去世，一个 AA 型在今天上午 11 点去世，则题干的结论被推翻。答案为 D 项。

为什么不是 A 项呢？因为题干没有涉及几种人的寿命长短问题，题干只是提及 3 种类型的人的死亡时间早晚。注意，证据与结论的关键概念的一致性是这类试题的解题关键。

2016年管理类联考逻辑真题答案解析

34.【答案】E

【考点】削弱

【解析】商家以商品已作特价处理、商品已经开封或使用等理由拒绝退货。选项E直接推翻了商家拒绝退货的理由，即没有问题也要退货，与题干"无理由退货"的关键词最接近；C项并没有回应"无理由退货"，其意思"要知道存在质量问题，需要开封"仍然是"有质量问题退货"，而不是"无理由退货"，也不涉及"特价处理""使用"等概念。注意保持题干和选项的关键概念尽可能一致。

35.【答案】B

【考点】充分与必要条件

【解析】一般从事实命题入手，由条件（5）可知，"王书记不参加宣传例会，也不参加信访接待"，根据条件（4）必要命题性质"否前就否后"推出"王书记下乡调研"，所以正确答案是B项。A、C、D、E四项都不能必然推出。注意：推出结论题型的正确答案必须是有证据、有公式推出，可能真并不等于必然真。

36.【答案】D

【考点】削弱

【解析】专家观点：机器人战争技术的出现可以使人类远离危险，更安全、更有效地实现战争目标。A项涉及未来，与题干无关；B项不质疑，因为还是让"部分国家"远离危险了，也就是说能让部分人类远离危险；C项支持了题干结论；D项"更血腥"与专家观点相反；E项话题与专家观点无关。

37.【答案】A

【考点】真话假话

【解析】陈、李二人的话显然矛盾，必有一真，必有一假。根据已知条件"两人真话两人假话"，所以张、汪二人的话也必有一真，必有一假。假设汪为真，则张也为真，不符合已知条件，所以汪为假且张为真；由汪为假，可知是汪送的，由此可知李也为真。A项正确。

38.【答案】E

【考点】削弱

【解析】题干中"理性计算"的观点：开车在路上如果遇到加塞，就要让着它。A、B、C、D四项的核心意思是"不让"，只有E项意思是如果不让就会增添麻烦，意思是"让"，与题干观点相同，支持题干。E项正确。

39.【答案】E

【考点】加强

【解析】题干建立"城市风道"的设想是为了让风在城市中自由地进出，更新城市空气，解决雾霾与热岛效应。支持类试题，必须寻找一个选项建立证据与结论之间的关系。E项直接建立了"城市风道"与"驱除雾霾""散热"之间的关系，所以，E项最能支持。B选项质疑了城市风道的可行性，C选项质疑了城市风道的效果，D选项未提及建成城市风道的效果，并且其主语是有些城市，故其支持力度十分有限。A项与题干证据和结论的关键词无关。

40. 【答案】E

【考点】解释

【解析】本题要求解释人们的困惑：政府能在短期内实施"APEC治理模式"取得良好效果，为什么不将这一模式长期坚持下去呢？ A项能解释，因为已产生很多难以解决的实际问题，所以有可能不能将这一模式长期坚持下去；B项能够解释，因为严重影响地方经济和社会发展；C项可能解释，因为长期坚持这一模式可能使付出的代价超出收益；D项可能解释，因为这种方法是权宜之计；E项能够说明的是为什么要采取"APEC治理模式"，而不能解释为什么不将这一模式长期坚持下去这个困惑。答案为E项。

41. 【答案】C

【考点】削弱

【解析】证据：任何物质的运动速度都不可能超过光速，但天文学家发现，这束伽马射线的速度超过了光速，因为它只用了4.8分钟就穿越了黑洞边界，而光要25分钟才能走完这段距离。结论：光速不变定律需要修改了。

选项分析：C项"要么……要么……"如果为真，则说明"天文学家的观测有误"和"有人篡改了天文观测数据"一定有一个为真，无论哪个为真，都说明数据不可信，最能质疑天文学家的结论；D项不一定能够质疑，因为"可能"削弱力度较小；A项中有联结词"或者"，是相容选言命题，如果"过时"是真，则光速不变定律需要修改，A项不一定质疑；B项的意思是"或者观测有问题，或者需要修改定律"，不一定削弱，还有可能支持；E项"没有出现反例"不代表反例不存在，且与题干证据无关，不能质疑。注意："或者"与"要么"的差别。

42. 【答案】A

【考点】解释

【解析】题干实验现象是"贴着'眼睛'的那一周，收款箱里的钱远远超过贴其他图片的情形"。本题要求解释上述实验现象。A项指出该公司职员看到"眼睛"图片时，就能联想到背后可能有人看着他们，这样就与"有人监督"进行联想，能够合理解释上述现象。其他选项不能合理解释贴着"眼睛"与收到更多的钱之间的关系。比如D项，莫名感动是否就会交钱？这不一定。解释题型的关键有两点：现象是什么？选项不能过度发挥与过度偏向解释。

43. 【答案】D

【考点】位置关系

【解析】本题问"哪个庭院可能是'日'字庭院"，一般采用排除法。A项排除，与条件（1）冲突；B项排除，若"日"字庭院在第二个庭院，当条件（2）"火"和"土"相邻满足，则条件（3）不能满足；C项排除，若"日"在第四个庭院，当条件（2）满足，则条件（3）不能满足；D项则可能，若"日"在第五个庭院，当"火""土"处在六、七庭院，则条件（3）

有多种可能；E项排除，若"日"字庭院在第六个庭院，当条件（2）满足，其余空位无法满足条件（3）。所以，答案为D项。排列组合试题，可采用选项代入法，不产生矛盾即可能真。

44. 【答案】E

【考点】位置关系

【解析】将问题所给条件代入，根据条件（2）则"火"字庭院有两种可能性，处于第一或第三庭院。设"火"字庭院在第三庭院，则剩余空位无法同时满足条件（3）和条件（1），所以"火"排第一庭院。E项为真。本题可以通过列表来帮助推理。

1	2	3	4	5	6	7
火	土					日
	土	火 ×				

45. 【答案】C

【考点】解释

【解析】本题关键在于"现象"是什么。题干发现：乐于助人、相处融洽的人，平均寿命长一些；损人利己、相处不融洽的人，死亡率较高。C项指出与人为善带来轻松愉悦的情绪，有益身体健康；损人利己则带来紧张的情绪，有损身体健康，解释了上述发现。C项从两个方面都做了解释，且与题干发现相关；其他选项大都只作单方面说明，或者干脆与上述"发现"的关键词无关。

46. 【答案】B

【考点】加强

【解析】假设，是指上述论证成立的必要前提。牛师傅的观点：超市水果表面有残留农药，所以消费者在超市购买水果后，一定要清洗干净方能食用。那至少假设了B项，如果B项为真，加上已知有农药，当然支持牛师傅的看法"一定要清洗干净才能食用"。如果B项不成立，则其结论也不能成立。关键是找到题干证据与结论的核心。E项的关键词与"清洗干净方能食用"无关。因为，即使水果表面会有农药残留，但如果超市已经清洗干净了呢？

47. 【答案】D

【考点】论证缺陷

【解析】证据：不理解自己的人是不可能理解别人的；结论：那些缺乏自我理解的人是不会理解别人的。我们发现，题干的结论是对论证前提的重复，正确答案为D项。

48. 【答案】B

【考点】对应关系

【解析】由条件（1）可知，绿茶和红茶都不在肆；由条件（3）可知，白茶也不在肆；由于已知每只盒子只装一种茶，每种茶只装一个盒子，所以肆盒中装的只能是花茶，答案为B项。本题也可以列表，然后将条件代入。

	1	2	3	4
绿				×（条件1）
红				×（条件1）
花				
白				×（条件3）

49. 【答案】C

【考点】真话假话

【解析】假设条件（1）为真，则中标只能在赵、钱之间，推出条件（2）为真，这和题设只有一人真话矛盾，所以条件（1）不能为真，由此可得赵、钱都没中标；假设李中标，则条件（2）和条件（3）都是真的，与题设只有一人真话矛盾，所以，李不能中标，答案为C项。

50. 【答案】E

【考点】加强

【解析】专家的观点是：电子学习机可能不利于儿童成长；理由是：交流中促进孩子心灵成长。论证假设了"电子学习机不利于交流"。E项说，电子学习机减少了父母与孩子的交流，非常有力地支持了题干专家的观点，所以E项正确。C、D两项的关键词与专家观点的内容无关。

51. 【答案】D

【考点】削弱

【解析】论证结构：游戏体验不好是因为硬盘速度太慢，所以给老旧的笔记本电脑换硬盘能大幅提升使用者的游戏体验。D项如果为真，则说明游戏体验取决于电脑的显卡，这就说明换硬盘达不到大幅提升游戏体验的目的，属于他因式削弱，所以D项最有力地削弱了题干的观点。注意题干论证证据与结论的关键词。

52. 【答案】C

【考点】加强

【解析】题干论证：如果研究者放弃在杂志发表前匿名评审这段等待的时间，事先公开其成果，则公共卫生水平就可以伴随着医学发现而更快获得提高。这段论证假设了人们会利用那些没在杂志上发表但事先公开的成果；如果你公开后大家不信任你的成果，不会利用，也就不会有公共卫生水平的提高。C项正确。

53. 【答案】E

【考点】削弱

【解析】题干论证：如果研究者放弃在杂志发表前匿名评审这段等待的时间，事先公开其成果，则公共卫生水平就可以伴随着医学发现而更快获得提高。如果E项为真，则说明匿名评审这段时间的等待是必要的，因为可以防止错误。

54.【答案】C

【考点】对应关系

【解析】由已知条件"每人所选食材名称的第一个字与自己的姓氏均不相同"可以得出：木心不选木耳；再由条件（2）可知，木心不选金针菇、土豆，则木心只能选火腿、水蜜桃；由条件（4）可知，火珊不选金针菇，再由条件（3）可知，火珊不选水蜜桃，由题干可知，火珊不能选火腿，综合可推出：火珊只能选木耳、土豆；由题干可知，金粲不能选金针菇，由前又可知，木心、火珊都没选金针菇，所以，只能是水仙、土润选金针菇；因为水仙选金针菇，由条件（1）可知，金粲不选水蜜桃，由前述可知，火珊也不选水蜜桃，再由题干可知，水仙不能选水蜜桃，所以只能是木心、土润选水蜜桃；由此可得结论：土润选金针菇、水蜜桃，所以C项正确。

55.【答案】E

【考点】对应关系

【解析】如果水仙选用土豆，54题已推出水仙选了金针菇，则可知水仙选的两种食材就是金针菇和土豆；由54题还可知，火珊选了木耳、土豆，木心、土润选了水蜜桃；综合这些可知，金粲已不能选土豆、水蜜桃，同时金粲也不能选金针菇，金粲只能选木耳、火腿。E项为真。

2017 年管理类联考逻辑真题答案解析

26. 【答案】A

【考点】性质命题

【解析】根据"任何涉及核心技术的项目决不能受制于人,我国许多网络安全建设项目涉及信息核心技术",推出 A 项为真。

27. 【答案】C

【考点】演绎推理

【解析】任何结果→背后有原因→可以被人认识→必然不是毫无规律。即所有结果的出现都必然不是毫无规律。其矛盾命题为:有些结果出现,但可能毫无规律。C 项与上面推理矛盾。

28. 【答案】D

【考点】加强

【解析】本题要建立证据与结论之间的关系。证据:代购通过各种渠道避开关税,让政府损失了税收收入;结论:政府应该严厉打击海外代购的行为。D 项支持了专家的观点,说明代购避税,损失税收。

29. 【答案】E

【考点】对应关系

【解析】本题可使用选项代入法。假设丁和戊出演购物者,根据条件(4),则其他人不能出演购物者或路人,则甲、乙、丙和己不出演购物者,不出演路人;将此代入条件(3),否后必否前,可得乙和丁不出演商贩。根据乙不能出演商贩、购物者、路人,则只能出演外国游客。

30. 【答案】E

【考点】加强

【解析】证据:区教育局的安排是根据儿童户籍所在施教区做出的。所以,如果 E 项为真,能够支持法院的判决。其他选项与证据不相关。

31. 【答案】C

【考点】假言命题综合推理

【解析】一般从事实条件入手,根据条件(4)可知有国债投资,根据条件(2),否后必否前,得出:股票投资比例不低于 1/3,答案为 C 项。

32. 【答案】E

【考点】加强

【解析】本题要建立证据与结论之间的关系。证据:通识教育(常识),人文教育(智识);结论:人文教育对个人未来生活的影响会更大一些。B 项不能支持结论;C 项没有比较两者谁更重要;D 项没有比较;E 项说明专家的观点正确。

33. 【答案】C

【考点】位置关系

【解析】首赴安徽,根据条件(1)可知,最后一个调研江西省;根据条件(4),江苏省第三;根据条件(2),安徽省和浙江省中间有两个省;根据条件(3)可得,福建省排第五。列表如下:

1	2	3	4	5	6	7
安徽		江苏	浙江	福建		江西

答案为 C 项。

34. 【答案】C

【考点】位置关系

【解析】列表解题,将已知条件代入表格,我们发现,无论怎么排列,浙江省一定排在第五个。

1	2	3	4	5	6	7
江西	安徽	江苏		浙江	福建	
福建	安徽	江苏		浙江		江西

所以,答案为 C 项。

35. 【答案】D

【考点】概括焦点

【解析】所谓焦点,应该是双方都在谈论的而且观点相反的地方。论证结构:

王:创业者最重要的是坚持精神,无论有什么困难都坚持下去。

李:创业者最重要的是要敢于尝试新技术,因为大公司不敢轻易尝试新技术,则为创业者带来了契机。

显然,双方分歧在于是坚持精神还是尝试新技术。注意选项的关键词。D 项最合适,有关键词"坚持""尝试新技术""成功契机"等;A 项"挑战难题"不符合,关键是坚持;B 项"更多科学发现和技术发明"不符合原意"尝试新技术";C 项"做好"不符合原意;E 项"敢于挑战大公司"不符合原意。

36. 【答案】A

【考点】加强

【解析】本题要建立证据与结论之间的关系。证据:持续接触高浓度污染物会直接导致 10% 至 15% 的人患有眼睛慢性炎症或干眼症;结论:如果不采取紧急措施改善空气质量,这些疾病的发病率和相关的并发症将会增加。论证假设了空气中的有毒颗粒物与相关疾病的关联。A 项如果真,建立了有毒颗粒物与眼睛相关疾病之间的关系,加强了专家的观点。B 项没有讲到眼睛相关疾病;C、D 两项没有涉及空气质量问题;E 项没有直接建立证据与结论之间的关系,关键词偏离。

37. 【答案】D

【考点】数量关系

【解析】（1）每个年级人数相等；

（2）所有一年级学生可以把诗的名字、名句、作者对应；

（3）二年级 2/3 的学生可以把名句和作者对应；

（4）三年级 1/3 的学生不能把名句和诗名对应起来＝三年级 2/3 的学生能把名句和诗名对应起来。

根据（2)(4）求同归纳得出：一、三年级中至少 2/3 以上的学生可以把名句和诗名对应起来。D 项正确。

38. 【答案】B

【考点】加强

【解析】证据：婴儿通过触碰物体、四处玩耍和观察成人的行为等方式来学习，但机器人不能（机器人只能按照程序学习）；结论：因为婴儿是地球上最有效率的学习者，所以应该研制学习方式更接近于婴儿的机器人。对 B 选项进行取非验证，如果通过触碰、玩耍和观察等方式来学习不是地球上最有效率的，那就直接否定了科学家结论中的理由，再去研制学习方式更接近于婴儿的机器人也就没有意义了。E 项是干扰项，成年人的学习方式是无关信息，而机器人不能像婴儿那样去学习是题干已知信息，无需假设。因此，答案为 B 项。

39. 【答案】D

【考点】加强

【解析】证据：常规化疗手段可能将正常细胞和免疫细胞一同杀灭，有副作用，而黄金纳米粒子很容易被人体癌细胞吸收，可以精准投放到癌细胞中；结论：微小的黄金纳米粒子能提升癌症化疗的效果，并降低化疗的副作用。D 项如果为真，说明这个方法可以实行，也没有杀伤其他细胞，最能加强两者关系；A 项不能支持，因为还有待临床检验；B 项能够支持，但未讲有无副作用；C、E 两项没有涉及疗效。

40. 【答案】D

【考点】结构类似

【解析】题干论证逻辑方式：不 X，则不 Y；所以，X，就 Y。必要条件与充分条件的语言表达与理解问题。D 项的推理形式，"不 X，则不 Y，所以，X，则 Y"，逻辑形式与语言形式比较类似；E 项逻辑形式也是类似的，但把"谋其政"偷换成"行其政"，语言上不类似。

41. 【答案】C

【考点】复合命题综合推理

【解析】问题为"以下哪项是不可能的？"这样的综合推理一般可以用选项代入法。把每个选项代入题干条件，只有 C 项不符合。

具体分析：C 项代入，曾寅与荀辰组合，两种可能性：第一种可能性，如果曾寅为主持，则荀辰为成员，已经有两人，根据条件（2），还要邀请颜子或孟申中的至少一个，加起来就至少 3 人了，违背已知条件，不能成立；第二种可能性，如果荀辰为主持，则根据已知条件(3)，颜子一定是成员，再加上曾寅，一共 3 人，违背已知条件。所以，C 项的组合不可能成立，答案为 C 项。

A 项可能。如果曾寅成为主持人，孟申成为项目组成员，与曾寅的陈述一致，并且和其他人的陈述不矛盾。所以 A 项组合是可能存在的。

B 项可能。如果孟申成为主持人，荀辰成为项目组成员，与孟申的陈述一致，并且和其他人的陈述不矛盾。所以 B 项组合是可能存在的。

D 项可能。如果孟申成为主持人，颜子成为项目组成员，与孟申的陈述一致，并且和其他人的陈述不矛盾。所以 D 项组合是可能存在的。

E 项可能。如果颜子成为主持人，荀辰成为项目组成员，与颜子的陈述一致，并且和其他人的陈述不矛盾。所以 E 项组合是可能存在的。

42. 【答案】E

【考点】论证评价

【解析】题干通过求异法进行论证。证据：从事有规律的工作正好满 8 年的白领的体重比刚毕业时平均增加了 8 公斤；结论：有规律的工作与体重增加正相关。评估这个论证的证据与结论，必须要考虑关键词"规律的工作"与"体重的增加"之间的关系，只有 E 项符合。

43. 【答案】E

【考点】结构类似

【解析】题干论证逻辑形式：如果有 P 且有 Q，那么 R；（某个人有 P 且 Q），所以，他 R。E 项逻辑形式与题干完全一样。A 项结构是"如果不 X，就不 Y"；B 项结构是"如果 P，则那么 Q 且 R"；C 项必要条件，逻辑形式为"只有 X，才 Y"；D 项逻辑形式为"如果不 P，则不 Q 且不 R"，逻辑形式与语言形式和题干不一致。

44. 【答案】D

【考点】性质命题

【解析】根据条件"有些藏书家却因喜爱书的价值和精致装帧而购书收藏，至于阅读则放到了自己以后闲暇的时间，而一旦他们这样想，这些新购的书就很可能不被阅读了"，可以推出 D 项真。A 项从题干中推不出，E 项"从不"过于绝对化。

45. 【答案】D

【考点】削弱

【解析】证据：调查后发现，幸福或不幸福并不意味着死亡的风险会相应地变得更低或更高；结论：疾病可能会导致不幸福，但不幸福本身并不会对健康状况造成损害。证据中的"死亡的风险"的概念与结论中的"疾病""健康状况"的概念并不一致。D 项则明确指出了这一错误，割裂了证据与结论之间的关系。

46.【答案】B

【考点】结构类似

【解析】题干中乙的反驳把甲的"只有加强知识产权保护"偷换成了"过分强化知识产权保护",并以此否定甲的结论。A项的"不尽然"是不一定的意思,与题干的"不同意"不一致,而且A项添加了"不能思考";B项一致,把"只有从小事做起"偷换成了"只是做小事",并以此否定结论;其他选项并不是偷换概念的错误。B项最类似。

47.【答案】D

【考点】位置关系

【解析】题目考查不可能真,可采用选项代入法。先列出已知条件,并进行逻辑序列整理。

1	2	3	4	5	6
			禅心(条件4)		

根据条件(1)(3)可知:"猴子观海"先于"妙笔生花","妙笔生花"先于"美人梳妆";根据条件(4)"禅心"第4,之后才能"仙人",可以知道:"仙人晒靴"只能在5或6;根据条件(2)知,先"阳关"才能"仙人"。如果D项为真,则"妙笔"在5,那么后面只有一个6的位置,无法同时满足放"美人"和"仙人",D项不可能为真。

48.【答案】C

【考点】概念

【解析】题干描述的特征是以过分重视自己为主要特点,C项是相反的别人看不起的特征。答案选C项。

49.【答案】C

【考点】解释

【解析】本题属于原因解释题,题干矛盾在于长期在寒冷环境中生活的居民可以有更强的抗寒能力,但很多北方人到南方后比南方人还怕冷。C项说明由于有供暖设备,北方冬天的室内温度往往比南方高出很多,即现在大多数北方人并未长期在寒冷的环境中生活,所以他们并不一定具有较强的抗寒能力,解释了题干的现象;其余项均为无关选项。故答案为C项。

50.【答案】A

【考点】加强

【解析】证据:现在许多人不喜欢译制片的配音;结论:配音已经失去观众,必将退出历史舞台。A项说明配音还有市场,还有市场存在,与题干观点"已失去观众"相反,削弱了题干观点,所以答案选A项;B项支持,因为配音妨碍欣赏,与题干一样。其余选项均明显支持题干观点。

51.【答案】B

【考点】对应关系

【解析】条件（5）非常确定，根据条件（5），说明小明和小花不能收到两个礼物，所以排除小明和小花，只有 B 项正确。

52.【答案】D

【考点】对应关系

【解析】根据条件（3）(5) 得出，小刚收到黄色礼物，不会收到紫色礼物和橙色礼物；根据条件（4）得出，小刚不会收到绿色礼物；根据条件（1)(5) 得出，小芳蓝色礼物，小刚不会收到蓝色礼物；根据条件（2）得出，小雷收到红色礼物，小刚不会收到红色礼物。因此，小刚的另一份礼物只能是青色。答案选 D 项。列表如下：

	红	橙	黄	绿	青	蓝	紫
小刚	×（条件2）	×（条件5）	✓（条件3）（条件5）	×（条件4）		×（条件1）（条件5）	×（条件5）

53.【答案】D

【考点】综合推理

【解析】本题可以用假设法，也可以用选项取非代入验证法。

假设法。假设购买箫，则不购买笛子［条件（4）］，不购买二胡［条件（1）］，购买古筝［条件（2）］，对于唢呐无法判断；再假设不购买箫，则古筝、唢呐都要购买［条件（3）］；根据两难推理性质，古筝一定要购买。D 项一定真。为什么我们从买箫开始假设呢？这种技巧可以通过训练得到，一般是假设充分条件的前件为真开始推理，也可以通过否定充分条件的后件开始推理，也可以通过寻找几个条件里共同包含的某个概念开始推理。

选项取非代入验证法。若古筝、二胡都不买，就要买笛子［条件（2）］，这样由条件（4）就不能买箫，但是根据条件（3）却要买箫，产生矛盾，所以，假设不成立。D 项必须正确。

54.【答案】A

【考点】位置关系

【解析】问题为"不可能"时，一般可以使用选项代入法。A 项代入不可能。

本题也可以根据已知条件进行列表推理。5 部科幻片 + 条件（3），推出：科幻片与武侠片需占据 8 天，根据条件（1），可以得出：周四必须上演两场科幻片；根据条件（3）得出 3 部武侠片不在周四，另外 3 部武侠片和科幻片不能同一天，它们只能分别在一、二、三或五、六、七；因此，与爱情片同天放映的只能是科幻片，或者是武侠片。故答案选 A 项。

55.【答案】C

【考点】位置关系

【解析】根据上题已知：周四必须上演两场科幻片。由于同类影片放映日期连续，根据条件（1），所以三部警匪片只能填入一、二、三；战争片填入五、六。注意武侠片和科幻片不能排同一天，但位置可以对调，所以周六可以是战争片和科幻片，或者是战争片和武侠片。故答案选 C 项。

2018 年管理类联考逻辑真题答案解析

26.【答案】A

【考点】必要条件

【解析】考生需要注意逻辑敏感词。"离开人民，文艺就会变成无根的浮萍、无病的呻吟、无魂的躯壳"，等于如果离开人民，那么文艺会变成无根的浮萍、无病的呻吟、无魂的躯壳。公式：如果A，那么B=只有不A，才不B。答案选A项。

27.【答案】C

【考点】论证概括

【解析】除了演绎推理题型外，一般不能使用过于绝对化的词语。注意语气词与题干关键词，其他选项的语气词"一定"等都过于绝对了，C项中用的"不一定""可能"等词语比较合理，C项正确。

28.【答案】D

【考点】加强

【解析】证据：晚睡的人会在第二天后悔晚睡行为，但是还是会继续晚睡；结论：人们似乎从晚睡中得到了快乐，但这种快乐其实隐藏着某种烦恼。D项直接说了晚睡与烦恼（令人不满）之间的关系，D项最能加强。E项不一定能加强，因为E项虽然说了晚睡的人内心不愿意晚睡，但没有直接说明"其实隐藏着某种烦恼"，E项只是重复了晚睡的现象，不如D项的"存在着某种令人不满的问题"这样直接支持。

29.【答案】A

【考点】加强

【解析】题干结论是"分心驾驶已成为我国道路交通事故的罪魁祸首"，论述了分心与交通事故罪魁祸首之间的关系。A项直接说明"分心驾驶导致的交通事故占比最高"，直接支持了题干的论证。

30.【答案】B

【考点】位置关系

【解析】根据条件（2），如果丙周日值日，即丙不在周三值日，否后必定否前，那么甲不在周一值日；又根据条件（3），肯前必然肯后，则己周四值日且庚周五值日；又根据条件（4），因为己不在周六值日，否后必定否前，则乙不在周二值日；根据条件（1），乙在周六值日。答案选B项。

31.【答案】D

【考点】位置关系

【解析】根据提问所给的已知条件"庚周四值日"，则根据条件（3），否后必定否前，得出：甲周一值日；再根据条件（2），肯前必定肯后，得出：戊周五值日。所以D项一定为假，答案为D项。

32. 【答案】E

【考点】模态命题

【解析】师不必贤于弟子＝老师不一定贤于弟子＝有的老师可能不贤于弟子，答案为E项。考查知识点：不一定P＝可能非P。

33. 【答案】E

【考点】位置关系

【解析】分析条件，从确定条件和出现频率最高的条件入手，已知4个条件中，条件（1）和条件（2）为确定条件。条件（2）和条件（4）都含有"雨水"。

根据条件（2），可知：雨水在春季；再根据条件（4），肯前必定肯后，得出：霜降在秋季；再根据条件（3），得出：清明在春季。E项清明在夏季，为不可能选项。

34. 【答案】C

【考点】结构类似

【解析】题干为类比推理，充分条件命题否后必定否前推理，C项逻辑形式与语言形式与题干完全一致。D项的逻辑形式与题干有些类似，但推理的前提并不是一个充分条件的假言命题，而且结论偷换了概念。

35. 【答案】D

【考点】假言命题综合推理

【解析】从事实条件入手，已知条件（4）为确定条件，从条件（4）"一号线不拥挤"出发，根据已知条件（3），肯前必定肯后，可知：小李坐8站；根据已知条件（4）和已知条件（1），得出：小张坐7站。

根据已知条件所述"各条地铁线每一站运行加停靠所需时间均彼此相同"，可以得出：小李比小张多坐一站，要比小张晚到。所以，小李不可能比小张先到。答案为D项。

36. 【答案】C

【考点】削弱

【解析】题干证据为一个现象，"某国30岁至45岁人群中，去医院治疗冠心病、骨质疏松等病症的人越来越多"；结论为对此现象的解释，"该国年轻人中'老年病'发病率有不断增加的趋势"。A项通过他因解释了去医院看老年病的人数多，但并没有具体解释为什么是这个年龄段的人增加了。C项通过他因解释了去医院看病的45岁以下的人增多，是因为这个年龄段的人基数大大增加了。两个选项都削弱，找话题最接近的，语气词坚决的。C项最能削弱。

37. 【答案】A

【考点】充分条件

【解析】考生需要注意逻辑敏感词"如果……那么……"，已知"如果每一个体在不损害他人利益的前提下，尽可能满足其自身的利益需求，那么由这些个体组成的社会就是一个良善的社会"，根据充分条件命题性质，如果否后则必定否前，A项正确。

38.【答案】D

【考点】对应关系

【解析】要得出赵珊珊选修的是"宋词选读"，根据条件（2），只需要"唐诗鉴赏和《诗经》鉴赏都被选了"。根据条件（3）可知：李晓明选了"唐诗鉴赏"和"《诗经》鉴赏"中的一个。当有人选了"唐诗鉴赏"和"《诗经》鉴赏"中的一个时，李晓明一定会选另一个。而D选项给出庄志达选了"《诗经》鉴赏"，进而可知李晓明选了"唐诗鉴赏"，这样的话就可以得出赵珊珊选修的是"宋词选读"。

39.【答案】C

【考点】解释

【解析】矛盾现象为"一般情况下，干旱则水量少，则水草总量增加"，但"去年极端干旱后，水草没有增加"。定位关键信息"去年"，只有C项涉及了去年，能解释这个矛盾。A项增加矛盾，其余项均不涉及关键词"干旱""去年"。

40.【答案】D

【考点】位置关系

【解析】总共两个编队，根据提问所给条件，已知"甲2"，根据已知条件（3），得出：丙1；再根据已知条件（2），得出：戊2。正确答案为D项。

41.【答案】D

【考点】位置关系

【解析】总共两个编队，根据提问所给条件"丁和庚在同一编队"，则根据已知条件（3），则"丁和庚"两艘舰艇一定要和"甲和丙"中的一个编为一队。

根据两难假设思路，假设"丁和庚在第一编队"，则剩余的乙、戊、己一定在第二编队；假设"丁和庚在第二编队"，加上甲和丙中的一个，加上已知条件（1），得出第二编队已经有4个，满员；但根据条件（4），丁不在第一编队，则否后必定否前，乙必须在第二编队，则第二编队就有5艘了，产出矛盾了。所以，第二个假设并不能成立，丁和庚只能是第一编队。则D项一定正确。

42.【答案】C

【考点】结构类似

【解析】题干使用的是补充他因，然后否定后件推出否定前件。C项完全一样。

43.【答案】B

【考点】充分必要条件

【解析】如果人不知，则己莫为。所以，如果自己为，则人知。如果人不闻，则自己不言。

所以，如果自己言，则人闻。B项一定为真。考点为充分条件命题性质"如果否后，则必定否前"。

44.【答案】B

【考点】数量关系

【解析】2015年中国卷烟的消费量下降2.4%，全球卷烟消费量下降2.1%，说明B项为真。

45.【答案】D

【考点】位置关系

【解析】D项与题干的条件（2）矛盾。所以D项不可能真。

46.【答案】A

【考点】必要条件

【解析】必要条件推理：没有通过论文审核不会被邀请；不会被邀请，则不欢迎参加。

47.【答案】B

【考点】位置关系

【解析】根据已知条件（4）"兰园与菊园相邻"，再根据已知条件（3），否后必定否前，可知：菊园不在中心。

48.【答案】C

【考点】位置关系

【解析】根据已知信息，已知北门位于兰园，根据条件（2）得出：南门位于竹园；根据条件（1）得出：东门不位于松园和菊园，故东门位于梅园，可知C项正确。

49.【答案】E

【考点】加强

【解析】题干论证结构：由证据"雌性青蛙减少"推出结论"此区域青蛙数量下降"。只有E项正确。C项没有建立证据与结论之间的关系。支持类题型必须明确证据与结论之间的关系。

50.【答案】D

【考点】性质命题

【解析】根据条件（3）"有些最终审定的项目不涉及民生"和条件（2）"凡意义重大的项目均涉及民生"，可以推出结论：有些最终审定的项目不是意义重大的。再根据条件（1）"最终审定的项目或者意义重大或者关注度高"可知，有些最终审定项目关注度高，但不是意义重大的。D项一定为真。

51.【答案】E

【考点】结构类似

【解析】结构类似题型，注意逻辑结构与语言形式。只有E项与题干完全一致。

2018年管理类联考逻辑真题答案解析

52.【答案】C

【考点】性质命题

【解析】已知条件"所有值得拥有专利的产品或设计方案都是创新"和"所有的模仿都不是创新",可以推出结论"所有值得拥有专利的产品都不是模仿",与C项矛盾,C项一定是假的。注意E选项的"受到"与题干的"应该受到"这两个词语的差别。

53.【答案】A

【考点】充分条件

【解析】分析题干发现,丁出现频率最高。题干需要进行两难假设,假设进口丁,则根据条件(5),得出丙不进口;根据条件(3),得出丙不含违禁成分;根据条件(1),可得丙要进口,导致矛盾,所以,丁不能进口。根据条件(4),推非戊,根据条件(2),推甲和乙可进口。A项正确。

54.【答案】B

【考点】对应关系

【解析】根据条件杨虹是女的,在4号桌。王玉的比赛桌在李龙比赛桌的右边,可知,李龙不在4号桌,由于王玉是女的,不在4号桌,王玉最多只能在2号或3号桌,所以李龙在1号或2号桌。由于李龙已连输三局,所以李龙得分为0分,总积分只能是0∶6;根据条件(2)得知1号桌的比赛至少有一局是和局,推出:李龙在2号桌。根据条件(1),在4名女性中,张芳跟吕伟对弈,杨虹在4号桌,王玉的比赛桌在李龙比赛桌的右边,所以剩下施琳与李龙一桌,得分为最高的6分,答案为B项。

55.【答案】C

【考点】对应关系

【解析】根据上题结论和已知条件,可以得知:李龙和施琳在2号桌,王玉在3号桌,杨虹在4号桌,张芳和吕伟在1号桌。根据条件(2):1号桌的比赛至少有一局是和局,可以得出1号桌总积分是5∶1或3∶3。

进行两难假设:设1号桌总积分是5∶1,根据条件(2)"4号桌总积分不是4∶2",所以3号桌总积分是4∶2,4号桌总积分是3∶3。根据条件(4)"范勇在前三局总积分上领先他的对手",则范勇只能在3号桌,则4号桌是杨虹和赵虎,总积分是3∶3,与已知条件(3)"赵虎前三局也没有下成过和局"矛盾,假设不成立。

那么1号桌总积分是3∶3,1号桌为张芳跟吕伟。正确答案为C项。

2019 年管理类联考逻辑真题答案解析

26.【答案】B

【考点】复合命题

【解析】题干已知低质量→过剩；顺应需求→不会过剩，可得：顺应需求→不会过剩→非低质量，故答案选 B 项。

27.【答案】C

【考点】加强

【解析】能够使用工具使得人类可以猎杀其他动物，而不是被猎杀，那么所有的动物均可以成为人类猎杀的对象，进而说明人类位于食物链的顶端。

28.【答案】D

【考点】对应关系

【解析】由李诗不爱好苏轼和辛弃疾的词，可知李诗不爱好王维和杜甫的诗，并且李诗不爱好李白的诗，因此，李诗爱好刘禹锡的诗，进而知道李诗爱好岳飞的词。

29.【答案】C

【考点】加强

【解析】由金毛犬的大脑皮层神经细胞的数量比猫多得出它比猫聪明，需要补充神经细胞数量与聪明程度之间的联系，即 C 项：动物大脑皮层神经细胞的数量与动物的聪明程度呈正相关。

30.【答案】D

【考点】复合命题

【解析】A 项中有赵丙和刘戊，与条件（2）矛盾。B 项中有陈甲，但没有邓丁，和条件（1）矛盾。C 项中有傅乙和刘戊，和条件（2）矛盾。E 项中有陈甲，但没有邓丁，和条件（1）矛盾。

31.【答案】E

【考点】复合命题

【解析】当派陈甲去，且不派刘戊去时，由条件（1）可得，派邓丁去，傅乙、赵丙两人中派遣 1 人；当不派陈甲去，且派刘戊去时，由条件（2）可得傅乙、赵丙两人都不去，进而知邓丁和张己都去；当陈甲和刘戊都去的时候，由条件（1）可得，派邓丁去，由条件（2）可得傅乙、赵丙两人都不去，又因为只选 3 人，可知此时派陈甲、邓丁、刘戊。由三种情况都可以得出派邓丁去。

32.【答案】A

【考点】加强

【解析】要支持科学家的建议，需要说明睡眠不足对身体健康的危害，A 项所描述的问题正是人的健康问题。

2019年管理类联考逻辑真题答案解析

33. 【答案】D

【考点】加强

【解析】②④并列直接支持①，③说的社会保障资源，未提节约，③可以直接支持②，⑤说的是资源浪费，未提节约，⑤可以直接支持④。

34. 【答案】E

【考点】加强

【解析】A项说的是成年人与题干无关，B项未提交流，C项说的是学生与题干无关，D项未提脑电波，E项给出了母亲与婴儿对视有助于婴儿的学习和交流的作用机理。

35. 【答案】B

【考点】位置关系

【解析】A项与条件（3）矛盾，C项与条件（2）矛盾，D项与条件（2）矛盾，E项与条件（1）矛盾。

36. 【答案】A

【考点】位置关系

【解析】从第三行已知信息最多的地方入手，每行每列不能重复也不能遗漏，可得3行4列为数，3行6列为乐。第3行2列有御，故6行2列不可能出现御，E项排除；1行4列、3行4列分别为御、数，故6行4列不可能出现御、数，C、D两项排除；3行5列出现礼，故6行5列不可能出现礼，B项排除，故A项正确。

37. 【答案】C

【考点】复合命题

【解析】由条件（1）(2)可知，有6类入围，且仅有流行、民谣、摇滚其中之一没有入围；由于电音和说唱都入围了，由条件（3）后假前必假，可得摇滚或民族类没有入围。结合上述推理可得摇滚没有入围，答案为C项。此题注意区分民族和民谣。

38. 【答案】D

【考点】真话假话

【解析】若丙的话为假，即丙做了这件事，又只有一人做了此事，此时乙和戊的话都为真，与题干只有一人说真话矛盾，因此丙说的必然是真话。甲、乙、丁、戊均说假话，由戊假可知是丁做的。故D项正确。

39. 【答案】A

【考点】结构类似

【解析】题干的论证错误在于由一个大学老师没有评上职称，来得出该大学老师的做法不正确，属于诉诸人身谬误。A项与之一致，故答案为A项。

40. 【答案】B

【考点】对应关系

【解析】要满足条件：每张至少有一面印的是偶数或者花卉，其中第 2、3、6 卡片，都已经满足条件，此时还需翻看 1、4、5 卡片即可。

41.【答案】D

【考点】对应关系

【解析】由条件（3）乙应聘保洁→丙应聘销售且丁应聘保洁，可得当乙应聘保洁时，丁也应聘保洁，与题干每种岗位都有一人应聘矛盾，所以乙不应聘保洁，代入条件（2）可得，甲应聘保洁，丙应聘销售；由甲应聘保洁，代入条件（1）后假前必假，得丁不应聘网管，此时保洁、销售都已匹配，只剩下物业，因此丁应聘物业，进而得到乙应聘网管。D 项正确。

42.【答案】C

【考点】削弱

【解析】专家认为智能导游必然会取代人工导游，而 C 项指出人工导游有智能导游难以企及的优势，直接反驳了专家的论断。

43.【答案】E

【考点】性质命题

【解析】乙的看法仅为抽烟→不关心自己健康→不关心他人健康，并未涉及医德，因此无法得到乙对于医生和医德的直接观点，故选择 E 项。

44.【答案】B

【考点】复合命题

【解析】题干证据是得道者与失道者的情况，结论却提到了君子是战必胜的，因此需要补充君子与得道者的关系，因此答案是 B 项。

45.【答案】C

【考点】加强

【解析】专家认为家长陪孩子写作业，会对孩子的成长产生不利的影响，C 项补充了陪孩子写作业的不利影响的具体表现，支持了专家的论断，故选择 C 项。A 项是与专家观点相反的，排除；B 项是说陪孩子写作业对家长的影响，与题干讨论话题无关；D 项也未涉及对孩子的影响；E 项说的是家长应该怎么辅导孩子，与题干讨论话题无关。

46.【答案】B

【考点】位置关系

【解析】B 项中山地草甸比高寒草甸的位置高，与条件（4）不一致，故不可能为真。

47.【答案】D

【考点】对应关系

【解析】由条件（2）可知乙和丁各选了《论语》和《史记》中的一本，则甲不选《史记》，结合条件（1）可知甲选《奥德赛》。再结合条件（2）和条件（3）可知乙不选《论语》，否则丁和戊都会选《史记》，从而可知乙选《史记》，而丁选《论语》。

48. 【答案】B

【考点】复合命题

【解析】A、C、D、E 四项都是通过否前来否后，是无效的，只有 B 项是对题干的正确表述。

49. 【答案】A

【考点】对应关系

【解析】由条件（2）和条件（4）可知芹菜和豇豆不在同一组。

50. 【答案】B

【考点】对应关系

【解析】由条件（2）可知和黄椒一组的只能是菠菜或韭菜，又已知韭菜与青椒一组，所以和黄椒一组的是菠菜，结合条件（4）可知菠菜、黄椒、豇豆在同一组。

51. 【答案】E

【考点】加强

【解析】A 项中时间晚于春秋战国，是削弱，故排除。B 项中使用耕牛与是否做牛肉汤没有明确的关系，故排除。C 项作者来自哪里是无关项，故排除。D 项熬汤的鼎未必熬的是牛肉汤，故排除。E 项说明书中记载的就是真实的状况，故支持。

52. 【答案】B

【考点】削弱

【解析】证据：不爱笑的老人对自身健康状态的评价不高，爱笑的老人对自身健康状态的评价较高。结论：爱笑的老人更健康。

该论证建立了"对自身健康状态的评价"与实际上身体健康之间的关系，B 项直接断开了此关系，是很强的削弱，故正确。A 项并没有说明"部分老人"是爱笑的还是不爱笑的，故排除。题干没有涉及男女，C 项属于无关项，故排除。D 项指出有共因，有一定的削弱力度，但共因并没有完全否认爱笑与健康的关系，力度较弱，故排除。E 项长寿与健康不是同一概念，即使当成同一概念，此项是支持，故排除。

53. 【答案】A

【考点】削弱

【解析】证据：阔叶树降尘效果比针叶树好。结论：大力推广阔叶树，尽量减少针叶树。

A 项说明有关人员的观点会带来很大的负面影响，故削弱力度很强。B 项指出针叶树的缺点，是支持，故排除。C 项并没有指出种什么树才是合理布局，故排除。D 项指出阔叶树的养护成本比针叶树高，但并不知道绝对数是否大，是否比得上降尘的重要性，力度弱，故排除。E 项并没有指出建通风走廊比种阔叶树更好，故排除。

54. 【答案】E

【考点】位置关系

【解析】根据条件（3）可知 2、3 与 1 不是同一品种，2、3 与 5 也不是同一品种。又因为只有三个品种，所以 1 和 5 的品种是一样的。因为 5 是红色，所以 5 是玫瑰或兰花，进而可知 1 也是玫瑰或兰花。因此 1 不可能是菊花。

55.【答案】D

【考点】位置关系

【解析】由 5 是红玫瑰，3 是黄色的，所以 3 只能是黄菊花或黄兰花。

假设 3 是黄菊花，根据条件（3）可知 2 是白兰花，也可推出 6 是白兰花，即兰花只有白色这一种颜色，又因为条件（2）为每个品种只栽种两种颜色的花，两者不一致，故原假设不成立。因此，3 是黄兰花。同 54 题，可知 4 和 3 是同一品种，则 4 是兰花。又因为 3 是黄兰花，所以 4 只能是红兰花或白兰花。又因为 5 是红色的，根据条件（3）可知，4 只能是白兰花。

附录一

历年真题考点及分数分布

逻辑考点	08	09	10	11	12	13	14	15	16	17	18	19
性质命题	2	2	2	2	2	2	4	4	2	2	4	2
模态命题	2	2	0	0	2	2	0	0	0	2	2	0
联言选言命题	2	10	2	4	2	4	4	4	4	0	0	4
假言命题	10	16	10	8	16	14	16	16	8	6	2	4
综合与排列组合	4	0	4	0	10	8	14	10	12	20	20	22
数学相关	4	6	2	2	2	4	2	0	0	0	4	2
归纳与类比	2	4	4	2	2	2	0	2	0	2	2	2
假设题型	4	6	8	6	4	2	0	6	4	4	2	4
加强	2	0	4	10	4	2	8	6	4	10	12	12
削弱	12	4	8	14	8	10	6	8	12	2	2	6
指出方法缺陷	6	4	8	2	2	0	0	0	2	0	0	0
概括争论焦点	2	2	2	0	0	0	0	0	2	2	4	0
方法类似	6	4	4	4	4	6	2	2	2	8	4	2
解释	2	0	2	6	2	4	4	2	8	2	2	0